中国城市科学研究系列报告
Serial Reports of China Urban Studies

城市黑臭水体治理的成效与展望

中国城市科学研究会水环境与水生态分会　主编

U0289587

科学出版社

北　京

内 容 简 介

本书聚焦自 2015 年起我国开展的城市黑臭水体治理工作，系统介绍其面临的经济社会背景、顶层设计与政策体系、治理进程和成效，全面梳理治理技术与应用，选取我国主要流域典型治理工程进行初步总结，同时通过国际上有代表性的先期实践展现共性问题与特色经验，并对下一阶段我国城市水体治理方向、目标、理念、路径等提出展望与建议。

本书由国内从事黑臭水体治理相关政策研究制定、技术集成应用、工程实践等领域专业团队撰写，旨在厘清认知、总结经验、明晰未来，可为相关各方下一步广泛深入开展工作提供借鉴，同时也可作为高等院校相关专业师生及社会各界全面系统了解我国城市水环境建设发展历程和特点的专业读本。

图书在版编目（CIP）数据

城市黑臭水体治理的成效与展望 / 中国城市科学研究会水环境与水生态分会主编. —北京：科学出版社，2023.4
（中国城市科学研究系列报告）
ISBN 978-7-03-075388-5

Ⅰ. ①城…　Ⅱ. ①中…　Ⅲ. ①城市污水处理–研究–中国　Ⅳ. ①X703

中国国家版本馆 CIP 数据核字（2023）第 065540 号

责任编辑：杨　震　杨新改/ 责任校对：杜子昂
责任印制：吴兆东 / 封面设计：东方人华

科学出版社 出版
北京东黄城根北街 16 号
邮政编码：100717
http://www.sciencep.com

北京中科印刷有限公司印刷
科学出版社发行　各地新华书店经销
*
2023 年 4 月第 一 版　开本：720×1000　1/16
2025 年 2 月第 三 次印刷　印张：16 3/4
字数：280 000

定价：118.00 元
（如有印装质量问题，我社负责调换）

《城市黑臭水体治理的成效与展望》
编写委员会

序

　　城市水体见证城市的历史，同时也检验、反映着城市发展的阶段与水平。经济社会发展的不均衡、不可持续，其影响往往直接体现在城市空气和水体的质量上。从全球范围看，城市重污染水体大多在工业化、城市化发展初期出现，随人口和传统产业的加速聚集而持续恶化、扩散；在经济社会发展转型期间，分阶段开展污染治理、生态修复，这一进程具有普遍性。但中国自 2015 年起开展的城市黑臭水体治理工作，有着显著特点。

　　中国城市黑臭水体治理是一场"人民战争"。首先，"治"是为了人民。"良好的生态环境是最公平的公共产品，是最普惠的民生福祉。"污染防治攻坚战被列入全面建成小康社会三大攻坚战之一，黑臭水体治理被确定为污染防治攻坚战重要内容，是生态文明建设以人为本核心理念的直接体现。其次，"治"的过程有群众广泛直接参与。用黑和臭的感官指标，让普通市民就可以直观判断，通过各级各类公共平台、渠道，了解和参与城市重污染水体的识别、监督和评价。最后，"治"的成果，最先惠及百姓。近年来，各地黑臭水体治理已显著带来更为宜居宜业的城市空间，以及经济社会和环境效益的协调。

　　实践中，中国城市黑臭水体治理已超出污染治理范畴，是以人为本的城市"升级更新"工程，其在系统性、综合性上也与发达国家的先期实践有明显差异。"显著提升城镇化质量，使更多人民群众享有安全健康、较高品质的城市生活"，是新型城镇化的核心要求。黑臭水体治理的考核目标是水质改善，但各地以此为锚点，实际上不同程度地统筹推进城市排水基础设施"提质增效补短板"，城市水系疏浚连通，区域水资源统筹管理，生态环境建设，海绵城市构建，城市公共空间优化、水文化保护与再现等城市发展、城市更新的多方面工作。这"牵一发而动全身"的局面，既出自于中央及时精准的战略判断和全面部署，是"集中力量办大事"优势的体现，也是充分协调动员各职能部门与相关专业、行业，群策群力的结果。

目前，中国城市黑臭水体治理已"首战告捷"，在较短时间内取得显著成效，并已向县域扩展，带动更大范围综合整治。但城市水体的改善提升，仍然是一项需要持续攻坚的事业。消除黑臭的水体，能否长效保持、长制久清？能否向各界期望的生机勃勃、人水和谐目标稳步迈进？在经济社会仍处于较高速度的发展阶段，在人均水资源偏低、环境容量逼仄的国情基础上，平衡水生态环境修复保护与经济社会发展，极具挑战性。

"路虽远，行则将至。事虽难，做则可成。"城市黑臭水体的形成来源于发展，也必将在经济社会的继续前进中找到出路和方向。我国黑臭水体治理工作，是在经济社会绿色可持续高质量发展，水环境从污染治理到生态修复转变的时代背景下进行的，也同时反映、促进着相关领域，在理念更新、制度建设、科技和产业支撑各环节的现代化水平。中国城市科学研究会水环境与水生态分会 2022 年年度报告《城市黑臭水体治理的成效与展望》，既是立足专业领域回顾历程、总结经验、展望未来，也是尝试从这一"断面"观察经济社会发展的新时代、新征程。

国际水协（IWA）中国委员会主席

2023 年 3 月 16 日

目　　录

第 1 章

城市黑臭水体问题与影响

　　城市水体是人居环境质量和居民生活品位的重要载体及保障。而经济的高速发展、城镇化的快速推进导致水资源过度开发利用，城市水环境遭受超过其自净能力的有机污染，产生了严重的水环境污染问题，城市水体普遍出现持续性或季节性黑臭现象，显著影响城市人居环境，加速区域水资源短缺和水生态环境恶化。城市水体黑臭是一种成因复杂的生物化学过程，致黑致臭污染物众多，发生黑臭的水质与环境阈值条件的时空差异性大。系统分析城市黑臭水体发展历程与趋势、危害影响，充分认识城市水体致黑致臭的成因、过程、机制，是科学预警与防控城市水体黑臭的关键。本章重点阐述城市黑臭水体定义、水体黑臭现象的特征，总结水体黑臭成因与演变过程，分析其环境与社会影响。

1.1　城市黑臭水体概述

　　改革开放以来，我国城镇化进程持续加速，城市逐渐成为承载人口和经济活动的主要空间形式，居民生活污水、工业废水以及面源污染给城市水环境、水生态带来重大影响，加之城市基础设施配套不足、排水管网效能低下、水体污染影响复杂等多要素叠加，使得城市水体黑臭问题不断凸显。同时，随着人民生活水平提升，环境意识增强，对人居环境的要求日益提高，体现为对城市水环境更强烈的"美好生活的需要"。2015 年 4 月 16 日，国务院发布《水污染防治行动计划》，首次将城市黑臭水体整治列入国家行动计划，提出"到 2020 年地级及以上城市建成区黑臭水体均控制在 10%以内，到 2030 年城市建成区黑臭水体总体得到消除"的目标要求，明确了地级及以上城市建成区黑臭水体治理的时间表，全国范围内城市黑臭水体治理由此拉开序幕。

1.1.1　城市黑臭水体定义

为贯彻落实《水污染防治行动计划》，加快城市黑臭水体治理，科学指导地方各级人民政府组织开展工作，住房和城乡建设部、环境保护部于 2015 年 8 月联合印发《城市黑臭水体整治工作指南》（以下简称《指南》）[1]，明确了城市黑臭水体的定义、分级与判定标准。城市黑臭水体是指城市建成区内，呈现令人不悦的颜色和（或）散发令人不适气味的水体的统称（图 1-1[2]）。

图 1-1　城市黑臭水体[2]

这一定义包含两层含义：一是限定了城市黑臭水体的地域范围，即位于城市建成区内，一般是指城市建设用地所达到的界限范围；二是明确了城市黑臭水体的具体表现，即当水体呈现令人不悦的颜色和（或）散发令人不适气味时，就可以称之为黑臭水体。从城市黑臭水体的定义可见，城市黑臭水体位于百姓身边，看得见、摸得着，与百姓生产生活密切相关。城市黑臭水体治理是实现人民群众对美好生活环境需求的关键，是落实生态文明建设思想、推动城镇高质量发展的重要举措，其治理效果关乎人民群众的获得感、幸福感和安全感。

《指南》明确，根据黑臭程度的不同，可将城市黑臭水体分为"轻度黑臭"和"重度黑臭"两级，分级评价指标包括透明度、溶解氧（DO）、氧化还原电位（ORP）和氨氮（NH_3-N）四项指标，具体分级标准见表 1-1。分级指标主要采用感官指标而非污染物浓度指标，这样的设置充分体现了水环境改善要让百姓看得见、摸得着，需要广泛的公众参与和监督，这与《指南》中"60%的老百姓认为是黑臭水体就应列入整治名单，至少90%的老百姓满意才能认定达到整治目标"等要求相辅相成。

表 1-1　城市黑臭水体污染程度分级标准

特征指标	轻度黑臭	重度黑臭
透明度（cm）	25～10*	<10*
溶解氧（mg/L）	0.2～2.0	<0.2
氧化还原电位（mV）	−200～50	<−200
氨氮（mg/L）	8.0～15	>15

*水深不足 25 cm 时，该指标按水深的 40%取值。

1.1.2　城市黑臭水体典型现象

我国城市水体的污染问题由来已久，尤其在国民经济社会高速发展时期，受城镇化、工业化发展影响，百姓身边的自然河湖、人工河道大多沦为污水排放、垃圾堆放的纳污通道，黑臭河、垃圾河随处可见，城市水体原有的水资源供给、排水防涝、休闲娱乐、美化环境等功能逐渐丧失，人居环境质量严重下降，群众反应强烈。《中国环境报》于 2015 年 5 月 6 日刊登徐敏、吴舜泽、姚瑞华等行业专家署名的文章《治理城市黑臭水体难不难？》[3]指出，"据不完全统计，浙江垃圾河、黑臭河共计 1.2 万公里，约占总长度的 10%；江苏省城市黑臭水体约占河道总数的 20%；河南 18 个城市有 34 条黑臭河流，占河流总数的 56.7%；广州市黑臭水体约 135 个，占河涌总数的 58.7%"。这一普遍现象被认为是促成城市黑臭水体治理纳入《水污染防治行动计划》的重要原因。纵观我国城市黑臭水体发展和治理历程，较为典型的案例有上海的苏州河、江苏的秦淮河、山东的小清河、广东的河涌水系、河南的贾鲁河等。

苏州河（上海）　苏州河在上海市内河长约 53.1 km，流经嘉定、长宁、普陀、静安、闸北、黄浦、虹口等中心地带，河面宽度平均 50～80 m，河口段最宽约 130 m。20 世纪 20 年代，上海市人口增多，工业化进程加快，河道两岸大量未经处理的生活污水和工业废水直接排入苏州河，黑臭问题开始出现。1949 年后，上海市工业进入高速发展期，苏州河两岸工厂、居民急剧增多，水污染问题进一步加剧，水体黑臭现象随后逐渐蔓延至北新泾、华漕等区域；至 20 世纪 70 年代，苏州河全线黑臭，鱼虾绝迹，与上海市的世界大都市形象形成巨大反差。以武宁路桥断面为例，1992 年主要水质指标化学需氧量（COD_{Cr}）、生化需氧量（BOD_5）、氨氮、溶解氧分别是 158.36 mg/L、62.43 mg/L、19.93 mg/L 和 1.31 mg/L，外滩苏州河和黄浦江合流交汇处"黑黄分明"（图 1-2[4]）。为避免臭味和蚊蝇困扰，上海大厦封闭了所有面向苏州河的窗户，而两岸居民夏天也不开门开窗[5,6]。当时，苏州河水污染已经严重影响了两岸居民正常生产生活，成为影响上海市水环境质量的主要问题。

图 1-2　黑色的苏州河与黄色的黄浦江泾渭分明（20 世纪 90 年代）[4]

秦淮河（江苏）　秦淮河古称龙藏浦、淮水，秦代以后改称秦淮河，南京城依秦淮而建，依秦淮而兴。随着城市发展变迁，秦淮河干流已全部处于南京市中心城区范围内，河道长 35 km，流经江宁、雨花台、秦淮、建邺、鼓楼 5 个区。自 20 世纪末开始，秦淮河一带水环境问题日渐显现，城区内河道逐渐失去原有风貌。据文献[7]记载，2000 年初，外秦淮河水系污水总排放量约为 3440 万吨/年，其中生活污水排放量与工业废水排放量之比约为 2.3∶1；到 2006 年，劣 V 类水质的河道长度约占流域河道总长的 30%，南京市主城区、江宁、溧水、句容等地的居民生活污水和工业企业废水，以及流域内百余万亩农田使用的化肥、农药和乡村工业废水成为其水质恶化的主要原因。秦淮河逐步恶化的水环境严重影响了沿岸居民的正常生活和村镇农业用水。

小清河（山东）　小清河是山东鲁中地区重要排水河道，始于济南市西部，流经济南、淄博、滨州、东营、潍坊5市（地）10个县（市、区），全长237 km，承担着防洪、排水、灌溉、航运、养殖等多重功能。小清河流域工业发达、人口集中，是山东省重要的工农业生产基地。随着20世纪80年代中期工业化、城镇化步伐加快，城区人口急剧增加，大量工厂依河而建，小清河成了一条开放的排污沟，且由于无清水水源，每年枯水期长达4个月以上，昔日清澈如镜的小清河变成了一条小黑河、小臭河。生活污水和工业废水直排是小清河黑臭的主要原因[8]，1992年小清河上游1940多家企业中有764家企业常年向小清河排放工业废水，年排放量达1.2亿吨；2000年仅济南段就有约90%的城市生活污水（约1.2亿吨）未经处理直接排入小清河，全流域生活污水年排放量近3亿吨。1996年，小清河流域多个监测点污染物浓度超地表水Ⅴ类水质标准。虽然经历了1997～1998年流域治理，但污染趋势并没有转变，2001年干流85.7%的断面属劣Ⅴ类水平，水体污染严重。更为严重的是，沿岸地下水也受到污染，两岸农田减产，群众健康和经济利益受到损害。

河涌水系（广东）　作为经济、人口大省以及典型南方的丰水地区，在经济飞速发展的同时，广东省水环境污染问题也逐渐显现。居民生活污水、工业企业废水排放量不断增长与市政基础设施建设滞后、排水管网短板的矛盾日益突出，"小、散、乱"企业作坊污废水、垃圾以及养殖废弃物直排的问题普遍，加之沿海地区感潮顶托影响，城市水体发黑发臭问题更为显著。其中广州、深圳、汕头、东莞等经济较发达城市尤为严重，如图1-3所示的严重污染的深圳茅洲河。根据文献[9]记载，"1995年珠江三角洲30条主要河流的水质断面监测结果显示，城市河段污染严重，东莞运河、深圳河已经达不到Ⅴ类水平。"2000年刊登在《环境》上的一篇文章[10]指出，"目前全省江河、入海河口近岸海域和流经城市的河段水污染均呈加重趋势……而珠江广州河段及河涌、深圳河、观澜河、江门河、江门天沙河、佛山汾江河、中山岐江河、淡水河、小东江、枫江、练江等水质均受到严重污染，问题突出。"

图 1-3 严重污染成黑色的深圳茅洲河

（左图来源：https://news.sina.com.cn/c/2014-11-14/052331142809.shtml，羊城晚报记者王磊摄；右图来源：https://graph.baidu.com/s?sign=1218e19160912eafa890b01677804992&f=all&tn=pc&tn=pc&idctag=tc&idctag=tc&sids=&sids=&logid=3514496332&logid=3514496332&pageFrom=graph_upload_bdbox&pageFrom=graph_upload_pcshitu&srcp=&gsid=&extUiData%5BisLogoShow%5D=1&tpl_from=pc&entrance=general）

贾鲁河（河南） 贾鲁河是淮河支流沙颍河的支流，发源于新密市，向东北流经郑州市，至市区北郊折向东流，经中牟入开封，过尉氏县、扶沟县后至周口市入沙颍河，最后汇入淮河，全长 255.8 km。作为河南省内除黄河外流域面积最广的河流，自 20 世纪 90 年代起，贾鲁河就一直存在水环境污染和水体黑臭问题。自 20 世纪 80 年代以来，随着工农业发展和人口增加，流域污水污染物排放量呈逐年增加趋势，尤其是郑州市内河段，大量生活和工业污废水经索须河等多个支流最终进入贾鲁河。2007 年上半年监测数据显示，索须河八仙桥、贾鲁支河 107 国道桥、七里河入东风渠处、贾鲁河干流中牟陈桥、东风渠干流 107 国道桥 5 个控制断面的氨氮浓度变化范围分别为 9.1～58.5 mg/L、27.2～42.2 mg/L、40.4～41.6 mg/L、25.0～38.8 mg/L 和 13.6～48.2 mg/L，已远超劣 V 类水平，是名副其实的城市黑臭水体（图 1-4）。

图 1-4 贾鲁河支流金水河郑州市内黑臭段

1.2　城市黑臭水体的形成

　　基于国内外学者对黑臭水体的持续研究，学界对黑臭水体的污染成因及机理已有深入认识。城市黑臭水体主要由外源污染、内源污染、热污染及水动力不足等原因导致，受有机物、温度、溶解氧等多种影响，并经由灰（黄）绿色、微黑微臭等阶段最终演化至黑臭、深黑恶臭等阶段。

1.2.1　水体黑臭成因

1. 黑臭成因

　　外源污染　点源污染和面源污染导致的外源污染物入河是引起水体黑臭的主因。在我国城市化进程中，生活污水、工业废水排放量日益增加，而城市配套管网建设滞后，污水收集和处理率不能满足要求，导致大量污染物进入河流。城市降雨径流、冰雪融化和畜禽养殖废水等造成的面源污染，则导致外源污染物入河。此外，堆存于河道两岸的建筑垃圾、生活垃圾、作物秸秆等固体废弃物，在风力等作用下也可能携带大量有机物和悬浮颗粒进入水体。

　　有机污染物在水体中的缺氧、厌氧反应会导致水体黑臭。水体有机负荷过大时，微生物在分解有机物（如糖类、氨基酸、油脂、蛋白质等）过程中消耗大量溶解氧，水体耗氧速率远大于复氧速率，使得水体处于缺氧或厌氧环境。此时厌氧微生物数量急剧增加并释放出大量臭味气体，如硫化氢（H_2S）和氨气（NH_3）等，进而生成黑色硫化物，导致水体发黑发臭。未经分解的油脂可能富集在水面，降低水体复氧速率，引发水体黑臭[11]。

　　内源污染　底泥内源释放也是导致水体黑臭的关键因素。当水体受到污染后，水中的部分污染物通过沉淀、吸附等作用富集到底泥中。在水力冲刷、人为扰动以及生物活动存在的情况下，沉积的底泥再次悬浮，以底泥为载体的污染物被重新释放到水中，导致水体污染负荷增加，加剧水体黑臭。

　　水体热污染　温度是黑臭水体形成与加剧的重要驱动因子。当水温升高至一定温度时，微生物活动加剧，藻类过度繁殖，溶解氧含量随水温升高和微生物活动频率增高而降低。当溶解氧含量小于 2.0 mg/L 时，水体就会处于轻度黑臭阶段；当溶解氧含量低于 0.2 mg/L 时，水体黑臭化程度加重。一般来说，夏季水体出现黑臭的现象比冬季要更显著。此外，城市中大量排放的具有较高温度的工业冷却水以及居民日常生活污水等，可能导致河流局部或整体水温升高，进一步加剧水体黑臭。

水动力学条件　水动力学条件不足、水循环不畅也是引起水体黑臭的原因之一。河道水量不足、流速低缓，导致污泥淤积、污水滞留、垃圾沉淀、水体复氧速率衰减。河道的渠道化、硬质化，导致河道系统生态环境异质性降低，污染物积累，水体自净能力减弱，生态系统退化，最终形成黑臭水体[11]。

2. 水体致黑致臭机理

水体中氧化还原电位、高锰酸盐指数（COD_{Mn}）、溶解氧、氨氮、铁、硫等是导致黑臭的关键因素，其致黑致臭机理如图 1-5 所示[12]。

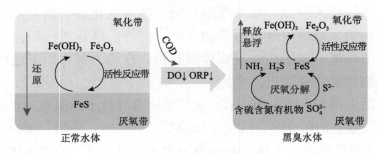

图 1-5　水体致黑致臭机理

水体致黑　主要是由于有机物消耗溶解氧，破坏了硫、铁、锰等元素正常转化。当高锰酸盐指数过高、水体受到有机物污染严重、大量耗氧物质进入水体时，水中溶解氧降低，导致水体厌氧或缺氧程度加重。大量未氧化和未被微生物同化的硫化氢与水中积累的亚铁离子（Fe^{2+}）、二价锰离子（Mn^{2+}）等反应，生成黑色硫化物。部分沉淀与底泥中硫化物经厌氧产生的气体或其他因素扰动，重新悬浮于水中，与有色溶解性腐殖质等共同作用，导致水体透明度不断降低，直至发黑。

水体致臭　主要是小分子化合物、硫醚类化合物及醇类物质共同作用的结果。当水中高锰酸盐指数过高时，大量有机物耗氧分解，水中溶解氧浓度降低，水体整体呈现缺氧状态。此时，含硫含氮有机物在微生物的作用下厌氧分解生成甲烷、硫化氢、氨等具有异味的小分子化合物，导致水体发臭。当水体温度升高至 25℃ 左右，水中氮含量过高时，大量放线菌、藻类（特别是蓝藻）和真菌处于适宜生长环境，繁殖速度明显加快，溶解氧被大量消耗，水体处于厌氧环境，放线菌、藻类、真菌会分泌以乔司脒和 2-二甲基异莰醇为代表的臭味阈值极低的醇类物质。

1.2.2　水体黑臭化演变过程

水体黑臭化是一个由浅入深的过程，水体黑臭化程度可采用黑臭指数描述。黑臭指数与高锰酸盐指数、水温、氨氮、溶解氧等指标有如下定量关系[13]（T 为水温，℃）：

$$I=[(0.2 \times COD_{Mn}+0.1 \times NH_3\text{-}N)/(0.3+DO)] \times 1.05^{T-10}$$

随黑臭指数升高，水体的演变可分为图 1-6 所示的四个阶段[14-16]。

黑臭阶段	COD_{Mn} (mg/L)	$NH_3\text{-}N$ (mg/L)	DO (mg/L)	黑臭指数	典型照片
黄（灰）绿无臭	≤6	≤1	≥4	≤8	
灰黑微臭	6～10	1～5	2～4	8～15	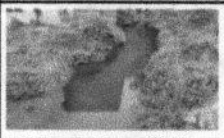
黑臭	10～20	5～10	1～2	15～35	
深黑恶臭	>20	>10	<1	≥35	

图 1-6　水体黑臭化演变过程

当黑臭指数≤8 时，水体呈现黄（灰）绿色，无特殊难闻的臭味产生，水质特征指标溶解氧浓度 4 mg/L 以上，氨氮浓度一般小于 1 mg/L，高锰酸盐指数不超过 6 mg/L，水体受污染程度小，一般经处理后可用作景观用水。

当黑臭指数处于 8～15 的范围时，水体处于黑臭化初始阶段，水体颜色表现为灰黑色，并伴有轻微臭味，高锰酸盐指数、氨氮含量有所上升，溶解氧含量降低。随着黑臭指数继续升高，水体呈现出明显黑臭，此时水中溶解氧及氨氮含量分别在 1～2 mg/L 与 5～10 mg/L 范围内，高锰酸盐指数介于 10～20 mg/L 之间。

当黑臭指数上升至 35 及以上时，水体呈现深黑色，恶臭程度加深，高锰酸盐指数、氨氮含量分别进一步升高，溶解氧降至 1 mg/L 以下，水体被严重污染，生态环境遭到严重破坏。

1.3　城市黑臭水体的危害与影响

健康的城市水体，具有水资源供给、排水防涝、生态调节、景观、休闲娱乐等多重功能，但当其恶化为黑臭水体后，不仅会失去自净能力和生态调节能力，还会成为影响城市生态环境的"污染源"。如果不对其进行有效治理，污染问题不断积累和恶化，最终会破坏整个城市水体的生态系统平衡，影响居民健康及经济社会可持续、高质量发展。

1.3.1　环境与生态危害

1. 破坏河流生态系统

河流生态系统是指由水生植物、水生动物、微生物等与水体环境组成的水生生态系统，其中水作为一种良好的溶剂，为水生生物的生长发育提供了丰富的营养源，而生物为生态系统提供了生命的活力，是河流生态系统持续发展的基础[17]。城市河流"黑臭"现象作为一种生物化学现象，对河流生态系统的影响体现在水体的物理、化学性质和生物群落组成的变化，导致河流原本生态系统失衡，河流作用和功能逐步退化。

对水生植物的危害　黑臭水体中的高浓度氨氮对各类水生植物具有毒害作用。藻类在 4～16 mg/L 氨氮（对应轻度黑臭水体）中暴露时间越长，其体内的可溶性蛋白质含量越低；在 8～16 mg/L 氨氮（对应重度黑臭水体）暴露下，穗花狐尾藻、黑藻、小茨藻、金鱼藻全部死亡[18]。此外，黑臭水体中还可能含有大量重金属离子，能导致水生植物体内活性氧产生速率和膜脂过氧化产物明显上升，进而引起细胞损伤[19]。重金属对水生植物的影响作用主要表现在改变细胞的细微结构，抑制光合作用、呼吸作用和酶的活性，使核酸组成发生改变，细胞体积缩小和生长受到抑制等方面[20]。不同浓度的锌等重金属对羊角月牙藻的生长速率均有抑制作用[21]；锌、铜、锰能抑制月形藻的生长[22]。汞的积累会抑制水生植物体内叶绿素酸酯还原酶和氨基-γ-酮酸的合成，从而影响叶绿素的生物合成，同时还会使叶绿体膜系统受到破坏，导致叶绿素总量下降，光合速率降低，最终使得植株受到严重伤害[23]。部分水生植物对重金属的耐受上限临界值见表 1-2[24]。

表 1-2　水生植物对重金属的耐受上限　　（单位：mg/kg）

重金属离子	水车前	星星梅	浮萍	金鱼藻	水葫芦
Hg	—	—	7.0	1.0	0.06
Cu	15.4	15.4	0.4	7.8	—
Cd	0.1	—	2.5	5.0	0.32
Zn	4.0	40	20.0	—	—
Pb	40.3	86.9	19.3	—	30.2

对水生动物的危害　局部黑臭水体的形成会阻断水-气界面的物质交换，使得水体长时间处于缺氧至厌氧状态，导致鱼类等水生动物因缺氧而大量死亡。当黑臭水体中溶解氧浓度接近 0 mg/L 时，产生的硫化氢对鱼虾等水生动物有剧毒，随着水体中硫化氢浓度升高，鱼虾的生长速度、体力和抗病力都将减弱，严重时会损坏鱼虾的中枢神经，0.5 mg/L 硫化氢可使健康鱼体急性中毒死亡[25]。此外，高浓度的氨氮会取代水生动物体内的钾离子，影响神经，引起 N-甲基-D-天门冬氨酸（NMDA）受体结合活性明显降低，导致中枢神经系统中流入过量的钙离子并引起细胞死亡[24]。高浓度氨氮还能导致鱼类（如虹鳟、鲤和鲫等）鳃结构异化[26]。黑臭水体中的重金属一旦进入水生动物体内，则可以通过干扰生殖内分泌系统，或改变配子发育过程中的激素环境，导致水生生物胚胎发育受阻、孵化率下降、孵化过程延长、发育畸形等[27]。

对水体中微生物的影响　受污染水体中通常含有的过剩营养元素如氮、磷、钾等，能引起水体富营养化，造成水体中滋生大量蓝细菌等微生物，导致河流微生物生态系统失衡。河水中溶解氧的浓度对河道中的微生物和河底沉积物的形态起着决定性的作用。在自然状况下，具有一定自净能力的河流，含有的溶解氧量水平较高，有利于好氧微生物的生存[28]。黑臭水体的形成导致水中溶解氧浓度降低，好氧微生物生长受到抑制，厌氧微生物成为主导。

2. 影响周边居民健康

黑臭河流挥发出的有机物大多具有毒性，对人体健康及动植物的生长生存造成威胁。水体产生的"臭"味气体如氨气、硫化氢（H_2S）等经呼吸道进入人体，经黏膜吸收比皮肤吸收造成的中毒更为迅速。研究表明，当 H_2S 气体浓度超过 0.007 mg/L 时，将影响人眼对光的反射，高于 10 mg/L 时会刺激人眼，同时使人产生短暂性支气管收缩[29]。H_2S 气体具有麻痹作用，因此会比其他气体更难预防。此外，长时间吸入具有恶臭气味的氨气会引起呼吸频率下降，造成呼吸障碍[30]。黑臭水体周边居民长期在臭味弥漫的环境中容易产生心情烦躁、头晕恶心、呕吐等多种不良反应。

黑臭水体中的污染物如重金属、难降解有毒有机物等能够发生迁移，污染地下水或饮用水源，影响周边城市地区饮用水安全。2007 年 5 月 28 日，无锡贡湖湾口南泉水厂发生"黑水团"进入水厂取水口恶化水源水质事件，导致水厂停止供水近 100 小时。有研究表明，堆积集聚的淡水蓝藻释放的毒素，通过皮肤接触、呼吸道吸入、血液透析、消化道摄入等途径，能损害肝脏，影响蛋白磷酸酶的活力[31]。

此外，黑臭水体的离岸距离、污染类型与人群健康风险的关系紧密，城市黑臭水体离岸 200 m 范围内空气污染主要以细菌和真菌为主，且随离岸距离减小，细菌浓度增加，人体健康风险增加[32]。

1.3.2 社会与经济影响

1. 影响城市景观

现代化城市的环境建设与河道建设息息相关，河道景观是城市景观的重要组成部分，不仅为居民生活、休憩、活动提供公共空间，开放的水域景观还能增加城市魅力[33]。城市水体在发生黑臭初期通常浮萍丛生，形成"绿毯"，缺氧严重时发黑发臭，生物绝迹，严重影响景观效应；黑臭河道中有毒气体的挥发也会影响城市空气质量，久而久之，将严重破坏城市整体形象。

2. 造成社会经济损失

城市黑臭水体损害城市景观，影响城市整体形象，会直接影响城市旅游业发展。同时，水体黑臭恶化居民居住环境，水质下降或受污染，也会对区域地产市场产生不利影响。对北京城六区内河流水质与住宅价格相关研究发现，不良水质、水景与住宅价格存在负相关[34]。此外，黑臭水体的治理需投入巨大经济成本，据不完全统计，"十三五"期间，黑臭水体治理直接投入超过 1.5 万亿元[35]。

1.4　我国城市黑臭水体总体态势

近 40 年以来，随着我国城市化与工业化进程的加快，城市污水产生量与排放量持续增长，但城市水环境处理设施发展滞后、管网建设质量不高，且错接、混接、漏接等问题普遍，造成大量污水未经有效处理直接排入受纳水体，使得城市河段受到不同程度污染，呈现黑臭状态。

根据"全国城市黑臭水体整治信息发布"监管平台数据，截至 2017 年 10 月，全国 295 个地级及以上城市中共有 224 座城市排查确认建成区黑臭水体 2100 个，包括"河""湖""塘" 3 类，其中黑臭"河" 1790 个，占 85.2%，总长度约为 7800 km；黑臭"塘" 204 个，占 9.7%，总面积约为 28 km^2；黑臭"湖" 106 个，占 5.1%，总面积约为 160 km^2。在地域上，除西藏自治区没有黑臭水体外，全国其余 30 个省（自治区、直辖市）（不含港澳台地区）地级及以上城市建成区都存在不同数量的黑臭水体（表 1-3），其中广东和安徽城市建成区黑臭水体数量超过 200 个；湖南、湖北、山东、江苏和河南超过 100 个。全国地级及以上城市建成区黑臭水体的 60% 分布在广东、安徽、湖南、山东、江苏、湖北、河南和四川 8 省，总体呈现南多北少、东中部多、西部少的特点[36]。

表 1-3　全国地级及以上城市黑臭水体统计情况[36]

	省（自治区、直辖市）	地级及以上城市数量（个）	存在黑臭水体的城市数量（个）	黑臭水体数量（个）
1	北京	1	1	61
2	天津	1	1	25
3	河北	11	9	42
4	山西	11	9	72

续表

	省（自治区、直辖市）	地级及以上城市数量（个）	存在黑臭水体的城市数量（个）	黑臭水体数量（个）
5	内蒙古	9	4	14
6	辽宁	14	11	61
7	吉林	8	7	97
8	黑龙江	12	8	22
9	上海	1	1	56
10	江苏	13	13	152
11	浙江	11	5	6
12	安徽	16	15	217
13	福建	9	9	87
14	江西	11	9	26
15	山东	17	17	165
16	河南	17	13	128
17	湖北	12	12	145
18	湖南	13	13	170
19	广东	21	20	243
20	广西	14	10	63
21	海南	4	2	29
22	重庆	1	1	31
23	四川	18	14	99
24	贵州	6	2	14
25	云南	8	5	12
26	西藏	4	0	0
27	陕西	10	3	5
28	甘肃	12	4	17
29	青海	2	1	26
30	宁夏	5	4	13
31	新疆	3	1	2

注：统计数据截至 2017 年 10 月 23 日，不含港澳台数据。

　　2018～2020 年期间，全国各省地级及以上城市全面开展了黑臭水体排查，并将新增黑臭水体及返黑返臭水体及时纳入黑臭水体清单并公示，同时生态环境部、住房和城乡建设部每年定期组织开展城市黑臭水体整治环境保护专项督查核查工作，由专家团队赴现场，督促指导各地稳步推进黑臭水体整治。据统计，截至 2019 年 12 月，全国黑臭水体认定总数为 2869 个，相较 2017 年，增加了 769 个，其中完成治理的数量为 2313 个，治理中的数量为 556 个，黑臭水体消除比例为 80.6%[37]。截至 2020 年底，全国地级及以上城市 2914 个黑臭水体消除比例达到 98.2%[38]。

　　按照《深入打好城市黑臭水体治理攻坚战实施方案》（建城〔2022〕29 号）要求，各地组织开展了县级城市建成区黑臭水体排查。2022 年 9 月 22 日，生态环境部发布《全国县级城市黑臭水体排查情况公示》，第一次对全国县级城市的黑臭水体状况进行了公布。根据住房和城乡建设部调度信息，截至 2022 年 7 月，91 个县级城市（含漳州市龙海区，2021 年撤市并区）排查出黑臭水体 220 条（图 1-7），304 个县级城市报告无黑臭水体[39]。

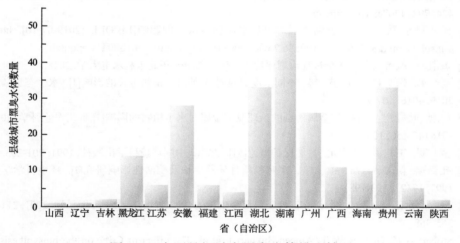

图 1-7　全国县级城市黑臭水体排查情况

参 考 文 献

[1] 住房城乡建设部　环境保护部关于印发城市黑臭水体整治工作指南的通知[EB/OL]. [2015-08-28].https://www.mohurd.gov.cn/gongkai/fdzdgknr/tzgg/201509/20150911_224828.html.

[2] 去年治好的黑臭河道如今咋样？有 4 条仍轻度黑臭[EB/OL].[2017-09-27].http://k.sina.com.cn/article_3520714247_d1d9d607020001i81.html.

[3] 徐敏, 吴舜泽, 姚瑞华, 等. 治理城市黑臭水体难不难? [N]. 中国环境报, 2015-05-06.

[4] 苏州河整治走过 20 年! 一图看懂苏州河治理的前世今生[EB/OL]. [2018-12-30]. https://www.jfdaily.com/news/detail?id=124616.

[5] 季永兴, 刘水芹. 苏州河水环境治理 20 年回顾与展望[J]. 水资源保护, 2020, 36(1): 25-30, 51.

[6] 赵敏华, 龚屹巍. 上海苏州河治理 20 年回顾及成效[J]. 河湖治理, 2018, 12(28): 38-41.

[7] 钱钧, 黄振富, 陆晓平. 秦淮河水环境治理的成效与举措[J]. 中国水利, 2014, 14: 15-16, 22.

[8] 马吉刚, 郭红欣, 梅泽本, 等. 山东小清河水质污染原因及治理对策分析[J]. 中国农村水利水电, 2003, 8: 53-54.

[9] 范利平. 珠江三角洲水污染现状及防治对策[J]. 水利规划, 1998, S1: 59-61.

[10] 钟伟青. 为水而战 广东采取强硬措施———一年提醒 二年黄牌 三年红牌并登报批评[J]. 环境, 2000, 8: 4-6.

[11] 孔鞯, 汪炎.黑臭水体形成原因与治理技术[J].工业用水与废水, 2017, (5): 1-6.

[12] 王旭, 王永刚, 孙长虹, 等. 城市黑臭水体形成机理与评价方法研究进展[J]. 应用生态学报, 2016, 27(4): 10.

[13] 方宇翘, 裘祖楠, 张国莹, 等. 城市河流中黑臭现象的研究[J]. 中国环境科学, 1993, 13(4): 256-262.

[14] 罗希, 陈才高, 吴瑜红, 等. 城市黑臭水体成因、评价方法及治理技术研究进展[J]. 环境工程, 2018, 36: 65-69.

[15] 黑臭水体"摘帽"后又"返污"[EB/OL]. [2019-07-26]. https://baijiahao.baidu.com/s?id=1640075424679214767&wfr=spider&for=pc.

[16] 给水排水|数据分析: 管网渗漏对黑臭水体和污水厂的影响[EB/OL]. [2019-07-10]. https://m.sohu.com/a/325961829_199586/?pvid=000115_3w_a_trans_=010004_wapqqfzlj.

[17] 黄淑焕. 城市黑臭水体全过程治理评价研究[D]. 郑州: 华北水利水电大学, 2018.

[18] 高奇英, 朱文君, 刘晓波, 等. 不同浓度氨氮对 5 种沉水植物生长的影响[J]. 水生态学杂志, 2019, 40(6): 67-72.

[19] 何刚, 耿晨光, 罗睿. 重金属污染的治理及重金属对水生植物的影响[J].贵州农业科学, 2008, (3): 147-150, 153.

[20] 金鉴明, 王礼嫱, 薛达元. 自然保护概论[M]. 北京: 中国环境科学出版社, 1991: 201-203.

[21] 孔繁翔, 陈颖, 章敏. 镍、锌、铝对羊角月牙藻生长及酶活性影响研究[J]. 环境科学学报, 1997, 17(2): 193-198.

[22] 阎海, 潘纲, 霍润兰. 铜、锌和锰抑制月形藻生长的毒性效应[J]. 中国环境科学, 2001, 21(4): 365-368.

[23] Stobart A K, Grifiths W T, Ameen-Bukhari I, et al. The effect of Cd^{2+} on the biosynthesis of chlorophyll in leaves of barley[J]. Physiologia Plantarum, 1985, 6(3): 293-298.

[24] 刘建明. 水体中主要污染物对水生生物的影响[J]. 四川环境, 2015, 34(3): 69-72.

[25] 李海建. 水体中硫化氢产生原因及应对措施[J]. 科学养鱼, 2002, 10: 47.

[26] 张云龙, 张海龙, 王凌宇, 等. 氨氮对鱼类毒性的影响因子及气呼吸型鱼类耐氨策略[J]. 水生生物学报, 2017, 41(5): 1157-1168.

[27] 万羽岳, 杜易桓, 杨礼, 等. 重金属对水生生物的影响[J].安徽农学通报, 2021, 27(9): 131-134.

[28] 王雅钰, 刘成刚, 吴玮. 从河道自净角度谈影响河道水质净化的因素[J]. 环境科学与管理,

2013, 38(3): 35-40.

[29] 高红杰, 刘晓玲, 申茜, 等. 城市黑臭水体污染特征及卫星遥感识别技术[M]. 北京: 科学出版社, 2022.

[30] 王建光, 邓云峰, 郭再富, 等. 含硫化氢天然气井公共安全技术标准体系比对研究[J]. 中国安全生产科学技术, 2010, 6(2): 185-191.

[31] 盛东, 徐兆安, 高怡. 太湖湖区"黑水团"成因及危害分析[J]. 水资源保护, 2010, 26(3): 41-44, 52.

[32] 刘建福, 陈敬雄, 辜时有. 城市黑臭水体空气微生物污染及健康风险[J]. 环境科学, 2016, 37(4): 1264-1271.

[33] 刘展羽. 基于生态修复的无锡市河道景观重建研究[D]. 无锡: 江南大学, 2020.

[34] 吴文佳, 张晓平, 李媛芳. 北京市景观可达性与住宅价格空间关联[J]. 地理科学进展, 2014, 33(4): 488-498.

[35] 黑臭水体治理直接投入超 1.5 万亿元　生态环境部批一些地方搞调水冲污等"聪明做法"[EB/OL]. [2022-01-24]. https://www.sohu.com/a/518799422_115362?tc_tab=s_news&block=s_news&index=s_8&t=1643020989273.

[36] 李斌, 柏杨巍, 刘丹妮, 等. 全国地级及以上城市建成区黑臭水体的分布、存在问题及对策建议[J]. 环境工程学报, 2019, 13(3): 511-518.

[37] 2020 年中国黑臭水体治理行业市场现状分析, 生物生态法治理是主要方向[EB/OL]. [2020-12-03]. https://www.huaon.com/channel/trend/669073.html.

[38] 全国地级及以上城市 98.2%黑臭水体已消除　"十四五"时期瞄准县级城市建成区[EB/OL]. [2021-03-31]. http://www.gov.cn/xinwen/2021-03/31/content_5596917.htm.

[39] 全国县级城市黑臭水体排查情况公示[EB/OL]. [2022-09-22]. https://www.mee.gov.cn/home/ztbd/2022/cshcsthbxd/gjjgdt/202209/t20220922_994697.shtml.

第2章

城市黑臭水体治理政策体系与发展历程

经济社会绿色、可持续、高质量发展，对城市水环境系统化治理提出了迫切要求，污水处理厂进水低浓度、收集处理系统长期低效运行，以及由此引发的城市水体持续性黑臭和阶段性返黑返臭等问题，也引发了行业广泛关注。党中央、国务院及时准确洞察我国排水行业的真问题，多次提出污水处理提质增效、排水系统补短板强弱项等水环境治理工作目标，2015年实施的《水污染防治行动计划》正式开启城市水体系统化治理序幕。针对城市黑臭水体治理时间紧、任务重的实际问题，为指导各地科学推进城市水体系统化治理，将工作重点回归到排水系统补短板、补弱项上来，住房和城乡建设部联合生态环境部等部门先后制定《城市黑臭水体治理攻坚战实施方案》《城镇污水处理提质增效三年行动方案（2019—2021年）》《深入打好城市黑臭水体治理攻坚战实施方案》等政策文件，引导城市黑臭水体治理由全面治污向系统治理、精准治理转变。

2.1 城市黑臭水体治理的驱动因素

2.1.1 生态文明发展驱动

2012年，党的十八大把生态文明建设纳入中国特色社会主义事业"五位一体"总体布局，明确提出大力推进生态文明建设，努力建设美丽中国，实现中华民族永续发展。2018年，生态文明建设写入新修订的《中华人民共和国宪法》。2022年，党的二十大提出建设人与自然和谐共生的现代化，进一步体现了持续加强生态文明建设的坚定意志和坚强决心。

生态文明思想的核心理念之一，即环境就是民生。人民群众对美好生活的需求就是我们的奋斗目标，成为新民生政绩观。良好的生态环境是最公平的公共产品，是最普惠的民生福祉。良好的水环境质量既是区域经济社会绿色可持续高质量发展的基础，也是城乡居民高品质美好生活不可缺少的重要内容。为此，城市河流迫切需要从黑臭转变为能够满足水资源、水环境、水生态、水安全、水文化等多方面高品质水功能服务需求。2018 年，污染防治攻坚战被列入我国全面建成小康社会三大攻坚战之一，黑臭水体治理被确定为污染防治攻坚战的重要内容。2021 年，中共中央、国务院《关于深入打好污染防治攻坚战的意见》提出，到 2025 年，县级城市建成区基本消除黑臭水体，京津冀、长三角、珠三角等区域力争提前 1 年完成。

生态文明的另一个核心理念是，绿水青山就是金山银山，保护环境就是保护生产力的新经济发展观。习近平总书记多次强调，宁要绿水青山，不要金山银山，绿水青山就是金山银山。要让经济社会发展和生态文明建设相辅相成、相得益彰，让良好生态环境成为高质量发展的增长点、人民美好生活向往的落脚点。近年来，全国多地黑臭水体治理取得实效，生态效益、社会效益和经济效益显著。各地城市黑臭水体治理工程已显著提升城市品质，推动实现水城共融，助力城市营商环境改善，金融、航运、科创等现代服务业在城市滨水区加速集聚，城市滨水两岸正在成为多元功能集聚的发展高地、区域经济的"发动机"、宜居生活的示范区。

2.1.2　人居环境改善驱动

健康的水循环系统是城市经济社会发展的重要生态环境载体，也是城市可持续发展竞争力的重要支撑。随着经济高速增长和城市建成区的快速扩展，城市部分河段受工业和生活污染的影响发黑发臭，导致当地居民生产生活受到较大影响，城市黑臭水体已成为群众身边的突出生态环境问题，是群众身边的麻烦事、烦心事。2018 年 5 月，习近平总书记在全国生态环境保护大会上强调，要把解决突出生态环境问题作为民生优先领域，基本消灭城市黑臭水体，还给老百姓清水绿岸、鱼翔浅底的景象。

黑臭现象是水体环境污染极其严重的表现。黑臭水体不仅丧失了生态、景观等功能，甚至成为影响周围居民身心健康的污染源和风险隐患。黑臭水体不但包括有毒有害的无机物、氮磷等营养元素，还往往含有种类繁多且难以降解的持久性有机污染物、重金属等，水体呈现复合污染特征，且具有潜在生物毒性。研究还发现，黑臭河道中致嗅组分挥发至大气中还会对人体健康产生影响。自城市黑臭水体治理工作实施以来，地级及以上城市陆续排查出的黑臭水体总数超过 2900 条，有些城市很难找出一条不黑不臭的水体，水质远低于地表水环境 V 类的大量黑臭水体，已经成为构建城市健康可持续水系统、人居环境改善的显著短板。

2.1.3 新型城镇化驱动

党的十八大以来，以习近平同志为核心的党中央高度重视新型城镇化工作，明确提出以人为核心、以提高质量为导向的新型城镇化战略，为新型城镇化工作指明了方向、提供了基本遵循，推动我国城镇化进入提质增效新阶段[1]。党的十九届五中全会提出的"以满足人民日益增长的美好生活需要为根本目的，统筹发展和安全"，也再次强调深入推进以人为核心的新型城镇化战略。推进以人为核心的新型城镇化，就是要切实满足人民的现实需要。对此，习近平总书记指出，"城市发展不能只考虑规模经济效益，必须把生态和安全放在更加突出的位置，统筹城市布局的经济需要、生活需要、生态需要、安全需要"[2]。而满足人民生态需要不仅为人民提供更多更优质的生态产品，也为以人为核心的新型城镇化提供了自然条件和资源环境条件[3]。与发达国家随基础设施积累逐步开展城市水环境治理、侧重水质提升不同，我国城市黑臭水体治理的内涵与外延更为丰富，涉及防洪排涝、海绵城市、河湖生态修复、水系连通、蓝绿空间构建等，事实上也都是新型城镇化的重要工作领域与内容。

党的十八大以来，各地积极贯彻落实新发展理念，推动高质量发展，各地生态环境基础设施投入的意愿和能力也在逐步上升，逐步以健康活力水系统构建为目标，统筹考虑水环境、水生态、水资源、水安全、水文化，黑臭水体治理正是其中重要的建设载体。一方面，我国城镇化进程显著增加了资本存量，2012 年到 2021 年，中国城镇化率由 53.1%上升到 64.7%，1.8 亿左右农村人口进城成为城镇常住人口，带来了各类住房投资建设的激增，直接形成了对交通、通信、供电、供水、供气、环保、公共设施等城镇基础设施的需求，扩大了对教育、卫生、文体娱等公共服务的新增供给[4]。另一方面，随着我国城镇化稳步推进，城市发展由大规模增量建设转为存量提质改造和增量结构调整并重。党的十九届五中全会明确提出实施城市更新行动，不断提升城市人居环境质量、人民生活质量和城市竞争力[1]。"十一五"以来，我国在城镇排水防涝、污水处理等方面已经积累了巨量的资产，而各地开展的黑臭水体治理正是以此为重要物质基础，有节奏有步骤地开展完善、优化、提升工作；并结合旅游、休闲、地产、新区等城市功能开发，探索生态环境治理修复商业模式、长效投入、收益付费等机制的创新。

2.2　城市黑臭水体治理政策体系

在生态文明建设总体布局、以人为本和绿色低碳发展理念指引下，国家高度重视水资源和水环境保护，将城市黑臭水体治理作为提升人民生活环境品质的重要内容和抓手，上升到国家发展战略高度，城市黑臭水体治理相继纳入《水污染防治行动计划》《关于全面加强生态环境保护　坚决打好污染防治攻坚战的意见》《关于深入打好污染防治攻坚战的意见》等国家政策文件，住房和城乡建设部、生态环境部等部委响应国家政策，相继联合制定发布系列政策文件，进一步明确城市黑臭水体治理的时间表和路线图，为全国城市黑臭水体治理工作有序开展指明方向（重要政策文件见表 2-1）。

表 2-1　我国黑臭水体治理政策体系

时间	文件名称	发布部委	文件要点
2015 年 4 月 2 日	《水污染防治行动计划》（国发〔2015〕17 号）	国务院办公厅	提出采取控源截污、垃圾清理、清淤疏浚、生态修复等措施；首次明确城市黑臭水体整治的目标、任务要求和工作分工
2015 年 8 月 28 日	《城市黑臭水体整治工作指南》（建城〔2015〕130 号）	住房和城乡建设部等部委	为贯彻落实《水污染防治行动计划》，提出城市黑臭水体的判别标准，明确城市黑臭水体整治的时间表、路线图和具体技术要点
2015 年 11 月 17 日	《关于做好全国城市黑臭水体整治信息报送工作的通知》（建办城函〔2015〕1019 号）	住房和城乡建设部	开通全国城市黑臭水体整治信息发布监管平台，建立信息通报制度，明确提出通报信息将作为安排相关中央资金和各地"水十条"贯彻落实考核的依据

续表

时间	文件名称	发布部委	文件要点
2015 年 12 月 21 日	《关于进一步加强城市黑臭水体信息报送和公布工作的通知》（建办城函〔2015〕1162 号）		明确提出将会同有关部门，严格按照"水十条"要求对未按规定进行信息报送和公开的进行追责处理
2015 年 12 月	《关于推进开发性金融支持海绵城市建设的通知》（建城〔2015〕208 号）	住房和城乡建设部等部委	明确提出国家开发银行作为开发性金融机构，支持以城市黑臭水体治理等为突破口的海绵城市建设项目
	《关于推进政策性金融支持海绵城市建设的通知》（建城〔2015〕240 号）		要求各级住房和城乡建设部门高度重视推进政策性金融支持城市黑臭水体治理、海绵城市建设、城市排水防涝、水体治理与生态修复等工作，把中国农业发展银行作为重点合作银行，最大限度发挥政策金融支持作用
2016 年 2 月 5 日	《关于公布全国城市黑臭水体排查情况的通知》（建办城函〔2016〕125 号）		通报各地黑臭水体排查结果，并明确要求各地按照已定整治计划倒排时间表，从控源截污、生态修复、污染治理等方面科学施策，避免采取"调水冲污、引水释污"等措施；同期公布全国地级及以上城市排查出的建成区黑臭水体信息，开通全国城市黑臭水体整治信息发布网站和发布公众参与微信平台
2016 年 2 月 6 日	《关于进一步加强城市规划建设管理工作的若干意见》（中发〔2016〕6 号）	中共中央办公厅、国务院办公厅	明确提出整治城市黑臭水体，强化城中村、老旧城区和城乡接合部污水截流、收集，抓紧治理城区污水横流、河湖水系污染严重的现象
2016 年 8 月 31 日	《关于开展城市黑臭水体治理情况专项督查的通知》（建办城函〔2016〕810 号）	住房和城乡建设部	明确督查方式、内容、工作要点和具体要求。10～11 月，组织环境保护部、水利部、农业部，对全国 11 省（市）的城市黑臭水体整治情况进行督查
2016 年 9 月 5 日	《城市黑臭水体整治——排水口、管道及检查井治理技术指南（试行）》（建城函〔2016〕198 号）		明确了城市黑臭水体控源截污的关键技术要求
2016 年 12 月 6 日	《关于全面推行河长制的意见》	中共中央办公厅、国务院办公厅	明确将因地制宜建设亲水生态岸线，加大黑臭水体治理力度，实现河湖环境整洁优美、水清岸绿作为河长制的一项重要工作任务

续表

时间	文件名称	发布部委	文件要点
2016 年 12 月 11 日	《水污染防治行动计划实施情况考核规定（试行）》（环水体〔2016〕179 号）	环境保护部等部委	明确了地表水水质优良比例和劣 V 类水体控制比例、地级及以上城市建成区黑臭水体控制比例等水环境质量目标的考核要求
2017 年 2 月 6 日	《关于报送城市黑臭水体河长名单的通知》（建办城函〔2017〕81 号）	住房和城乡建设部	要求各地政府在城市黑臭水体整治中率先落实"由同级党委或政府负责同志担任河长"的相关规定，对黑臭水体的河湖长名单逐一进行核实调整
2017 年 4 月 6 日	《关于做好城市黑臭水体整治效果评估工作的通知》	住房和城乡建设部等部委	进一步明确城市黑臭水体整治评估方式和具体技术要点，明确按"初见成效"和"长制久清"两个阶段进行评估
2017 年 6 月	《水污染防治法》	第十二届全国人民代表大会常务委员会第二十八次会议修正	明确提出县级以上地方人民政府应整治黑臭水体，提高流域环境资源承载能力，为黑臭水体治理提供重要法律保障
2018 年 4 月 12 日	《关于开展 2018 年城市黑臭水体整治环境保护专项行动的通知》（环办水体函〔2018〕111 号）	生态环境部等部委	同步下发《2018 年黑臭水体整治环境保护专项行动方案》
2018 年 5 月 18 日	习近平总书记在全国生态环境保护大会上发表重要讲话，强调要把解决突出生态环境问题作为民生优先领域，基本消灭城市黑臭水体，还给老百姓清水绿岸、鱼翔浅底的景象		
2018 年 6 月 16 日	《关于全面加强生态环境保护　坚决打好污染防治攻坚战的意见》	中共中央、国务院	将城市黑臭水体治理作为打好碧水保卫战一项重要内容，提出实施城镇污水处理"提质增效"三年行动，加快补齐城镇污水收集和处理设施短板；加强城市初期雨水收集处理设施建设，有效减少城市面源污染；进一步明确提出 2020 年地级及以上城市建成区黑臭水体消除比例达 90% 以上
2018 年 9 月 19 日	《关于组织申报 2018 年城市黑臭水体治理示范城市的通知》（财办建〔2018〕172 号）	财政部等部委	同期发布了《2018 年城市黑臭水体整治示范城市申报指南》，启动了城市黑臭水体治理示范工作。分别于 2019 年 5 月 9 日和 8 月 15 日，启动第二批、第三批城市黑臭水体示范城市申报工作

续表

时间	文件名称	发布部委	文件要点
2018 年 9 月 30 日	《城市黑臭水体治理攻坚战实施方案》（建城〔2018〕104 号）	住房和城乡建设部等部委	要求各地系统总结城市黑臭水体治理工作经验，扎实推进城市黑臭水体治理工作，确保用 3 年左右时间使城市黑臭水体治理明显见效，让人民群众拥有更多的获得感和幸福感
2018 年 10 月 9 日	《关于推动河长制从"有名"到"有实"的实施意见》（水河湖〔2018〕243 号）	水利部	要求各地以河长制为平台，集中开展"清四乱"行动，继续下大力整治黑臭河，着力解决"水多""水少""水脏""水浑"等新老水问题
2018 年 10 月 12 日	《关于开展 2018 年城市黑臭水体整治专项巡查的通知》（环办水体函〔2018〕1118 号）	生态环境部等部委	分两个阶段开展《城市黑臭水体治理攻坚战实施方案》落实情况和黑臭水体整治专项督查问题清单专项巡查
2019 年 4 月 23 日	《关于开展 2019 年城市黑臭水体整治环境保护专项行动的通知》（环办水体函〔2019〕409 号）		明确提出将城市黑臭水体整治环境保护专项行动纳入生态环境部强化监督工作统筹安排，提出排查、交办、核查、约谈、专项督察"五步法"工作要求
2019 年 4 月 29 日	《城镇污水处理提质增效三年行动方案（2019—2021 年）》（建城〔2019〕52 号）	住房和城乡建设部等部委	提出三个基本消除（生活污水直排口、生活污水收集处理设施空白区和黑臭水体）和两个提升（生化需氧量和城市生活污水集中收集率），并明确各地应因地制宜确定生化需氧量和城市生活污水集中收集率提升的工作目标；首次提出完善河湖水位与市政排口协调制度、工业废水评估管控与排入许可、"小散乱"排污规范管理等要求
2020 年 7 月 28 日	《城镇生活污水处理设施补短板强弱项实施方案》	国家发展改革委等部委	提出因地制宜推进合流制溢流污水快速净化设施建设，降低合流制管网溢流污染等工作任务
2020 年 10 月 29 日	党的十九届五中全会审议通过的《中共中央关于制定国民经济和社会发展第十四个五年规划和 2035 年远景目标的建议》，明确提出要治理城乡生活环境，推进城镇污水管网全覆盖，基本消除城市黑臭水体，进一步明确了"十四五"期间的黑臭水体治理任务		
2021 年 3 月 11 日	《中华人民共和国国民经济和社会发展第十四个五年规划和 2035 年远景目标纲要》发布，在持续改善环境质量章节明确提出完善水污染防治流域协同机制，基本消除劣 V 类国控断面和城市黑臭水体		

续表

时间	文件名称	发布部委	文件要点
2021 年 6 月 6 日	《"十四五"城镇污水处理及资源化利用发展规划》(发改环资〔2021〕827 号)	国家发展改革委等部委	明确以改善水生态环境质量为目标,统筹推进污水处理、黑臭水体整治和内涝防治。首次明确合流制溢流污染快速净化设施的功能是高效去除可沉积颗粒物和漂浮物,有效削减城市水污染物总量,促进水环境质量长效保持
2021 年 11 月 2 日	《关于深入打好污染防治攻坚战的意见》(中发〔2021〕40 号)	中共中央、国务院办公厅	再次强调持续打好城市黑臭水体治理攻坚战,从上下游、左右岸、干支流、城市和乡村、农业农村和工业企业等方面提出污染防控技术要求,提出杜绝污水直接排入雨水管网、因地制宜开展水体内源污染治理和生态修复,增强河湖自净功能。充分发挥河长制、湖长制作用,巩固城市黑臭水体治理成效,建立防止返黑返臭长效机制的技术要求
2022 年 1 月 11 日	《关于印发"十四五"重点流域水环境综合治理规划的通知》(发改地区〔2021〕1933 号)	国家发展改革委	明确提出到 2025 年,基本形成较为完善的城镇水污染防治体系,城市生活污水集中收集率力争达到 70%以上,基本消除城市黑臭水体
2022 年 2 月 11 日	《关于开展汛期污染强度分析推动解决突出水环境问题的通知》(环办水体函〔2022〕52 号)	生态环境部	要求各地以汛期水质劣于 V 类的河流断面、劣于Ⅲ类饮用水的水源地断面为重点,开展汛期污染源强度监测分析
2022 年 3 月 1 日	《"十四五"城市黑臭水体整治环境保护行动方案》(环办水体〔2022〕8 号)	生态环境部等部委	指导地方生态环境、住房和城乡建设部门及时发现问题,分清责任,跟踪督办,加快补齐城市环境基础设施短板,持续推进城市黑臭水体整治环境保护行动
2022 年 3 月 28 日	《关于印发深入打好城市黑臭水体治理攻坚战实施方案的通知》(建城〔2022〕29 号)	住房和城乡建设部等部委	将城市黑臭水体治理范围由地级及以上城市扩充至县级及以上城市,明确不同水体治理阶段城市下一步的工作要求
2022 年 5 月 18 日	《关于加强 2022 年汛期水环境监管工作的通知》(环办水体函〔2022〕128 号)	生态环境部	要求各地紧盯汛期水质明显反弹断面,切实加强水环境监管,保障水生态环境安全;加强初期雨水收集处理情况监管,强化各类雨污管网巡护,确保各类治污设施汛期正常运行

2.2.1 国家战略定位

以习近平同志为核心的党中央全面加强对生态文明建设和生态环境保护的领导，多次强调要尊重自然、顺应自然、保护自然，要站在人与自然和谐共生的高度谋划发展，加快推进绿色转型，提升环境基础设施建设水平，推进城乡人居环境整治，推进美丽中国建设。习近平总书记先后提出并多次强调，良好生态环境是最公平的公共产品，是最普惠的民生福祉，保护生态环境就是保护生产力，改善生态环境就是发展生产力；提出生态环境保护的"两山"理论，指出绿水青山是人民幸福生活的重要内容，是金钱不能代替的。这些理论的提出，就是要引导各地让绿水青山更好地发挥经济社会效益，而不能通过破坏绿水青山换取经济效益。在 2018 年 5 月召开的全国生态环境保护大会上，习近平总书记强调要坚决打好污染防治攻坚战，指出我国经济已由高速增长阶段转向高质量发展阶段，要坚持人与自然和谐共生理念，全面推动绿色发展，重点解决损害群众健康的突出环境问题，不断满足人民日益增长的优美生态环境需要。要把解决突出生态环境问题作为民生优先领域，深入实施水污染防治行动计划。

为贯彻落实党和国家领导人重要指示批示精神，2015 年 4 月发布的《水污染防治行动计划》系统梳理了水污染特征和水环境治理难题挑战，首次提出城市黑臭水体治理的理念，将人民群众反映日益强烈的城市水体黑臭问题作为重要工作内容，明确提出 2020 年地级及以上城市建成区黑臭水体控制在 10%以内，到 2030 年总体得到消除的工作目标和治理任务，并进一步明确了治理措施、信息公开要求和分区域、分阶段的细化目标；强调加强公众参与和社会监督，要求各级政府将行动计划考核纳入领导干部综合考核评价体系，并向社会公布考核结果，让人民群众参与并监督水污染治理工作，切实看得见、享受得到水污染防治工作带来的环境效益。2016 年 2 月 6 日，政策文件《关于进一步加强城市规划建设管理工作的若干意见》进一步深化了对城市黑臭水体治理和污水收集处理的技术要求；12 月 6 日发布的《关于全面推行河长制的意见》将加大黑臭水体治理力度，实现河湖环境整洁优美、水清岸绿列为河长制的一项重要工作任务。

为进一步科学有效推进城市水环境治理工作，2018 年 6 月，中共中央、国务院《关于全面加强生态环境保护　坚决打好污染防治攻坚战的意见》将打好城市黑臭水体治理攻坚战作为打好碧水保卫战的重要工作内容，要深入实施水污染防治行动计划，扎实推进河长制湖长制，坚持污染减排和生态扩容两手发力，消除城市黑臭水体；进一步明确了管网运行效能对城市水环境质量的影响，提出要实施城镇污水处理"提质增效"三年行动，加强城市初期雨水收集处理设施建设，有效减少城市面源污染，坚决打好污染防治攻坚战。2021 年 3 月发布的《中华人民共和国国民经济和社会发展第十四个五年规划和 2035 年远景目标纲要》，进一步明确要求各地持续改善环境质量，深入打好污染防治攻坚战，建立健全环境治理体系，推进精准、科学、依法、系统治污，协同推进减污降碳，基本消除城市黑臭水体。2021 年 11 月，中共中央、国务院《关于深入打好污染防治攻坚战的意见》要求各地进一步强化城市水环境的系统化治理，统筹好上下游、左右岸、干支流、城市和乡村，系统推进城市黑臭水体治理，充分发挥河长制、湖长制作用，巩固城市黑臭水体治理成效。

2.2.2　行业政策导向

2015 年 4 月 2 日，国务院办公厅印发的《水污染防治行动计划》，在"全力保障水生态环境安全"相关工作中，对"整治城市黑臭水体"做出部署，明确城市黑臭水体整治的目标、任务要求和工作分工。自此，各相关部委从各自职能、分工出发，全面落实中央决策部署，加强规划、项目引导，建立健全监督、考核、信息公开机制，完善技术、金融、产业支持，持续形成黑臭水体治理、监督、保障合力。

1. 住房和城乡建设部

作为城市黑臭水体治理工作的牵头组织部门，住房和城乡建设部落实中央决策部署，引导各地科学有效推进城市黑臭水体整治工作。

技术政策引导　2015 年 8 月 28 日，联合环境保护部发布《城市黑臭水体整治工作指南》，从技术、管理、服务等多个维度提出城市黑臭水体排查、治理、评估的工作要求，以及全过程公众参与的技术要点；

明确提出控源截污是整治城市黑臭水体的基础工作，也是重中之重。为指导各地科学实施控源截污，2016 年 9 月 5 日，组织编制《城市黑臭水体整治——排水口、管道及检查井治理技术指南（试行）》，作为城市水体沿线排口治理的技术指导文件。2018 年 9 月 30 日，联合生态环境部印发《城市黑臭水体治理攻坚战实施方案》，更加侧重机制建立，力求通过攻坚战让地方建立长效机制，逐步实现"长制久清"目标要求。2019 年 4 月 29 日，联合生态环境部、国家发展改革委印发《城镇污水处理提质增效三年行动方案（2019—2021 年）》，首次强调城市河湖与城市排水管网关系，提出河湖水位与市政排口协调问题，强化城市"水"的系统性治理，要求各地转变观念，从污水管网生活污水污染物收集处理角度开展系统化治理。2022 年 3 月 28 日，联合生态环境部、国家发展改革委、水利部印发《关于印发深入打好城市黑臭水体治理攻坚战实施方案的通知》，将城市黑臭水体治理范围由地级及以上城市扩大至县级城市，并进一步明确城市黑臭水体治理与长效保持的工作要求。

工作督导与评估　2015 年 12 月，在四川成都召开现场工作会，部署水体排查工作；2016 年 8 月 31 日，发布《城市黑臭水体治理专项督查通知》，并于 10～11 月，联合环保、水利、农业等部门选择部分省市进行专项督查。2017 年 3 月，在杭州市召开城市黑臭水体整治工作推进会，部署城市黑臭水体整治的任务和要求；4 月 6 日，联合环境保护部印发《关于做好城市黑臭水体整治效果评估工作的通知》，首次明确将黑臭水体治理工作按"初见成效"和"长制久清"两个阶段进行评估；8 月 4 日，联合环境保护部发布《关于开展黑臭水体整治专项督导检查工作的通知》，部署对 36 个重点城市开展黑臭水体整治专项督导检查。

进度管理与信息公开　联合环境保护部于 2015 年 11 月完成"全国城市黑臭水体整治信息发布"监管平台的开发，明确信息报送具体要求，建立信息通报制度，每个季度通过信息发布平台向各地通报排查和治理工作进展情况；12 月 21 日，联合环境保护部发布《关于进一步加强城市黑臭水体信息报送和公布工作的通知》，明确提出未按期报送排查信息、未实行"零报告"制度、未向社会公布信息，以及存在漏报瞒报问题的城市，均将按未完成黑臭水体排查任务进行追责处理。2016 年 2 月 5 日，联合环境保护部印发《关于公布全国城市黑臭水体排查情况的通知》，召开新闻发布会，向社会公开通报全国地级及以上城市排查出的建成区黑臭水体信息；6 月 15 日，与环境保护部联合印发《全国城市黑臭水体整治情况的通报》，向社会通报各地市黑臭水体治理工作进展情况。随着县级城市黑臭水体排查治理工作的推进，2022 年 5 月 30 日，印发《关于做好城市黑臭水体治理信息填报工作的通知》，要求地方严格落实有关政策，确保 6 月底完成县级城市黑臭水体信息上报。

争取银行信贷支持　2015 年 12 月，分别与国家开发银行和中国农业发展银行联合印发"开发性金融和政策性金融支持以城市黑臭水体治理等为突破口的海绵城市建设项目"相关政策文件，明确提出鼓励采取政府购买服务、政府和社会资本合作（PPP）等方式实施城市黑臭水体整治和后期养护工作，要求地方政府创新探索资金投入方式，引导社会资本加大投入；就开发性金融和政策性金融支持城市黑臭水体治理工作进行部署，明确国家开发银行作为开发性金融机构，中国农业发展银行作为政策性金融重点合作银行，重点支持城市黑臭水体治理、海绵城市建设、城市排水防涝、水体治理与生态修复等工作，最大限度发挥政策金融的支持作用。

2. 生态环境部

作为城市水体治理成效的监管部门，生态环境部在城市黑臭水体治理督查核查与监督评估方面制定政策，开展系列专项行动；同时加强面源污染防治、完善基础设施等方面的技术和政策指导。

专项督查核查　2018 年 4 月，启动城市黑臭水体整治环境保护专项行动，联合住房和城乡建设部制定发布《2018 年黑臭水体整治环境保护专项行动方案》，于 5~7 月，分三批次组织对全国 70 个地级及以上城市开展专项督查；8 月 14 日，联合住房和城乡建设部印发《关于开展省级 2018 年城市黑臭水体整治环境保护专项行动的通知》，组织各省启动省级专项行动，并在烟台、长沙、兰州三地分 3 批对各省及相关城市黑臭水体管理人员开展培训，形成上下联动的专项行动机制；10 月 12 日，联合住房和城乡建设部印发《关于开展 2018 年城市黑臭水体整治专项巡查的通知》，分两个阶段开展《城市黑臭水体治理攻坚战实施方案》落实情况和黑臭水体整治专项督查问题清单专项巡查。2019 年 4 月，联合住房和城乡建设部印发《关于开展 2019 年城市黑臭水体整治环境保护专项行动的通知》，明确城市黑臭水体整治环境保护专项行动纳入生态环境部强化监督工作，提出排查、交办、核查、约谈、专项督察"五步法"的工作要求。2020 年 5 月，联合住房和城乡建设部发布《城市黑臭水体整治环境保护专项行动通知》，鉴于疫情防控要求，6 月发布《关于加强城市黑臭水体整治环境保护省级排查定点帮扶工作的函》，采取"点对点"视频在线帮扶形式，指导地方开展黑臭水体督查核查工作。

完善监督考核　2016 年 12 月 11 日，环境保护部等 11 部门联合印发《水污染防治行动计划实施情况考核规定（试行）》，明确地表水水质优良比例和劣 V 类水体控制比例、地级及以上城市建成区黑臭水体控制比例等水环境质量目标的考核要求。2022 年 2 月 11 日，发布《关于开展汛期污染强度分析推动解决突出水环境问题的通知》，明确城乡面源污染逐步成为制约水环境持续改善的主要矛盾;并于 5 月 18 日印发《关于加强 2022 年汛期水环境监管工作的通知》，要求各地切实加强水环境，尤其是初期雨水收集处理情况监管，确保各类治污设施汛期正常运行。2022 年 3 月 1 日，联合住房和城乡建设部印发《"十四五"城市黑臭水体整治环境保护行动方案》，从总体要求、工作任务、保障措施三个方面明确要求，指导地方相关部门及时发现问题、分清责任、跟踪督办，加快补齐城市环境基础设施短板。

3. 国家发展改革委

作为实施"跨部门、跨地区、跨行业、跨领域的重大战略规划、重大改革、重大工程的综合协调"的职能机构，作为系列规划项目的决策机构，国家发展改革委多措并举，推动城市黑臭水体治理。

宏观规划支持　2016 年 8 月印发《"十三五"重点流域水环境综合治理建设规划》，针对流域水环境突出问题，在重要河流、重要湖库、重大调水工程沿线、近岸海域、城市黑臭水体等五方面设置重点治理任务。2021 年 4 月 8 日，印发《2021 年新型城镇化和城乡融合发展重点任务》，提出推动重点城市群消除城区黑臭水体和劣 V 类水体断面的工作目标。2022 年 1 月 11 日，印发《"十四五"重点流域水环境综合治理规划》，进一步明确要基本形成较为完善的城镇水污染防治体系，基本消除城市黑臭水体。

2020 年 7 月 28 日，联合住房和城乡建设部印发《城镇生活污水处理设施补短板强弱项实施方案》，将因地制宜推进合流制溢流污水快速净化设施建设，降低合流制管网溢流污染列为解决城市黑臭水体的重要技术内容；并于次年 6 月 6 日，联合住房和城乡建设部印发《"十四五"城镇污水处理及资源化利用发展规划》，再次明确合流制溢流污染快速净化设施的核心功能是高效去除可沉积颗粒物和漂浮物，有效削减城市水污染物总量，要求各地统筹推进污水处理、黑臭水体整治和内涝防治。

金融和价格政策支持　2017 年 2 月 20 日，联合住房和城乡建设部印发《关于进一步做好重大市政工程领域政府和社会资本合作（PPP）创新工作的通知》，选择安徽省与湖南省开展城市黑臭水体治理领域的 PPP 创新工作。2018 年 6 月 21 日印发《关于创新和完善促进绿色发展价格机制的意见》，明确提出紧扣打赢蓝天保卫战、城市黑臭水体治理、农业农村污染治理等标志性战役，着力创新和完善重点领域的价格形成机制。2020 年，组织对《长江经济带绿色发展专项中央预算内投资管理暂行办法》进行修订，将沿江城市黑臭水体整治项目列为支持的建设内容。

科技和产业引导　2019 年 4 月 15 日，联合科技部印发《关于构建市场导向的绿色技术创新体系的指导意见》，将节能环保、城乡绿色基础设施列为绿色技术创新重点支持领域，鼓励绿色技术创新基础较好的城市实施城市黑臭水体治理等绿色技术创新综合示范区建设。2020 年 5 月 21 日，联合科技部、工信部、生态环境部等印发《关于营造更好发展环境　支持民营节能环保企业健康发展的实施意见》，提出引导民营企业参与污水垃圾等环境基础设施建设、城乡黑臭水体整治等重大生态环保工程建设。

2.2.3　城市示范

财政部、住房和城乡建设部、生态环境部于 2018 年 9 月 19 日、2019 年 5 月 9 日和 2019 年 8 月 15 日三次联合发布《城市黑臭水体示范城市申报通知》（以下简称《通知》），先后组织开展 3 批次城市黑臭水体治理示范城市申报工作，通过省级推荐、材料审查、竞争性评审，遴选出 60 个城市进行黑臭水体治理示范（表 2-2）。

表 2-2　城市黑臭水体示范城市

批次	示范城市
第一批	邯郸、长治、沈阳、长春、淮安、马鞍山、宿州、福州、漳州、九江、临沂、菏泽、青岛、开封、信阳、咸宁、广州、重庆、内江、邵通
第二批	辽源、南宁、德阳、岳阳、海口、清远、乌鲁木齐、昆明、六盘水、吴忠、宿迁、湘潭、包头、桂林、榆林、荆州、鹤岗、张掖、安顺、葫芦岛
第三批	衡水、晋城、呼和浩特、营口、四平、盐城、芜湖、莆田、宜春、济南、周口、襄阳、深圳、汕头、贺州、三亚、南充、铜川、平凉、银川

1. 技术要求

根据《通知》，治理方案应遵循黑臭水体治理的科学规律，既注重采取工程措施，削减污染入河，强化污染治理，又注重源头管控，加大生态修复力度。突出治理实效；要明确总体和年度绩效目标，统筹使用中央财政资金及地方资金，重点用于控源截污、内源治理、生态修复、活水保质、海绵体系建设以及水质监测能力提升等黑臭水体治理重点任务和环节，建立完善长效机制，确保按期完成治理任务；要强化治理方案的系统性和科学性，对问题和原因进行定量分析，对污染物产生量、工程措施削减量以及最终预期效果进行定量分析和研判。《通知》还对政府和社会资本合作（PPP）模式、排水管网及其维护养护机制和资金定额、城市污水处理收费标准及动态调整机制等，尤其是管理机制建设提出了明确要求。《通知》进一步明确，凡是采取河道内原位修复、投撒药剂等方式作为主要治理措施的，特别是采取调水冲污方式的，都属于不合格治理方案，同时对部分技术措施做出限制性要求。

2. 绩效考核目标

《通知》从两方面进一步细化"长制久清"考核要求：一是治理成效方面，主要侧重城市黑臭水体消除情况、污水处理效能提升情况、"清水绿岸、鱼翔浅底"实现情况等；二是长效机制建设方面，重点从"有人管、有钱管、有制度管"三个方面进行评价，具体评价内容涵盖"厂—网—河"一体化运行模式是否建立、河长制是否落实、督查考核制度是否建立、污水处理费是否调整到位、排水管网等设施维护是否有保障、排水许可及排污许可制度是否落实、排水联合执法体制是否建立、工程质量监管机制是否建立、信息公开和公众监督机制是否建立等方面。

2.2.4　绩效评估

城市黑臭水体治理是《水污染防治行动计划》的重要考核内容，也是住房和城乡建设部和生态环境部日常监督管理的重要工作内容。为强化过程管理，两部委于 2015 年底开通"全国城市黑臭水体整治信息发布"监管平台，明确提出将各地报送信息情况作为安排相关中央资金和各地《水污染防治行动计划》贯彻落实考核的重要依据，同步开通信息公开发布平台和公众举报微信公众号，切实推动城市黑臭水体治理的全过程公众参与。

考虑到城市黑臭水体治理工作的复杂性、紧迫性，为进一步做好城市黑臭水体整治效果评估工作，按照《水污染防治行动计划实施情况考核规定（试行）》相关要求，住房和城乡建设部、环境保护部联合印发《关于做好城市黑臭水体整治效果评估工作的通知》，进一步细化目标考核要求，明确按"初见成效"和"长制久清"两个阶段进行评估，并提出直辖市、省会城市、计划单列市城市黑臭水体整治在 2017 年要达到初见成效，2018 年达到长制久清，其他地级及以上城市要在 2019 年达到初见成效，2020 年达到长制久清。

"初见成效"和"长制久清"两个分阶段考核目标，充分考虑了我国基础设施建设运维能力严重不足的国情，考虑到城市黑臭水体整治工作的实施难度，以及涉水部门管理工作的复杂性，尤其是水体治理工作直接与群众日常生活密切相关，治理工程涉及征地、拆迁、临时封路，甚至清淤致臭等多种情况。城市水体通常被城市居民生产生活包围，是早期居民生活排污和排水防涝的主要通道，排水管网复杂交错，分时段建设衔接性差，历史欠账多，河湖水系和地下水对管网正常运行的影响较大，"初见成效"和"长制久清"两个阶段的考核要求，也是充分考虑我国排水实际问题的阶段性对策，意在重点解决城市水体"不黑不臭"和水体有人管的目标。

为严格落实《城市黑臭水体整治工作指南》《水污染防治行动计划

实施情况考核规定（试行）》等政策文件对城市黑臭水体治理工作完成情况的考核要求，2020年底，住房和城乡建设部城建司委托专业机构，按照《关于做好城市黑臭水体整治效果评估工作的通知》考核细则，完成对全国地级及以上城市2914条黑臭水体治理情况评估。

2.3 城市黑臭水体治理阶段与特点

我国城市黑臭水体治理大致可分为三个阶段。其中，流域水环境治理最早可追溯至淮河流域"零点行动"，城市水体治理可追溯到上海苏州河，这个时期属于城市黑臭水体治理的探索阶段，为城市水体治理工作积累了丰富的工程经验。"十三五"期间在全国地级及以上城市全面推进的城市黑臭水体治理，以"不黑不臭"为主要目标，以"控源截污"和"内源治理"等水体污染物全面治理为工作方向，以工程治理为主要手段，部分解决了城市水体污染问题，属于真正意义上的城市黑臭水体"治理"阶段，为城市水体系统化精准治污和长效保持提供了重要基础和保障。"十四五"时期，地级及以上城市已经基本完成黑臭水体治理工作，陆续进入长效保持阶段。与此同时，县级城市和农村黑臭水体治理也在全国范围内全面展开。

2.3.1 流域治理与城市水体治理探索阶段

1. 重点流域水污染防治

实施重点流域水污染防治规划是党中央、国务院适应我国经济社会发展需要和环境保护形势变化做出的重大战略决策。摒弃"先污染后治理"传统治污模式，实行最为严格的污染物排放总量控制，高效解决长期积累的环境问题成为重要举措。在此基础上，充分发挥水生态系统自我修复、自我更新功能，让江河湖泊休养生息，使水生态系统由"失衡"走向平衡，进入良性循环，实现人水和谐发展。

我国的流域治理工作始于1994年的淮河流域环保执法检查现场会，随后制定《淮河流域水污染防治规划及"九五"计划》，并于1997年启动以工业污染源达标排放验收为主要内容的"零点行动"，从而拉开国家全面治理"三河三湖"（淮河、辽河、海河、太湖、巢湖、滇池）水污染的序幕。"十五"以来，"三河三湖、一江一库"等流域，以及重点海域陆源污染治理规划先后出台，环保、住建、发改、水利、渔业、海洋等部门通力合作，显著推动重点流域水环境治理工作。

2. 水体污染控制与治理科技重大专项

至"十一五"初期，我国在重点流域的水污染防治工作方面取得积极进展，但地方政府"重发展轻环保"的问题依然存在，治污形势仍不容乐观，距离实现"让江河湖泊休养生息"的目标仍有较大差距。为进一步系统解析流域及城市水环境污染问题，科学构建水环境污染防控体系，国家启动了"水体污染控制与治理"科技重大专项，先后设置河流水环境综合整治技术研究与综合示范、湖泊富营养化控制与治理技术及综合示范、城市水污染控制与水环境综合整治技术研究与示范、饮用水安全保障技术体系研究与示范、流域水污染防治监控预警技术与综合示范、水体污染控制战略与政策示范研究 6 个主题，选择"三河三湖"、三峡库区、南水北调沿线等典型流域区域，按照"控源减排、减负修复、综合调控"步骤，陆续投入 300 多亿元，重点从点源污染控制、面源污染治理、城市水体水质强化净化等层面入手，开展水污染控制与水环境保护的技术研究与综合示范，提高我国流域水污染防治和管理技术水平。

随着上述重大专项实施，国内众多科研和工程团队在重点流域开发了多项水环境治理技术体系并建立大量示范工程和示范区，有效推进重点流域污染治理进程。在辽河流域，建立辽、浑、太干流城市群及源头和河口区示范区，开展行业、城镇污水治理和水环境修复示范，支撑辽河流域"十二五"期间干支流全面消除劣 V 类水质，干流全面达到 IV 类水。在海河流域，建成北运河（北京段）、北三河（天津段）和子牙河（河北段）3 个河流水质改善成套整装技术集成综合示范区。在淮河流域，构建并实施基于废水资源化与水质目标管理的多闸坝基流匮乏型重污染河流"三三三"治理模式。在太湖流域，重点突破系统控源减排、清水流域修复、城市黑臭河道整治等关键技术，建立太湖西北部竺山湾和太湖新城、贡湖湾等综合示范区。在滇池流域，紧密结合流域污染防治规划和地方重点治污工作，研发基于固相碳源脱氮入河面源污染控制等多项技术，建立新宝象河入湖河流小流域综合示范区。在巢湖流域，按照控源减排减总量、生态修复扩容量的思路，建立南淝河和十五里河重污染入湖河流综合示范区，实现示范区水质消除劣V类的治理目标。

2.3.2 城市黑臭水体治理阶段

经过多个五年规划的实施，我国的城市污水收集处理能力得到明显提升，但污水管网不配套、不健全问题仍较为突出，旱季污水直排和雨季溢流污染问题较为严重，城市水环境整体情况不容乐观，居民房前屋后水体污染和黑臭问题严重，蚊蝇滋生，成为不少城市环境整治中久治不愈的顽疾，严重影响人民群众的获得感和幸福感。

1. 起步阶段

2015 年 4 月印发的《水污染防治行动计划》，首次将城市黑臭水体治理纳入国家战略，明确提出城市黑臭水体治理的目标和任务（表 2-3），拉开了我国最大规模城市黑臭水体整治行动的序幕。

表 2-3 《水污染防治行动计划》提出的城市黑臭水体的目标和任务

区域	时间	目标内容
地级及以上城市建成区	2015 年底前	完成水体排查，公布黑臭水体名称、责任人及达标期限
	2017 年底前	实现河面无大面积漂浮物，河岸无垃圾，无违法排污口
	2020 年底前	完成黑臭水体治理目标
直辖市、省会城市、计划单列市建成区	2017 年底前	基本消除黑臭水体

明确城市黑臭水体定义 为贯彻落实《水污染防治行动计划》要求，指导地方各级人民政府加快推进城市黑臭水体整治工作，住房和城乡建设部会同环境保护部编制《城市黑臭水体整治工作指南》（以下简称《指南》）并于 2015 年 8 月 28 日正式发布。与江河湖库水系不同，"城市水体""城市黑臭水体"都属于新生事物。考虑到城市内坑塘、水沟、旱渠，甚至箱涵明渠等"水体"类型众多，城市建成区内外水系的联通

复杂性和城市外水系污染引发的城市水体黑臭问题，加之城市水体对公众生产生活的影响不仅仅体现在"黑"和"臭"两个方面，因此《指南》确定城市黑臭水体的治理范围为"城市建成区"，即城市水体要与"人"有直接关系；考虑到我国南北方不同区域、不同城市类型的水体差异比较大，《指南》并没有直接给出长度或水域面积的限定范围，明确提出只要颜色令人不悦或者气味令人不适的水体，都应该作为治理对象，体现了城市黑臭水体治理是以公众切身感受作为核心目标。

确立黑臭识别与评判指标　我国城市黑臭水体的识别和表征指标主要以公众感官和致黑致臭机理性指标为主。《指南》选择公众更容易接受、测试相对便捷的透明度指标，也即"清澈见底"的感官指标；鉴于水体恶臭气体多以还原性气体为主，选择氧化还原电位（ORP）作为黑臭识别与评判指标，可更好从化学反应角度对致黑致臭物质的形成进行预防和控制；选择氨氮作为黑臭识别指标，不仅可以更加直接反映居民生活污水排入情况，还可对城市水体污染情况进行跟踪预警。在黑臭识别、治理效果评估阶段进行的群众满意度调查方面，更加注重水体"黑臭"表象的分析研判，确保群众能够直观研判，通过"看得见、摸得着"的水环境改善效果做出客观评价，真正发挥公众监督作用，实现城市黑臭水体治理全过程公众参与。"全国城市黑臭水体整治信息发布"平台显示，经过各地级及以上城市第一轮紧锣密鼓的排查，到 2015 年底全国295 个地级及以上城市共排查出 1861 个黑臭水体，其中 77 个地级及以上城市未排查出黑臭水体。

建立工作流程和方法　《指南》在治理工作流程（图 2-1）、水体识别判定、检测布点以及检测方法、清单公示及方案编制等方面着墨相对较多。尤其是在污染源调查部分，进一步明确了点源、面源、内源及其他污染源的调查范围和调查要点。鉴于城市水体与公众日常生产生活密切相关的实际情况，以及鼓励周边群众直接参与黑臭治理全过程评价的政策导向，强调了对周边环境、水文条件、岸线硬化等环境条件的调查。在治理方面，提出"控源截污、内源治理；活水循环、清水补给；水质净化、生态修复"24 字基本方针，强调控源截污和内源治理是选择其他技术的基础与前提，强调治理技术"适用性、综合性、经济性、长效性和安全性"的选择原则。

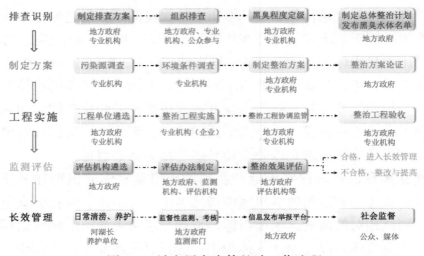

图 2-1 城市黑臭水体整治工作流程

加强公众参与与核查监督 《指南》对整治效果评估和全过程公众参与做出明确规定。2016 年 2 月，住房和城乡建设部、环境保护部联合推出"全国城市黑臭水体整治信息发布"官方网站（图 2-2）和"城市水环境公众参与"微信举报平台（图 2-3），鼓励公众广泛参与黑臭水体排查识别工作，采取随手拍等形式向政府机关提供黑臭水体线索。据生态环境部统计，举报平台开通 10 个月内，就接到群众举报信息 2997 条，涉及黑臭水体 330 个。据悉，在之后的历次督查核查中，上述举报平台也在发现和促进问题解决方面发挥了重要作用。

图 2-2 "全国城市黑臭水体整治信息发布"平台

图 2-3　"城市水环境公众参与"微信举报平台

随着各地黑臭水体治理工作的推进、各项督查核查工作的实施以及公众参与积极性的提升，大部分地级及以上城市建设行政主管部门逐渐形成城市水体清单，发现更多水体黑臭问题。根据"全国城市黑臭水体整治信息发布"网站数据，到 2017 年底，全国 295 个地级及以上城市共排查确认黑臭水体 2100 个，其中轻度黑臭的有 1390 个，占 66.2%，重度黑臭的有 710 个，占 33.8%；1980 个黑臭水体已开工整治，占水体总数的 94%。

2. 攻坚阶段

2018 年 6 月 16 日，中共中央、国务院印发《关于全面加强生态环境保护　坚决打好污染防治攻坚战的意见》，将城市黑臭水体治理作为打好碧水保卫战的一项重要内容，并将城市水体黑臭问题与污水管网不健全、污水直排、雨季溢流等问题有效耦合，将加快补齐城镇污水收集和处理设施短板以及有效减少城市面源污染作为城市黑臭水体治理的主要工作内容。城市黑臭水体治理被列为污染防治七大攻坚战之一。

制定黑臭水体治理攻坚战实施方案　住房和城乡建设部联合生态环境部，系统梳理各地城市黑臭水体治理推进过程中出现的新形势、新问题，围绕国家政策导向，制定发布《城市黑臭水体治理攻坚战实施方案》，明确提出要尊重自然、顺应自然、保护自然，要统筹好上下游、左右岸、地上地下关系，重点抓好源头污染管控，明确坚持雷厉风行和久久为功相结合，既要集中力量打好消除城市黑臭水体的歼灭战，又要抓好长制久清的持久战；明确黑臭水体攻坚战阶段的工作重点仍然是控源截污和内源治理，将生活污水收集系统"提质增效"、入河排口整治、合流制溢流污染削减、工业企业污染控制、农业农村污染控制作为控源截污的重要措施。明确要求对排入城市下水道的工业废水开展评估清退工作，污染物不能被城镇污水处理厂有效处理或可能影响城镇污水处理厂出水稳定达标成为评估清退主要原则；经评估可以继续接入污水管网的，也要求工业企业依法取得排污许可，即工业企业废水排入城市下水道不仅要申请排水许可，也需要同步申请排污许可。明确提出河道清淤工作的核心是保证清除底泥中沉积的污染物，但同时要为沉水植物、水生动物等提供休憩空间，这是对早期各地治理过程中存在的过度清淤现象给予回应和明确。明确提出严控以恢复水动力为理由的各种调水冲污行为，要求各地合理调配水资源，逐步恢复水体生态基流。对于大部分城市普遍存在的河湖水倒灌雨污水管网问题，明确提出水利部门应协调防止河湖水通过雨水排放口倒灌进入城市排水系统；明确提出推进初期雨水收集处理设施建设的工程和技术要求。

开展城镇污水处理提质增效三年行动 为进一步贯彻落实《关于全面加强生态环境保护 坚决打好污染防治攻坚战的意见》中污水处理提质增效的相关要求，住房和城乡建设部联合生态环境部、国家发展改革委编制发布《城镇污水处理提质增效三年行动方案（2019—2021 年）》，系统梳理我国城市排水管网实际问题，梳理排水管网生活污水污染物转输与城市水体黑臭，尤其是雨后持续性返黑返臭的响应关系，提出"三个基本消除"和"两个提升"工作目标。其中，"三个基本消除"主要包括旱季污水直排口、生活污水收集处理设施空白区和城市黑臭水体，"两个提升"主要指城市生活污水集中收集率和污水处理厂进水浓度提升。该文件首次对低进水浓度城镇污水处理厂这类低效率设施提出收集系统效能提升要求，是对绿色、低碳、高质量发展目标在排水行业的落实。数据表明，我国虽然已经跃居全球污水处理能力大国，人均污水处理设施能力也有显著提升，但是污水处理厂进水浓度和处理效能偏低的问题仍非常普遍；该文件提出城市生活污水集中收集率指标，也表明排水行业由处理量考核向污染物量考核的重大转变。住房和城乡建设部于 2018 年研究建立了城市生活污水集中收集率新的行业绩效考核指标，公开了城市生活污水集中收集率的计算方法，其基本表达形式为"向污水处理厂排水的城区人口占城区用水总人口的比例"，根据其推导或展开公式，城市生活污水集中收集率的实际含义为：污水处理厂收集的生活污水污染物的量与居民生活排放污染物量的比值，也就是实际收集污染物量与应收集污染物量的比值，由"城市生活污水集中收集率"替代"污水处理率"，实际上就是由水量考核向污染物考核的重大转变。

全面推进"清污分流"　《城镇污水处理提质增效三年行动方案（2019—2021 年）》及后续系列政策和解读文件，引导各地在控源截污基础上，加快推进生活污水收集处理设施改造和建设，加强城镇污水处理厂进水低浓度问题的溯源解析，将原先进入管网的"清水"与污水分流，使其各行其道，清水直接排入河道，污水进入污水处理厂。"清污分流"一方面可以降低"清水"对污水浓度的稀释，提升污水处理厂进水浓度；另一方面也可以减少"清水"进入污水管网和污水处理厂的量，避免收集水量超过管网输送能力或污水处理能力而导致的污水入河问题，改善城市河道水质。各项政策措施积极引导各地协调好河湖水位与排水口标高，加快雨污管网混错接、管道破损排查整治工作，防止因河湖水位过高导致的河水倒灌；引导各地规范管理"小散乱"排污行为，加大对市政管网私搭乱接的溯源执法力度，规范工业企业排水行为，防止偷排、超排。近年来，各地通过一系列工程管理措施和管网排查、检测、评估、修复、改造工程实施，逐步改善"清水"入流入渗，提升污水收集处理效能，有效降低污水冒溢、水体返黑返臭风险。

持续性返黑返臭成为环保督察重点　随着城市黑臭水体治理和污水处理提质增效工作的推进，城市水体持续性返黑返臭问题也引起中央生态环境保护督察的重点关注。为贯彻落实长江大保护战略，生态环境部联合中央广播电视总台，连续 5 年拍摄制作长江经济带生态环境警示片，通过暗查暗访和明查核实，发现一大批污水直排和城市水体黑臭问题，要求地方政府对每个问题拉条挂账，限期整改。2021 年，中央生态环境保护督察公开反馈结果统计情况显示，32 个城市通报中出现水体返黑返臭、污水直排问题，在其通报的典型案例中，存在大量城市黑臭水体"治标不治本"，整治工作过于注重"面子工程"，控源截污治理思路落实不到位，污水直排没有得到根本性解决等问题。中央生态环境保护督察将城市黑臭水体和污水收集处理列为重要关注点，一方面体现出城市黑臭水体整治工作对坚决打赢污染防治攻坚战的重要性，另一方面也体现出城市黑臭水体不是一次整治就可一劳永逸，必须强化管理、持续投入方可长制久清。

2.3.3 长效保持与全面普及阶段

在国家系列政策文件引导下，各地通过控源截污、内源治理等工程实施，切实推动污水有效收集处理和水体沿线垃圾的及时清理，基本实现"消除城市水体黑臭现象"的初级目标，为水体长制久清奠定良好基础。

2021年，中共中央、国务院印发的《关于深入打好污染防治攻坚战的意见》，再次将持续打好城市黑臭水体治理攻坚战作为碧水保卫战的重要内容，并将黑臭水体的治理范围由地级及以上城市扩展至县级城市，提出2025年基本消除县级城市建成区黑臭水体的治理目标。对于已经实现"不黑不臭"治理目标的地级及以上城市水体，则要求充分发挥河长制、湖长制作用，巩固城市黑臭水体治理成效，建立防止返黑返臭的长效机制。在技术对策方面，进一步提出统筹好上下游、左右岸、干支流、城市和乡村；加强农业农村和工业企业污染防治，有效控制入河污染物排放；强化溯源整治，杜绝污水直接排入雨水管网；推进城镇污水管网全覆盖，对进水情况出现明显异常的污水处理厂，开展片区管网系统化整治；因地制宜开展水体内源污染治理和生态修复，增强河湖自净功能等技术要求。

1. 综合施策提升污水厂进水浓度

2022年4月，住房和城乡建设部等部委联合印发《深入打好城市黑臭水体治理攻坚战实施方案》（以下简称《实施方案》），明确提出地级及以上城市下一步的工作核心是新黑臭水体的排查识别与已完成治理水体的返黑返臭控制，而尚未开展治理工作的县级城市则侧重城市黑臭水体排查识别与治理，为"十四五"时期各地科学推进城市黑臭水体排查识别、治理与长效保持指明方向。

《实施方案》系统总结梳理各地推进污水处理提质增效和城市黑臭水体治理过程中出现的新问题，以问题为导向，更加强调水环境系统化治理，强调城市黑臭水体治理与城市外流域水环境治理协同，明确提出完善流域综合治理体系，提升流域综合治理能力和水平；进一步明确城市黑臭水体治理应与污水处理提质增效工作同步推进，污水处理提质增效的核心就是要解决城市污水管网的建设和运行短板（我国大部分城市水体黑臭的重要原因），解决污水处理厂进水浓度低的问题。

近年来，全国各地污水处理厂"建一座满一座"问题非常突出。研究表明，"十三五"时期，很多城市在黑臭水体治理过程中采取入河排口"全面封堵""见口就堵""见水就截"等措施，导致大量地下水、山泉水等清水被截流进入污水系统，致使污水处理厂浓度不断降低；另外，部分地区因大量截流清水进入污水管网，导致污水管网接纳水量超过管网输送能力或污水处理厂处理能力，从而引发其他管网薄弱节点的高浓度溢流问题。尤其是部分采取雨污分流制排水系统的区域，因工程疏干排水等清水借道雨水管道排放导致的末端截流问题也非常严重，雨污分流排水系统实际上也演变成雨水管网末端截流的混流制系统。

因此，《实施方案》要求到 2025 年，城市生活污水集中收集率力争达到 70%以上，进水 BOD 浓度高于 100 mg/L 的城市生活污水处理厂规模占比达 90%以上。就是从收集处理效能上转变"大截流"控源截污模式，确保"清水入河道，污水入管道，雨水污水各行其道"，既能保障城市水体生态基流，又可提高污水收集处理效能。《实施方案》提出，进水 BOD 浓度低于 100 mg/L 的污水处理厂应制定系统化整治方案，强化清污分流，强化溯源执法，尤其是对于工业废水和工程疏干排水要采取必要管理措施，避免进入城镇污水收集处理系统。同时强调在开展溯源排查的基础上，科学实施沿河沿湖旱天直排生活污水截污管道建设，实现旱天污水直排口精细化分类整治，避免盲目截流：对于雨污混错接导致污水直排的，应找到混错接源头，从源头将污水收集到污水管；对于合流制溢流口直排的，应从源头分流，减少雨水汇入；对于因施工降水、工业企业排水挤占生活污水空间导致直排的，应将施工降水处理后通过雨水管排入水体，工业企业处理达标后直接排放，避免二次进入市政管网。

2. 充分重视雨季冲刷污染问题

近年来各地黑臭水体治理实践表明，在旱季入河污染得到有效控制后，汛期污染或降雨溢流污染就成为水体雨后持续性返黑返臭的重要原因，各地普遍存在城市水体雨后返黑返臭问题。目前大部分城市已经基本解决水体沿线旱季污水直排入河问题，但管网旱天低流速沉积以及"大截排"所引发的降雨冲刷和溢流污染问题也逐步显现，分流制管网错接混接、"小散乱"排污导致的雨水管道降雨污染，以及合流制管道旱季低流速沉积和降雨冲刷高浓度溢流污染问题，已经成为行业新的关注点。

2018 年 6 月发布的《关于全面加强生态环境保护　坚决打好污染防治攻坚战的意见》提出，要加强城市初期雨水收集处理设施建设，有效减少城市面源污染。生态环境部也于 2022 年初发布《关于开展汛期污染强度分析　推动解决突出水环境问题的通知》，向社会公布汛期污染强度前 50 名的国控断面及其责任地区清单。《城镇污水处理提质增效三年行动方案（2019—2021 年）》等政策文件明确提出，应在片区管网排查修复改造的基础上，采取增设调蓄设施、快速净化设施等措施，降低合流制管网淤积溢流污染，减少淤积污染物入河总量。

3. 明晰技术要点

在治理技术选择方面，新时期的相关政策明确提出继续遵循以控源截污为主的治理思路，严控不合规治理行为。在治理工程实施顺序上，明确一定要将外源污染阻断作为首要任务，否则就会出现一边治理一边污染的问题，就会陷入污染输入→水体黑臭→工程治理/水体自净→水质恢复→污染输入的恶性循环，尤其是降雨冲刷管道沉积物是很多合流制地区城市水体最大的污染源之一，仅通过水体自净能力很难彻底解决。大量工程经验表明，只有在内外源污染都得到有效根治前提下，才可以实施生态修复工程。另外，喷撒化学药剂或生物制剂，河道原位曝气或原位治理，泥土或药剂覆盖黑臭底泥层，以及调江河湖库清水冲污等手段，也是很多城市在早期治理阶段采用的方法，实际上已被行业普遍认为大多属于治标不治本的"应急性"工程举措。

相比地级及以上城市，县级城市生活污水收集效能更低，雨污水管网混错接问题更严重。为此，相关政策要求县级城市要加大污水管网排查改造力度，加快整治雨污水管混错接情况，对于污水管接入雨水管，导致水体沿线排口旱天有污水排放的情况，较易发现，可通过溯源找出混错接点进行整治。对于雨水管接入污水管网的，一般体现为河水倒灌导致污水处理厂进水浓度低，但此类混错接点排查难度大，应科学建立排查方案，及时排查整治。县级城市较地级及以上城市受农业面源污染影响更大，对直接影响城市建成区黑臭水体治理成效的城乡接合部等区域全面开展农业农村污染治理，改善城市水体来水水质。规模化的水产养殖、畜禽养殖废水应达标排放。鉴于县级城市技术力量薄弱，对于影响范围广、治理难度大的城市黑臭水体系统化整治方案，省级相关部门还应加强指导。

2.4　城市黑臭水体整治环境保护专项行动

2018 年 9 月，住房和城乡建设部联合生态环境部印发《城市黑臭水体治理攻坚战实施方案》，明确提出实施城市黑臭水体整治环境保护专项行动，按照排查、交办、核查、约谈、专项督察"五步法"，形成以地市治理、省级检查、国家督查三级结合的专项行动工作机制。自此，生态环境部联合住房和城乡建设部，每年定期开展城市黑臭水体整治环境保护专项行动（以下简称"专项行动"），对全国地级及以上城市进行监督帮扶，推动各地加快整治城市建成区黑臭水体，补齐城市环境基础设施短板。城市黑臭水体整治环境保护专项行动，以群众的满意度为首要标准，以黑臭水体整治工作为着力点，旨在全面摸清黑臭水体整治工作进展及存在问题，督促地方加快补齐城市环境基础设施建设短板，从根本上解决黑臭水体问题。

2.4.1　制度体系

组织实施　生态环境部会同住房和城乡建设部组建检查队伍，每年开展地级及以上城市黑臭水体整治环境保护专项行动。省级专项行动参照国家专项督查模式，对本行政区域内各城市加强督促、协调和指导，对本行政区内地级城市进行重点排查，形成城市建成区黑臭水体整治情况自查报告。各城市人民政府参照有关规定，完成自查和落实整改工作。

工作原则　一是严格督查，实事求是。严格按照《中华人民共和国水污染防治法》《水污染防治行动计划》《城市黑臭水体治理攻坚战实施方案》《城市黑臭水体整治工作指南》等开展检查，重实质求实效，坚决反对形式主义、弄虚作假行为。二是突出重点，带动全局。在内容上，以解决造成水体黑臭的实质性问题为重点，聚焦城市污水收集处理、垃圾收集转运处理处置体系，倒逼城市环境基础设施建设，加快补齐短板；在范围上，以长江经济带和黄河流域部分城市以及其他明显滞后城市为重点，推动全国地级及以上城市黑臭水体整治，确保完成工作目标。三是标本兼治，重在治本。坚持形式检查与实质检查相结合，既查看城市水体是否消除黑臭、水质检测数据是否合格，更检查控源截污、内源治理等核心工程是否建成并有效运行，督促各地从根本上解决导致水体黑臭的实质性问题。四是群众满意，成效可靠。黑臭水体整治效果必须与群众切身感受相吻合，切实赢得群众认可。督促各地建立长效机制，凡是黑臭水体反弹、群众反映强烈的，经核实后重新列入黑臭水体治理清单，继续督促整治。

实施步骤 一是专项行动开展前，制定年度专项行动方案，确定行动范围和行动计划，开展相关培训；二是专项行动期间，开展现场排查，检查地方黑臭水体消除情况，形成问题清单；三是专项行动结束，将问题清单交办相关地方人民政府，限期整改并向社会公开，实行"拉条挂账，逐个销号"式管理，推动地方加快治理步伐，确保按攻坚战目标如期完成治理任务。

组织特点 一是形式督查和实质督查相结合。重点关注控源截污、垃圾清理、清淤疏浚、生态修复等实质性措施的落实情况，结合群众感官体验、水质监测数据、河面及河岸状况等，综合评判黑臭水体整治成效。二是把群众是否满意作为首要标准，公众全程参与。专项行动期间，群众可通过督查组公布的举报电话和公众举报微信公众号反映问题；专项行动结束后，群众仍可通过公众举报微信公众号对黑臭水体整治工作予以持续关注和监督。三是上下联动，形成合力。生态环境部联合住房和城乡建设部开展专项行动；各省参照国家工作机制，开展本行政区域内其他地级市的黑臭水体整治专项行动；各城市人民政府做好自查和落实整改工作。四是滚动管理。专项行动结束后，凡是黑臭现象反弹、群众有意见的，经核实重新列入黑臭水体清单，继续督促整治，直至水体黑臭彻底解决。

标准化质控体系　实施"工作流程、监测方法、公众调查对象、督查问题清单、黑臭消除标准、证据采集要求"6个统一,实现精准监管(图 2-4)。

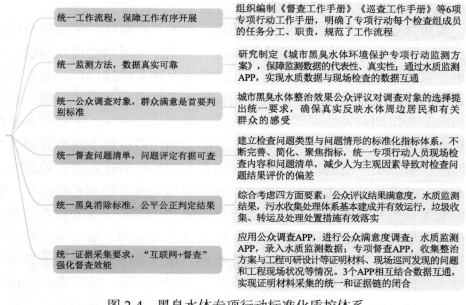

图 2-4　黑臭水体专项行动标准化质控体系

2.4.2　现场检查

专项行动通过审核黑臭水体整治相关资料、检查实质性措施落实情况、检查黑臭水体整治成效和群众满意度等具体方式,根据《城市黑臭水体整治工作指南》要求,按照"控源截污、垃圾清理、清淤疏浚、生态修复"四个方面开展检查,督促各地从根本上解决导致水体黑臭的相关环境问题。现场工作主要采取形式督查和实质督查相结合的方式。

形式督查　主要包括:一是感官上是否消除黑臭。公众对整治工作的满意度是判定黑臭水体消除的首要依据,现场督查期间通过公开监督举报电话和微信公众号,组织开展入户调查,就黑臭水体整治前后情况和成效广泛听取当地群众意见。二是水质监测数据是否符合基本消除黑臭现象的要求。参照《城市黑臭水体整治工作指南》要求开展监测,每个工作组配备持上岗证的监测人员,在当地监测机构配合下开展工作。三是河面是否存在垃圾、浮油等影响水体观感的大面积漂浮物,记录并评价是否达到大面积漂浮物的标准。四是河岸是否存在垃圾。现场重点检查城市规划确定的城市地表水体保护和控制的地域界线内，是否存在非正规垃圾堆放点及随意堆放的生活垃圾。

实质督查 主要包括：一是控源截污措施是否落实。主要检查城市生活污水收集处理能力、处理系统效能、工业企业废水处理及建成区外污染、农业面源污染等问题。重点关注是否存在非法排污口，是否存在企业超标排污或偷排问题，是否实质性解决了城镇污水直排问题，收集的污水是否得到有效处理。二是垃圾清理措施是否落实。主要检查城市垃圾收集转运体系、城市垃圾处理处置能力和河道垃圾、城市管理能力等问题。重点关注沿河垃圾收集、转运及处理处置措施是否有效落实。三是清淤疏浚措施是否落实。主要检查内源污染是否得到有效控制，清理的淤泥是否安全处置。四是生态修复措施是否落实。主要检查是否存在河道简单硬化影响水体自净能力，以及仅采取撒药、加盖等治标不治本类治污措施。对于城市无排涝功能水体，重点关注是否采取了必要生态补水等修复措施，自然水体生态基流是否得到保障。防范黑臭水体治理"重美化、轻内涵""重水质、轻生态""重短效、轻长远""重工程、轻系统"等问题。

专项行动期间，充分发挥公众参与，设置黑臭水体举报电话，受理黑臭水体举报信息，利用"城市水环境公众参与"微信公众号，鼓励公众及时在线举报，举报水体纳入现场检查核实清单。同时，发挥"天地一体化"立体综合监控手段，运用遥感等"天眼"监控手段、地面巡测及探索试用无人机和水下探测仪，对重点城市建成区黑臭水体治理情况和水下非法排污口进行监控，精准排查问题。

2.4.3 "十四五"工作部署

根据 2022 年 3 月发布的《深入打好城市黑臭水体治理攻坚战实施方案》，生态环境部会同住房和城乡建设部 4 月印发《"十四五"城市黑臭水体整治环境保护行动方案》（以下简称《行动方案》），立足生态环境监督职责，指导地方生态环境部门发现问题、分清责任、跟踪督办，指导各地深入打好城市黑臭水体治理攻坚战。

"十四五"期间，采取国家与地方相结合的方式开展工作。地方层面，省级生态环境、住房和城乡建设部门要制定实施省级城市黑臭水体整治环境保护行动方案，指导帮助地方摸清城市黑臭水体现状，督促补齐设施短板、建立健全长效管理机制，对治理成效进行核实。工作任务重点包括核实城市建成区黑臭水体清单；排查城市黑臭水体水质、污水垃圾收集处理效能、工业和农业污染防治、河湖生态修复等方面的问题；判定城市黑臭水体治理成效；建立城市黑臭水体问题清单，督促地方限期整改。国家层面，加强城市黑臭水体清单管理，抽查省级行动成效，通过卫星遥感、群众举报、断面监测、现场调查等方式，精准识别突出问题和工作滞后地区。

《行动方案》总结工作经验，聚焦关键问题，协调各方共同推动黑臭水体治理。一是创新工作方式。优化"十三五"时期"一竿子插到底"的工作模式，充分调动地方尤其是省级部门主动性、积极性，压实省级部门监督责任，更多结合地方实际、聚焦差异性问题。国家层面则做好顶层设计、抽查帮扶，发挥好指导、协调、监督作用。同时，改进发现问题方式，利用卫星遥感、无人机、水下机器人等新技术手段，加强汛期污染强度管控，加大随机抽查力度。二是关注长效机制。"十四五"期间，更加关注管网建设运行维护、污水垃圾处理费用保障、河湖长制落实等长效管理机制的构建运转，督促地方切实建立防止水体返黑返臭的长效管理机制，杜绝治标不治本的措施，推动从根本上解决问题。三是强化指导帮扶。重视对地方培训指导，组织专业力量定点帮扶，全面提升地方黑臭水体治理监管业务水平。四是加强信息公开。相关部门继续公开城市黑臭水体治理相关信息，接受群众和社会监督，形成全民参与治理良好氛围。

2.5　城市黑臭水体整治成效评估

为科学评价城市黑臭水体整治成效，住房和城乡建设部会同环境保护部印发《关于做好城市黑臭水体整治效果评估工作的通知》（建办城函〔2017〕249 号），明确城市黑臭水体治理效果评估相关技术要求。

2.5.1 评估指标体系构建

城市黑臭水体整治效果按"初见成效"和"长制久清"两个阶段分别进行评估。

1. 初见成效评估

基于工程治理情况评估，以水体黑臭现象消除为主要评估点。具体要求为：按照"一河一策"原则，已采取截污、清淤、漂浮物和垃圾清理、活水提质等措施，且主要工程均已完工后，可委托专业调查机构或第三方评估机构实施公众评议。若 90% 及以上评议对象认为水体已经不黑不臭，可视为水体黑臭现象消除；公众评议结果满意度低于 90% 且高于 60% 的，视为存在争议；低于 60% 的，视为评估不通过。具体评估流程如图 2-5 所示。

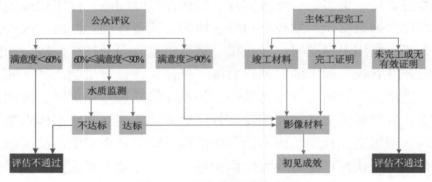

图 2-5　初见成效评估流程

公众评议的调查对象为黑臭水体影响范围内（沿黑臭水体周边半径 1 km 范围内，或按照当地最高频率的下风侧，距黑臭水体 2 km 范围内）的单位、社区居民和商户，调查问卷每次不少于 100 份，否则需做特别说明。调查问卷主要关注以下内容：水体是否有令人不适气味或颜色，水体是否洁净，水面是否有大面积残枝败叶等漂浮物，是否有污水直排，河岸有无垃圾或杂物堆放等。公众评议存在争议的，或黑臭水体影响范围内无常住居民的，可委托第三方水质检测机构，按照《城市黑臭水体整治工作指南》要求进行水质监测，并附整治前后的影像或图片资料作为辅助判断依据。

2. 长制久清评估

主要涉及工程完成情况评估和制度机制建设评估两个方面，具体评估流程如图 2-6 所示。长制久清评估主要包括黑臭现象消除、整治工程全部完成竣工验收、建立长效机制，形成有效防止黑臭现象反复的工程和非工程体系等主要评估内容。长制久清评估要求委托专业调查机构或第三方评估机构进行每半年 1 次，至少连续 2 次的公众评议。90% 及以上评议结果认为满意的，可视为黑臭水体整治完成；若有任意 1 次公众评议结果满意度低于 90% 且高于 60% 的，视为存在争议；若有任意 1 次公众评议满意度低于 60%，视为评估不通过。每次公众评议的调查问卷数量均不得少于 100 份，否则需做特别说明。公众评议存在争议的，或黑臭水体影响范围内无常住居民的，可委托第三方水质检测机构，按照《城市黑臭水体整治工作指南》要求进行水质监测，作为辅助判断，至少连续监测 6 个月。

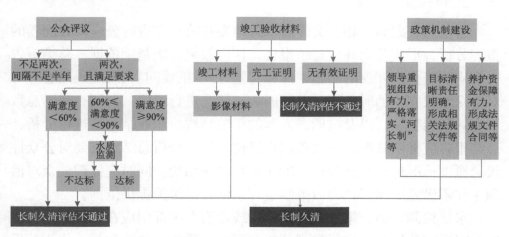

图 2-6　长制久清评估流程

2.5.2　评估原则与要点

为指导各省（区、市）做好辖区内城市黑臭水体整治效果评估，规范评估判定尺度，住房和城乡建设部进一步细化"初见成效"和"长制久清"判定标准和评估材料要求，制定评估细则。

1. 总体原则

未提供长效机制建立证明材料或材料不充分，公众评议不足两次、两次评议时间间隔不足半年，或单次公众评议材料不符合要求，且未提供说明材料或提供的说明材料依据不充分的，都只能评估为"达到了初见成效要求"。

存在未提供原始评议表或提供的原始评议表数量少于100份，且未提供说明材料或提供的说明材料依据不充分；公众评议满意度介于60%~90%之间，但未提供水质检测报告；未提供工程竣工验收材料或由当地政府出具的完工说明或提供的竣工材料不符合要求等情况的，按照未完成治理，未达到初见成效要求处理。

未完成初见成效评估或已通过初见成效评估但未上报评估结论及证明材料的城市水体，不得直接上报长制久清评估结果。

2. 评估技术要点

公众调查方面，相关文件要求各地委托第三方进行公众调查问卷的整理分析，形成公众评议总结报告，作为效果评估基础依据。总结报告一般应明确公众评议的实施主体和实施方式（纸质问卷、二维码问卷等），对公众评议完成的时间以及期间的天气情况进行说明。对调查问卷总数和有效问卷数量，以及被调查人群的年龄结构、职业结构等进行分析，总结报告应标明日期，并加盖调查机构公章。分析总结报告要对公众评议满意度情况进行统计分析，确认公众评议结论。同时应梳理公众对治理工作不满意的原因，为政策制定和水体日常维护提供依据。

水质检测方面，第三方评估机构或政府有关部门应在水质监测完成后，对所有监测报告进行整理分析，形成水质监测总结材料，作为效果评估的辅助判定依据。总结材料要求说明第三方检测单位资质、监测指标和监测频次是否满足阶段评估要求。明确监测结果是否满足"不黑不臭"的指标要求，并对超标问题及相关原因作出说明。总结材料对每个检测日的天气情况、监测点位情况等进行说明。采用每个黑臭水体透明度、溶解氧、氧化还原电位、氨氮指标的监测结果的算数平均值，对照城市黑臭水体污染程度分级标准，判定整治成效，各项指标的最差值作为水体评价结果。

工程竣工方面，对不同类型工程提交材料提出不同要求和建议（见图 2-7）。

采用临时污水处理设施	提供工程设计/建设合同、设备租赁协议、委托运行协议、临时占地供电协议或电力部门出具的用电发票等可证明工程真实性的材料
实施清淤疏浚措施	除可提供"采用临时污水处理设施"所需证明材料外，还可提供第三方底泥检测报告，以及转运处置合同和台账等证明材料
实施管道检测修复措施	提供管道检测影像资料、管道修复施工记录等相关文件；购买第三方管道检测服务的，提供第三方管道检测服务协议
实施水体沿线截污工程	提供沿线截污设计图纸、施工合同、施工影像资料等证明性文件
水体周边垃圾清运及水面漂浮物打捞	提供服务协议、垃圾转运台账、支付凭证等能够证明工程真实性的材料
黑臭水体上报前已经完成加盖、渠道改箱涵等特殊情况	提供整治前采取相关措施的有效证明文件

图 2-7　黑臭水体绩效评估工程竣工材料

参 考 文 献

[1] 党的十八大以来经济社会发展成就系列报告：新型城镇化建设扎实推进　城市发展质量稳步提升[EB/OL]. [2022-09-29]. http://www.gov.cn/xinwen/2022/09/29/content_5713626.htm.

[2] 人民网. 建设更加安全的韧性城市[EB/OL]. [2022-04-08]. https://baijiahao.baidu.com/ s?id=1729486705456341591&wfr=spider&for=pc.

[3] 中国经济网. "以人为核心的新型城镇化"体现以人民为中心的根本宗旨[EB/OL]. [2021-02-06]. https://baijiahao.baidu.com/s?id=1690930134010671961&wfr=spider&for=pc.

[4] 冯奎. 城镇化如何释放经济发展新动能[EB/OL]. [2022-10-11]. http://www.21jingji.com/article/20221011/911c3ed72573d8dc5e4e5e67d30e36f5.html.

第 3 章

城市黑臭水体治理技术与应用

本章在系统阐述城市黑臭水体治理的科学原理和工程原理基础上，分析黑臭水体治理的技术路径和管理思路，梳理城市黑臭水体治理技术体系和管理技术体系。同时结合工程应用实例，介绍各项主要治理技术和管理技术的基本内容及应用特性，初步提出城市黑臭水体治理整体技术方案的编制途径和适用技术的选择与组合方法，以及治理方案目标可达性分析与效果核算依据。

3.1 城市黑臭水体治理原理与思路

黑臭水体治理原理与思路，是根据"黑臭"成因及相关机制建立的。水体"黑臭"的根本原因在于，水体中过量有机物赋存致使"复氧"与"耗氧"的平衡被破坏，水体呈现以"厌氧层"为主的还原状态。具体来讲，黑臭水体形成的本质主要涉及两方面：一是由于生境条件变化诱发的生态系统失衡问题；二是外源有机物排放和内源污染物释放引发的水质失衡问题[1]。

针对上述两个"失衡"问题，城市黑臭水体治理已形成生态学和水质工程学两大治理原理，奠定了城市黑臭水体治理的技术理论基础。其中，黑臭水体治理的生态学原理是遵循传统生态学基础理论而发展形成的，主要是指层次性原理、生物多样性原理、限制因子原理、边缘效应原理和景观生态原理等在黑臭水体治理中的应用；黑臭水体治理水质工程学原理的核心是保证输入水体的污染物负荷量不超过水体环境余量，依据该原理形成控源减负和提质增容两大类技术。

3.1.1 水体治理生态学原理

黑臭水体形成的本质之一是"生态系统失衡"。城市水体不仅推动着生物圈的物质循环和能量循环，也是城市的重要水资源，其形态多样性更是奠定了河道生物多样性的基础。城市面源污染、点源污染以及不合理的水体设计和结构，都会导致城市水体生态系统退化，并因此进一步加剧水环境质量恶化。水体生态系统退化主要表现为：生境恶化、藻类泛滥、植物缺失、系统失衡、自净能力降低、水质持续恶化等问题。

面向黑臭水体生态系统退化涉及的问题，建立黑臭水体治理生态学原理的解决思路，应包括推动水体中能量流动和物质循环多环闭合，建立系统平衡；消除过剩营养元素与有机物，解决植物缺失和藻类泛滥问题；恢复水体自净能力，实现水体长制久清；充分优化滨水景观等。相应地，采用生态学原理，主要是通过生物强化、优化种群、操控食物链、构建复杂食物网、重构生境和水系连通等，对水生生态系统进行修复与复建，如图 3-1 所示。

图 3-1　城市黑臭水体整治生态学原理

生物强化　广义上的生物强化不仅包括微生物强化净化技术，还包括植物和水生动物的生态修复作用，充分利用水体空间生态位和营养生态位系统，削减水体的污染负荷。

优化种群　微生物净化功能下降和活性抑制，是黑臭水体形成的"因"，也是黑臭水体形成的"果"。优化种群是强化水体生态功能的有效手段，通过投加微生物菌剂、富集培养土著微生物等方法丰富微生物群落、提升微生物代谢路径、强化微生物降解功能。

操控食物链　通过放养滤食性生物、布置合适的水生植物种群体系，摄食水体中浮藻、有机颗粒和悬浮物，发挥植物对营养物质的吸收净化作用，改善水体水质和景观。

构建复杂食物网 通过投放、放养布置适当的各类生物、微生物，创造适宜环境条件，构建生物种类繁多而均衡、物流能流畅通、自我净化修复能力提升的复杂食物网。

重构生境 生境是水体中微生物、植物和水生动物赖以生存的环境，而"黑臭"则是黑臭水体的生境特征。重构生境的黑臭水体意味着成功"摘帽"，达到河道整治考核目标。

水系连通 以水生态环境修护与保护为主的河湖水系连通，在强化节水和严格防治污染的基础上，结合水资源配置体系，保障生态环境用水，通过治理工程措施，使得水系畅通。

3.1.2　水体治理工程学原理

从水质工程角度上讲，城市黑臭水体产生的根本原因是，域内进入水体的污染负荷总量超过水环境的现状承受能力（即剩余环境同化容量，简称"环境余量"），即污染负荷总量与水环境余量的失衡。此时，城市黑臭水体的出现表现为水体由理论平衡态转化为实际失衡态。因而，治理城市黑臭水体污染进而恢复良性水环境状况的水质工程原理，则是保证输入水体的污染物负荷量不超过水体的环境余量，从而使得水体的水质状态保持平衡，并维持健康而稳定的水环境质量。

具体恢复平衡的实施途径包含以下三类方式：一是在保证原基础平衡态前提下，基于水体环境余量现状，削减污染物输入负荷以满足环境余量的平衡要求；二是增加环境余量以达到高限平衡态，基于污染物输入负荷量，提升环境余量使之达到与污染输入负荷相平衡；三是双管齐下建立新的综合平衡态，即同时削减污染物输入负荷与提升环境余量，使两者在某一个新的状态达到平衡。

根据城市黑臭水体整治水质工程原理与复衡实施途径分析（图3-2）[2]，适用于城市水体整治工作的技术方法可以分为两类：一是能够削减污染物输入负荷量的控源减负技术，二是可以提升水体环境余量的提质增容技术。控源减负技术以外源污染（包括点源和面源）以及内源污染削减为目标，在源头控制污染物的产生，如污水分散式/就地处理、海绵城市建设、垃圾清理、清淤疏浚、底质改性等；在过程中阻止污染物排放进入水体，如暗渠封闭、截污纳管、管网改造、排水体制更新、内源污染释放控制等。提质增容技术以增加城市水体静态余量以及动态余量为目标,通过水体净化、原位/旁路处理等措施降低水体本底浓度以增加静态余量,另一方面,通过生态修复、水动力改善等措施提升水体自净能力以增加动态余量。

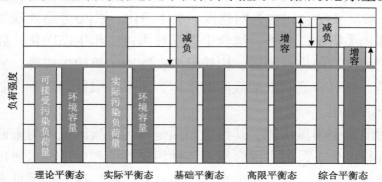

图 3-2　城市黑臭水体整治水质工程原理与复衡实施途径分析[2]

综上,城市黑臭水体的水质工程原理以控源减负和提质增容两大属性的技术开展实施,构成城市黑臭水体整治技术支撑体系,根据整治技术应用对象和实施功能进行分类,形成城市黑臭水体整治技术体系。

3.1.3　城市黑臭水体治理思路

1. 治理类型与任务

黑臭水体治理是一项复杂的系统工程,在治理方法上没有"一招鲜"。生态学原理与环境工程学原理相关的治理技术一般会协同应用于实际治理工程中,才能从根本上解决黑臭水体问题。在治理思路选择前,首先应明确黑臭水体的污染特征,并在此基础上确认拟治理的城市黑臭水体治理类型。

生态基流匮乏型黑臭水体　这类水体天然径流少,河道补给水多为生活及工业废水,水环境容量较低、纳污能力有限,河流生态功能基本丧失。河道生态基流是为保障河流生态基本功能、防止河流水环境恶化的河道最小流量,包括生态流量、环境流量、基本需水量、枯期流量、最小流量等。因此,生态基流匮乏型黑臭水体需要解决的核心问题是恢复水体自净能力,常采用的生态学原理是水系连通和生态补水。

未截污型黑臭水体　其形成是指雨污合流区域（与雨污混流型黑臭水体进行区分），末端未进行截污纳厂，污水直接排入附近的城市河流中，导致城市河流有机污染相当严重，普遍出现季节性或终年的水体黑臭现象。未截污型黑臭水体需要解决的关键问题是完善截污，控制点源污染，一般需要结合污水管网建设、水体净化、原位/旁路处理等环境工程学原理相关措施。此外，结合生态学技术进一步生态净化，如生物强化、优化种群、操控食物链、构建复杂食物网、重构生境等。另外需要注意的是，针对合流制末端截污的水体，需要采取针对雨季控制合流制溢流污染的措施。

雨污混流型黑臭水体　其污染原因是雨污分流区域（与未截污型黑臭水体进行区分），雨水混合地表各种污染物质和生活污水通过雨水管道直接排入水体中，导致城市水体污染日益严重。这一类黑臭水体治理需要解决的关键问题是完善雨污分流，常采用的手段有溯源排查、混接排查、管网改造等。为了解决由于雨污混流导致的底泥污染问题，可以结合环境工程学原理相关的清淤疏浚、底质改性技术，以及生态学原理相关的生物强化、优化种群等措施。

缓流、滞留型黑臭水体　因其水动力学条件较差，导致水体的换水效率较低，会在水体局部区域形成黑臭现象。这类黑臭主要发生于封闭、半封闭水体，如湖泊、蓄水池和断流河等。其治理需要解决的核心问题是提质增容，常采用环境工程原理治理技术中的水动力改善等措施，一般也可结合植物生态修复增加水环境溶解氧。

2. 治理技术路径

黑臭水体治理的目标是使受损的生态系统结构与功能最大限度地接近受损前水平，针对具体受损的生态系统，找出目前环境条件的限制性因素，对该系统实施种群组建或重建，恢复其原有的生物多样性，使其达到具备自我维持与自我调节的能力。因此，通过对系统物理、化学、生物甚至社会文化要素的控制，带动生态系统恢复，达到自我维持状态。参照《城市黑臭水体整治工作指南》，城市黑臭水体治理的技术路径为：现场调查→问题识别→污染源分析→方案制定（控源截污、内源治理、生态修复等）→长制久清。

现场调查　现场调查主要包括污染源调查和环境条件调查。其中，污染源调查应系统调研点源污染、面源污染、内源污染情况和其他污染。环境条件调查主要是指水环境特征调查、水体污染现状及影响、水文条件调查等；水文条件调查具体指水体水量及流速、水体面积及水位特征、水系连通状况和水体岸线硬化状况。

问题识别　依据现场调查结果科学分析黑臭水体产生的问题，逐一进行排查与识别。

污染源分析　点源污染主要源自污废水直排口、合流制溢流口、管网初期雨水、非常规水源补水。面源污染包括城市降雨径流、冰雪融水、畜禽养殖废水。内源污染的污染源有水体底泥、岸带沿线垃圾、水生植物腐败等。除此以外，污水处理厂超标排放、落叶沉降、潜在事故排放等也是可能的污染源。

方案制定　城市黑臭水体的整治应按照"控源截污、内源治理；活水循环、清水补给；水质净化、生态修复"的基本技术路线具体实施，其中控源截污和内源治理是选择其他技术类型的基础与前提。黑臭水体整治方案应体现系统性、长效性，按照"山水林田湖"生命共同体的理念，通过整治工程的全面实施，综合考虑城市生态功能系统性修复。另外，需考虑对已黑臭水体本身的净化，原则上整治工程实施后的补水（含原黑臭水体）水质应满足"无黑臭"的水质指标要求。选用清淤疏浚技术，应安全处理处置底泥，防止二次污染。

长制久清　建立黑臭水体长效管理机制，依托河湖长制，明确水体养护单位及职责，落实水体维护管理资金，建立定期监测机制，开展日常巡查，加强污染源排查和监管，建立入河入湖排放制度，建立完善台账管理、定期调度和评估制度。

3. 水体治理管理思路

由于城市水体的复杂性、系统性特点，涉及城市水体黑臭整治的管理政策、制度措施的设计也不容忽视，工程建设与长效管理必须并重。城市黑臭水体治理的管理包括排口管理、日常管养等。

动态管理制度　强化黑臭水体治理动态监管，实施动态管理，逐一销号。及时更新黑臭水体治理台账，新发现疑似黑臭水体经核定后纳入台账并及时增补，接受社会监督。对于新发现的黑臭水体，因地制宜开展治理。

污染源控制制度 做好工业废水、城镇生活污水、畜禽养殖粪污储存及综合利用的技术指导工作。建立排污许可管理，贯彻落实国务院办公厅《关于加强入河入海排污口监督管理工作的实施意见》，实现"受纳水体—排污口—排污通道—排污单位"全过程监督管理。

河湖长保洁责任制 定期对水体漂浮物、垃圾、杂草落叶等进行清捞，管网日常清淤疏通，将黑臭水体巡查纳入网格化监管。实行一定频率的全覆盖巡查，建立巡查记录，发现问题立即整改。

定期监测机制 对已完成治理的农村黑臭水体建立定期监测机制，对透明度、溶解氧、氨氮 3 项指标进行定期监测。

3.2 城市黑臭水体治理技术体系

3.2.1 技术类型与选择

1. 技术类型

黑臭水体治理技术较多、涉及方面广，国内外一般按照需要，从作用机理、技术原理、作用对象、适用场所等角度对黑臭水体治理技术进行分类。根据黑臭水体治理工程原理，将黑臭水体治理技术分为以削减进入水体污染物负荷为目标的控源减负类技术和以提升水体环境容量为目的的提质增容类技术。两类技术组合形成黑臭水体治理技术体系，见图 3-3。

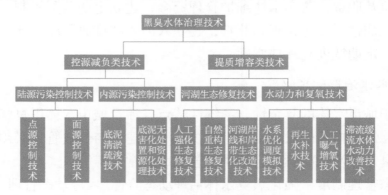

图 3-3 城市黑臭水体治理技术体系构成示意图

2. 陆源污染控制技术选择

陆源污染控制应立足于流域角度，整体统筹谋划，在厘清排水系统、摸清污染源的基础上，消除旱天点源污染，控制合流制溢流污染、径流面源污染等雨天污染控制，构建全覆盖、全收集、全处理的控源截污工程体系。

点源污染控制　首先需要优化和完善污水设施布局，根据现状排水管网的布局和服务范围，统筹污水处理厂和分散处理设施、生活污水处理设施和工业废水处理设施之间的关系，根据人口、用地等情况，考虑旱天、雨天两种工况，确定污水处理规模，并考虑自然、环境、经济和管理等因素，优化污水处理设施布局；其次健全完善污水收集系统，开展精细化截污，消灭污水直排口。精细化截污以排口为核心，进行分类梳理，根据不同排口类型和污染物特征，"因口施策"制定截污策略，同时通过管道更新、修复、清淤等措施，修复污水渗漏点，提高污水主干管转输能力；最后，清理污水管道外水，重点清理施工降水、低浓度工业废水、河水、山泉水、地下水、雨水等，通过管网排查修复等手段实现清污分流，全面提升污水设施效能。

面源污染控制　针对雨水径流污染，坚持源头绿色优先、分散优先原则，综合考虑建设条件、实施难度、基础设施管理水平等，采取源头绿色设施建设、初期雨水弃流、末端通过集中式生态净化设施等措施。源头控制方面，对于新建项目，落实海绵城市理念，通过绿色屋顶、透水铺装、生物滞留设施等低影响开发设施，落实年径流总量控制率、径流污染控制率等指标；针对源头改造困难的地块，可将原有雨水口改造为截污式环保雨水口，改造形式可根据情况，选用过滤网或沉泥槽式等，主要布设在洗车、大排档等区域，用以截留较大的固体物质。末端针对入河前的雨水排口，可结合滨水绿地，设置雨水湿塘、人工湿地等生态措施削减径流污染。

针对合流制溢流污染，在实现旱天污水全截流的基础上，进一步控制雨天溢流污染。雨天关注点应该在控制溢流频次和溢流污水量上。其控制措施可根据具体情况，采取"源头控制—截—蓄—净—污水处理厂匹配"的综合措施，结合海绵城市建设进行源头控制，减少进入排水系统的水量、峰值；因地制宜地设计调蓄设施；对合流排口进行改造；提升污水处理厂雨天处理能力，明确雨天排放标准；根据末端污水厂处理能力，选择合适截流倍数，提升截流能力；针对合流制调蓄设施的设置，应根据系统截流能力、污染物排放要求、场地空间条件等进行确定，尽可能减少工程投资和后期运营维护费用；调蓄设施规模应与污水处理厂、分散处理设施的规模相匹配；根据连续降雨或典型年降雨分析确定调蓄池运行要求。

农业面源污染控制 一是源头控制，如推广低毒、低残留农药使用；或调整种植业结构与布局，建立科学种植制度和生态农业体系，减少化肥、农药和类激素等化学物质使用量。二是遵循"维护需求低、处理效果好、景观价值高"原则，综合考虑实际情况，通过"生态沟渠-湿地"系统削减污染物。

3. 内源污染控制技术选择

根据河湖内源污染来源，合理确定治理工程，实现河湖内源污染削减。根据防洪需求、水环境需求等综合判定清淤河段，分析清淤深度，进行底泥检测分析，选择合适清淤方式，明确淤泥处理处置方式。调研沿岸垃圾堆放情况，分析垃圾收集设施是否健全、正常使用等，规范城市垃圾收集转运工作流程，建立完善的河湖水系养护体系。

4. 河湖生态修复技术选择

按照"水岸统筹、水陆联动、蓝绿交融"原则，构建河湖生态系统的结构和功能。结合上位规划、防洪排涝等要求，划定和保护蓝绿线，明确河湖保护空间，合理统筹河道及周边绿地建设，分段建设滨水空间，充分发挥水系价值。通过河道断面、基底、驳岸地建设，恢复生态基底。最后，构建水生植物、动物群落，结合湿地、曝气等措施净化水质，打造人水相亲、和谐的生态环境。

5. 水动力和复氧技术选择

采用河道生态补水、水系连通等方式，补充河道水源，强化水体流动，提高水体自净能力。根据河道生态景观需求、补水水源、周边用地等，分析补水条件，计算生态补水量，在保障水量及水质前提下，合理选择补水水源，优先选择再生水；还可采用河道内部水体循环或水系连通的形式来提高河道水体动力。

3.2.2　陆源污染控制

陆源污染控制的目的是通过梳理排水系统的问题，补齐短板，减少旱天、雨天进入水体的污染物总量，构建全覆盖、全收集、全处理的控源截污工程体系。具体可分为陆源污染的点源控制及面源控制。

1. 点源控制技术

陆源污染中的点源具有可识别的范围，通常以固定排污口的形式集中排放。点源污染的成因主要是污水收集系统不完善，应着力补齐污水收集系统短板，控制点源污染，具体措施包括已有管网诊断与优化改造、污水直排口消除及分散污水的收集处理等。

管网诊断与修复技术　对现有市政管网缺陷进行分析诊断进而进行科学修复，主要应用于现状管道收集效能的提升。周期性、持续的管网诊断与修复是污水系统提质增效的重要手段，已在国内有大规模应用。

目前常用的诊断技术包括模型模拟分析和现场勘察两种类型。模型模拟分析一般是结合对管网水质、水量的过程变化监测结果，定量分析污水分区清水入侵、管网病害、混错接等问题严重区域，识别每个污水分区的重点问题及不同问题的影响权重；再利用 CCTV、QV、声呐等现场勘察技术手段识别出具体问题点，针对性进行管网修复。

管网修复技术可以分为开挖和非开挖两种类型。开挖修复技术是一种传统管网修复技术，将待修复管段上覆土挖开，对管网病害进行处理以达到修复目的。非开挖修复技术则在近年来得到越来越广泛的应用，利用修复材料采用内衬、补漏或是清除障碍等方式，不必进行现场开槽施工。

周期性、持续的管网诊断与修复是污水系统提质增效的重要手段，已有大规模应用。例如珠海市制定《珠海市市政排水管网设施管理养护质量标准（试行）》，明确要求对市政管渠开展周期性检查，以功能状况为目的的普查 1~2 年进行一次，以结构状况为主要目的的普查 5~10 年进行一次；并明确需结合地区重要性、管道重要性等指标确定管道的修复指数、养护指数，对管道的修复、养护进行分级，以指导工程的实施。珠海市高新区 2019 年共排查 101 条市政道路的排水管道缺陷 8183 处，2020~2021 年完成病害管道修复 777 处，2022 年完成病害修复 157

处，配合其他提质增效措施，城市生活污水集中收集率大幅提升。

污水直排消除技术　主要包括沿河散排污水拦截收集与就地处理技术，主要适用于分散式污水控制避免直排入河的场所。其中，沿河散排污水拦截收集技术是一种针对沿河散排区域、近期无法实施入户改造的源头截污收集技术，根据运行原理可分为重力流收集系统和负压式收集系统，前者针对河流水位较低时的情况，后者针对河水流量较大、水位较高的区域。

黑臭水体治理，治水是标，消除污水直排是本，源头（入户）截污是基础，苏州学士河整治是入户截污的典型实践。2018 年，苏州启动学士河沿河直排点整治，通过对沿河的 96 户商家、60 户居民进行入户改造的方式，将原排入河道排污口从商户或居民内部改接入市政污水管网，并将原直排管拆除，杜绝污水直排入河，实现学士河水质变清。

分散污水就地处理技术　利用污水分散处理设施，对污水分布较分散的区域进行污水就地收集、处理、回用。该技术适用于城中村、城乡接合部等城市市政管网难以覆盖的区域，一般采用小集中式和分散式两种污水收集与处理模式。小集中式污水处理系统是指通过排水管网将单个或多个村庄的污水统一收集后输送至站点集中处理，适用于居住地较为集中且地势平坦、经济较好的地区。分散式污水处理系统是指将单户或相邻多户的污水收集后排入小型污水处理设施就地处理，适用于居民居住地较为分散且地势起伏不平的地区。

污水分散收集处理在全国有较多应用案例，如江苏常熟市农村污水 PPP 项目，共建设 1721 个站区，服务自然村 258 个，服务农户 6706 户，处理规模总计 3083 m^3/d，采用工程总承包+运营（EPC+O）模式，主要以分散式户用农村污水处理设备为主，农户污水出户后直接接入户用小型一体化污水处理设备，达标后排至附近河道，水质满足《城镇污水处理厂污染物排放标准》（GB 18918—2002）一级 B 标准。

2. 面源控制技术

面源污染物浓度高、负荷大，其导致的径流污染对受纳水体水质具有重要影响。面源污染主要通过低影响开发（LID）绿色设施面源控制技术进行控制。

　　LID 绿色设施面源控制技术，通过透水铺装、绿色屋顶、下沉式绿地、生物滞留设施、渗透塘、渗井、湿塘、雨水湿地、蓄水池、雨水罐、调节塘、调节池、植草沟、渗管/渠、植被缓冲带、初期雨水弃流设施、人工土壤渗滤等 LID 绿色设施，对面源区域雨水径流过程加以控制，并对径流污染产生有效削减。各项 LID 绿色设施功能效果如表 3-1 所示。

表 3-1　LID 绿色设施各方面能力对比

单项设施	功能					控制目标			处置方式		经济性		污染物去除率（以 SS 计，%）	景观效果
	集蓄利用雨水	补充地下水	削减峰值流量	净化雨水	转输	径流总量	径流峰值	径流污染	分散	相对集中	建造费用	维护费用		
透水砖铺装	○	●	◎	◎	◎	●	◎	◎	√	—	低	低	80~90	—
透水水泥混凝土	○	○	◎	◎	○	◎	◎	◎	√	—	高	中	80~90	—
透水沥青混凝土	○	○	◎	◎	○	◎	◎	◎	√	—	高	中	80~90	—
绿色屋顶	○	○	◎	◎	○	●	◎	◎	√	—	高	中	70~80	好
下沉式绿地	○	●	◎	◎	○	◎	◎	◎	√	—	低	低	—	一般
简易型生物滞留设施	○	●	◎	◎	○	◎	◎	◎	√	—	低	低	—	好
复杂型生物滞留设施	○	●	◎	◎	○	●	◎	●	√	—	中	低	70~95	好
渗透塘	○	●	◎	◎	○	◎	◎	◎	—	√	中	中	70~80	一般
渗井	○	●	◎	◎	○	◎	◎	○	√	√	低	低	—	—
湿塘	●	○	●	◎	○	◎	◎	◎	—	√	高	中	50~80	好
雨水湿地	●	○	●	●	○	●	●	●	√	√	高	中	50~80	好

续表

单项设施	功能					控制目标			处置方式		经济性		污染物去除率（以SS计，%）	景观效果
	集蓄利用雨水	补充地下水	削减峰值流量	净化雨水	转输	径流总量	径流峰值	径流污染	分散	相对集中	建造费用	维护费用		
蓄水池	●	○	◎	◎	○	●	◎	◎	—	√	高	中	80～90	—
雨水罐	●	○	◎	◎	○	●	◎	◎	√	—	低	低	80～90	—
调节塘	○	○	●	○	○	○	●	◎	—	√	高	中	—	一般
调节池	○	○	●	○	○	○	●	○	—	√	高	中	—	—
转输型植草沟	◎	○	○	○	●	◎	○	◎	√	—	低	低	35～90	一般
干式植草沟	○	●	◎	○	○	◎	○	◎	√	—	低	低	35～90	好
湿式植草沟	○	○	○	●	○	○	○	●	√	—	中	低	—	好
渗管/渠	○	◎	○	○	○	◎	○	◎	√	—	中	中	35～70	—
植被缓冲带	○	○	○	●	—	○	○	●	√	—	低	低	50～75	一般
初期雨水弃流设施	◎	○	○	●	—	○	○	●	√	—	低	中	40～60	—
人工土壤渗滤	●	○	○	●	—	○	○	◎	—	√	高	中	75～95	好

注：1. ●—强 ◎—较强 ○—弱或很小；
2. SS 去除率数据来自美国流域保护中心的研究数据。

LID 绿色设施面源控制技术目前作为海绵城市项目建设的核心技术手段，通过合理利用景观空间来对面源污染进行处理，并对暴雨径流进行控制，增加雨水利用，使城市地区尽量接近于自然水文循环。几种主要 LID 绿色设施应用范围如表 3-2 所示。目前，通过 LID 绿色设施对面源污染进行控制已有较为广泛的应用，包括对道路、地块、河道的面源控制，在各地实践中已取得良好效果。

例如，河北省迁安市在阜安大路应用道路面源控制技术，改变了传

表 3-2 主要 LID 绿色设施原理及应用范围

单项设施	应用原理	应用范围
生物滞留设施	利用较低地势的区域蓄渗雨水,并通过植物、土壤和微生物系统进行净化	用于建筑、停车场的周边绿地,以及城市道路绿化带等
植草沟	利用有植被的地表沟渠,收集、输送、排放和净化径流雨水	用于 LID 绿色设施之间、LID 绿色设施与雨水管渠系统之间的衔接
植被缓冲带	利用水域与陆地间的乔灌草植物带控制雨水径流	城市水系的滨水绿化带
雨水湿地	利用物理、水生植物及微生物等作用净化雨水	适用于具有一定空间条件的建筑与小区、城市道路、城市绿地、滨水带等区域
初期雨水弃流设施	通过一定方法或装置弃除存在初期冲刷效应的、污染物浓度较高的初期径流雨水	主要适用于屋面雨水的雨落管、径流雨水的集中入口等 LID 设施的前端

统道路雨水快排路径,雨水先进入道路绿化带内设置的植草沟、下凹式绿地、生物滞留带内进行截留、下渗、净化。经核算,阜安大路在设置 LID 绿色设施后,可控制的降雨量为 23.3 mm,可以实现 50%以上道路面源污染物削减的效果。

地块面源控制的典型案例有福建省福州市瑞城花园,通过雨污水管网改造,断接雨落管,将地面雨水及屋面雨水合理组织进入雨水花园、下凹绿地等生物滞留设施内,经下渗、净化后,后期雨水再通过溢流井进入市政雨水管网。改造后综合雨量径流系数为 0.58,低于改造前综合雨量径流系数 0.75;改造后实际调蓄容积为 178 m³,大于地块需要调蓄容积 152.74 m²;实际年径流总量控制率 70.86%,年悬浮物去除率 55.43%,实现初期雨水净化,削减污染。

河道面源控制技术应用以嘉兴市江南润园为例,其从源头渗蓄与净化、中途转输、末端调蓄与水质生态处理等不同尺度,通过 LID 绿色设施建设,构建完整、多功能的生态化初期污染雨水净化系统。通过雨水湿地、前置塘、植被浅沟、雨水花园、生态驳岸等多种 LID 绿色设施的应用,整个项目总体控制雨量可达到 80 mm,有效控制每年近 95%的降雨事件,在实现径流污染控制、生态净化、面源污染削减的同时,提升雨水资源化利用率,改善人居环境。

3.2.3　内源污染治理

内源污染治理技术包括底泥清淤疏浚技术、底泥无害化处置和资源化技术。

1. 底泥清淤疏浚技术

底泥清淤疏浚技术包括排干清淤、水下清淤及环保清淤三种。

排干清淤技术　通过在河道施工段构筑临时围堰，将河道水排干后进行干挖或者水力冲挖，适用于无需防洪、排涝和航运流量较小的河道，如苏州市宾馆河清淤。

水下清淤技术　一般指将清淤机具装备在船上，由清淤船作为施工平台在水面上操作清淤设备将淤泥开挖，并通过管道输送系统输送到岸上堆场中，适用于两岸的障碍物比较多且淤泥层较厚的河道，如江西省九江市十里河清淤。

环保清淤技术　一方面指以水质改善为目标的清淤工程，另一方面则是在清淤过程中尽可能避免对水体环境产生影响。围绕河湖治理时底泥中污染物的去除问题已摸索出较多的"环保清淤"工程，即将河湖底泥中聚集的污染物通过清淤方式移出湖泊、河流，适用于工程量较大的大、中、小型河道、湖泊和水库，如云南省昆明市老运粮河清淤。

2. 底泥无害化处置和资源化技术

底泥处置宜遵循"无害化、资源化"原则，结合城镇总体规划和生态环境保护规划相关要求，合理明确底泥最终去向，兼顾环保、经济、安全等要素，确保处理效果。底泥资源化产品可用于园林绿化、底泥制砖、施工用土/回填土等，均需达到国家相关标准。其中底泥制砖是以淤泥为原料，开发用于污水处理生物载体的高生物附着性多孔质陶瓷（淤泥陶瓷），如深圳茅洲河流域水环境综合整治工程底泥处置工程中，将底泥处理后制成陶粒并进一步加工成各种透水砖应用于沿河景观带建设。

3.2.4　生态修复技术

生态修复技术是用自然生态或辅以人工强化手段对水体进行净

化的技术，包括生态修复技术、自然重构生态修复技术、河湖岸线和岸带生态化改造技术。

1. 人工强化生态修复技术

目前国内黑臭水体治理及后期水质维护应用较多的人工强化生态修复技术，主要有人工浮岛技术和生态抑藻技术。

人工浮岛技术　在筏状人工浮体上种植水草构造物，模拟自然浮岛水体修复原理，可抑制浮游植物的生长，使水体中化学需氧量、氮、磷、浊度下降，从而达到净水目的。人工浮岛按照水和植物是否接触可分为干式浮岛和湿式浮岛，根据需求可提供水质净化、景观改善、栖息场所等功能。

生态抑藻技术　通过水生植物释放出化学物质抑制藻类繁殖。目前应用较多的生态抑藻技术，主要包括投加生态抑藻剂和投加水生植物抑藻。其中，投加水生植物抑藻主要是能连续提供化感物质，可获得更稳定的效果，不仅能够抑制藻类增殖，还可去除水中营养盐净化水质，并为鱼类提供附着载体和栖息空间[3]。

2. 自然重构生态修复技术

这类技术应用较多的有水生植物群落重构技术及生物多样性恢复技术。

水生植物群落重构技术　主要原理是沿河道或湖泊常水位线由水体岸边向水体内依次布置挺水植物、浮叶植物、沉水植物，通过水生植物多层次净化功能对水体进行水质净化。对于相对封闭的河道、池塘和湖泊，水面上还可布置漂浮植物，起到提升景观的作用[4]。

生物多样性恢复技术　为提升河道植物群落稳定性和健康性，采用提升植物群落多样性手段，根据群落演替理论、生物多样性与生态系统功能理论，针对不同类型、不同功能河道选用适宜植物种类进行群落配置。多样植物可为更多动物提供食物和栖息场所，有利于食物链延伸，使水体生态功能得到自然提升，水质得到自然净化[5]。例如，北京温榆河老河湾生态治理工程项目选用多种植物群落技术来修复水体水质，水体水质在短期内得到明显改善，水质由地表水劣Ⅴ类提升到Ⅳ类；随着水生植物恢复，有益鱼类和底栖动物放养，河滨生物多样性得以完善和丰富，生态系统得以恢复，水体自净能力提升，全湖水体透明度从 0.3 m 提升到 0.8 m 以上，富营养化程度得到有效控制，形成较为完善的生态系统结构，逐步恢复生态良性循环，发挥正常生态功能。

3. 河湖岸线和岸带生态化改造技术

河湖岸线和岸带生态化改造技术主要包括河道缓冲带修复技术和岸线生态化改造技术。

河道缓冲带修复技术　目标是保护和修复河道缓冲带，分为自然保护型生态缓冲带构建和生态修复型缓冲带构建。自然保护型生态缓冲针对河岸带自然植被现状良好的自然保护型河流（河段），主要采取封育与自然恢复措施，避免和减少人为干扰。生态修复型缓冲带针对河流与河岸带现状问题，按照生态缓冲带空间结构，进行滩地生态修复、生态护岸修复改造、陆地区域生态修复等。例如河北省迁安市三里河项目应用河道缓冲带修复技术，在已构建的"蜿蜒拟自然水道+湿地链"地形结构基础上，通过乡土植物混播，形成与水岸突沿区、水溅区、河畔区等不同微环境相适应的乡土自然群落[6]，见图 3-4。

图 3-4　生态修复型缓冲带示意图

岸线生态化改造技术　通过在岸坡进行一系列形态和材质改造，结合本土植物种植，把河湖岸线营造成近自然、多样化的生态岸线，为陆地和水域提供平缓连接和过渡，提供更大生态价值。岸线生态化技术应用于有人工干预的非自然河流，特别是城市中心中小型河道或生态环境退化的自然河流。根据不同岸线边坡坡度，主要包括石笼生态护岸、自然抛石生态护岸、木格栅生态护坡、椰网土工加筋生态护坡、椰网简易生态护坡、芦苇卷生态护坡、生态种植框生态护岸。例如在福建省漳州市九十九湾河道岸线治理中，利用岸线生态化改造技术，通过将原有硬化严重的河岸或湖岸改成使用植草沟、生态种植框护岸、种植芦苇草等岸带模式，使岸线恢复，恢复水体自然净化功能，提升治理效果[7]。

3.2.5　水动力与复氧技术

水动力与复氧技术是指通过人工方式增强水体水动力或增加水体溶解氧，提升自净能力的技术，主要包括水系优化调度模拟、再生水补水、人工曝气增氧和滞流缓流水体水动力改善等技术。

1. 水系优化调度模拟技术

水系优化调度模拟技术是指针对气候变化与城市化背景下的城市水系防洪排涝、水环境治理提升等问题，形成的一套城市水系联排联调关键技术，可有效改善水系水动力恢复和调度水平。主要包括机理与数据双重驱动的河湖水位实时预测、城市洪涝过程智能识别与快速概率预测、城市水工程群分层分级联合调度模型体系、城市水系一体化协同管控决策支持平台等技术。

机理与数据双重驱动的河湖水位实时预测技术　通过耦合短临雷达降雨、潮位和工程调度过程预测模型，有效延长河湖水位预测预见期，在城市产汇流特性基础上建立河湖水位滚动预测深度学习模型，提升河湖水位预测精度和计算效率。

城市洪涝过程智能识别与快速概率预测技术　融合计算机视觉和三维点云重建技术，提出基于多情景集合模拟和数据同化的洪涝过程概率预报技术，实现模型参数不确定性度量与内涝分布概率预报。

城市水工程群分层分级联合调度模型体系　形成规则调度-优化决策-实时控制的高效协同调度模型体系，提出区域水工程实时水位控制技术，实现区域内涝及河湖生态水位精准调控。

城市水系一体化协同管控决策支持平台 建设城市水系全要素"天-地-管-河-库-湖"实时监测体系,建立"人-车-物-工程"高效联动的指挥控制系统,显著提升城市水问题应急处置的时效性。

依托水系优化调度模拟技术的城区水系科学调度系统,目前已在福建省福州城区水系联排联调指挥中心常态化运行,支撑超过200次防洪排涝预案,实现联排联调效率提升,一张图作战,排水防涝应急处置效率、内河调蓄效益显著提高。

2. 再生水补水技术

再生水补水有直接补水和间接补水两种形式。再生水直接补水指污水处理厂或其他污水处理设施将处理后满足回用标准的出水,直接用于相应使用功能的河道、湖泊和水景等水体补水[8]。再生水间接补水指将处理后的污水排入湿地等自然生态处理设施进一步处理,再应用于相应使用功能的水体补水。直接补水方式对污水处理设施出水水质要求高,而再生水通过生态缓存区的进一步处理,可有效降低直接补水对受纳水体带来的水质和生态安全风险。补水方式的选择需根据实际情况,因地制宜。

例如北京市莲石湖、清河再生水补水项目即采用直接补水技术,大量污水被净化成为高品质再生水流回河道,助力重现水清岸绿。

深圳坪山河再生水补水为间接补水项目,利用坪山河沿河打造的11块人工湿地,将上游上洋污水处理厂来水经人工湿地深度处理后,就近回补河道,均衡补充全河道生态水量。

3. 人工曝气增氧技术

人工曝气增氧技术是采用人工手段,向水体流动缓慢、水质较差水体内注入空气或纯氧,提高水体中溶解氧浓度,抑制厌氧菌和藻类繁殖,消除水体黑臭现象,同时增加好氧菌繁殖速度,增强水体自净能力。常用的人工曝气增氧技术有机械曝气、超微孔曝气、推流式曝气、太阳能解层式曝气、膜曝气生物膜反应器等[9]。例如,浙江省杭州市仁和港水体治理项目通过安装105套纳米曝气设备、26台隔膜式气泵、4套喷泉设备和1台喷水增氧机来提升水体中溶解氧,助力水质提升。

4. 滞流缓流水体水动力改善技术

滞流缓流水体水动力改善技术是指利用水源补给或活水循环的方式促进水体循环流动，增加污染物扩散系数，改善水体缓流、滞流状态，增加水体溶解氧含量，为好氧微生物营造良好生长环境，主要应用于潜流水体或湖体。例如，在浙江省宁波慈城新城中心湖水环境提升项目中，安装了 5 台潜水推流机，水流沿北部—西部—南部—北部的路线循环流动，形成逆时针环流，使水体尽可能全湖分布流动，消除流动死角，为水体高效增氧，提高水体自净能力，如图 3-5 所示。

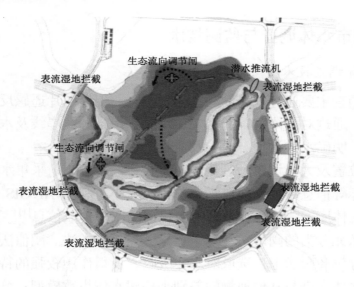

图 3-5　宁波慈城新城中心湖活水系统示意图

3.2.6　其他技术

城市黑臭水体治理工程中还有以下技术在各项目中应用，主要包括捞藻除藻技术、河水絮凝沉淀技术、高效微生物菌剂技术、人工增强生物膜技术、河水旁路净化技术等。其中，在黑臭水体治理中主要应用的河水旁路净化技术是旁路人工湿地净化技术。湿地修建在河道周边，利用地势高低或机械动力将河水部分或全部引入湿地净化系统中，净化后再次回到原水体，其技术原理主要包括：

有机物清除原理　通过悬浮效应，利用湿地中的基质、植物拦截去除水中悬浮的有机物，通过湿地微生物氧化还原反应使污水中易于降解的有机物转化为可溶性的小分子物质。

脱氮原理　利用湿地植物的根茎叶对污水中氨氮进行吸收，同时运用基质对污水中氮元素进行物理吸附，从而起到除氨效果；最后，以人工湿地内的溶解氧作为介质，通过硝化反应来清除污水中的氮元素，当溶解氧含量不足时，可以运用其他物质来进行反硝化处理[10]。

3.3　城市水体运行管理技术体系

3.3.1　城市水体调查与监测技术

1. 水体调查技术

水体调查主要通过现场勘测、问卷调查、卫星图片遥感反演等技术手段开展。通过对水体位置、水文、水质、污染源、岸线及水体周边环境的调查，明确水体治理、保护及监管重点。

水体位置及大小调查　利用全球定位系统（GPS）采集水体关键点位地理坐标等信息数据，获取水体位置及大小，利用 ArcGIS 等软件，建立城市水体库，建档立卡。利用卫星遥感图片提取信息[11]。具体方法包括基于像元分类的阈值法和基于目标分类的分类法。阈值法更多地用在中、高分辨率影像上，选取对水体吸收、反射作用较强的特定波段，通过分析水体光谱与其他地物的差别来构建水体指数模型；分类法更适用于高分辨率影像，综合影像的光谱、纹理和空间特征，充分利用地物的光谱、形状、结构和纹理等特征来提取水体信息[12]。

水文调查　对于一些较小的城市水体，可利用水位计、流速计进行现场勘测，对断面较大的河流断面可应用物联网信息技术，实时采集水位、流速信息，通过无线或有线网络进行传输，相关数据可集成在城市水务信息化管理平台，实现水体精细化、动态化管理。

水质调查　原则上可沿黑臭水体每 200～600 m 间距设置检测点，每个水体的检测点不少于 3 个。对于湖泊、库塘等水面，宜采用随机网格布点法进行采样点布设，各水域至少设置 3 个点位。取样点一般设置于水面下 0.5 m 处，水深不足 0.5 m 时，应设置在水深的 1/2 处。

点源污染调查 主要包括调查排放口直排污废水、分流制雨水管道初期雨水等。对于隐藏在水下的排口等监测难点可采用探地雷达技术清查地下暗河、管线等。目前，一般采用 80～900 Hz 频率的天线进行管线探测。在实际操作中，土壤含水量高会影响管线探测效果，为保证勘测质量，应选择在降雨量较少、土壤含水率较低的情况下进行，对于南方河网密集、地下水位较高的情况，应结合机器人技术等进行检查。

面源污染调查 主要包括城乡接合部地区分散式畜禽养殖废水等的污染源调查，可通过实地踏勘，统计水体周边农田、菜地分布情况，调查化肥、农药使用率，水产、畜禽养殖造成的污染以及水体周边垃圾堆放点等对水体造成的污染。城市降水径流污染可采用雨水径流污染指标的事件平均浓度（EMC）法，在水体流域范围内的住宅区、工业区、商业区等区域下垫面布设 1～2 个监测点，探索各下垫面 EMC 的分布规律，统计、计算雨水径流污染负荷。

内源污染调查 底泥采集在采样点的布设上，可与水质采样基本保持一致。底泥样品应在前期调查基础上，根据底泥实际淤积厚度、污染程度确定取样方法，优先采用分层取样法采集柱状样，确保污染底泥层、过渡层和正常泥层均能取样检测。在取样同时，应对底泥感官性状指标进行现场鉴别。

底泥调查的指标主要分为：物理指标，包括底泥质地、含水率等；化学指标，包括有机质、营养盐（总氮、总磷、氨氮）、重金属（常见 8 种：铅、汞、镉、铬、锑、硒、砷、钡）和有毒有害类有机物等；生物指标，主要包括粪大肠菌群菌值、蛔虫卵死亡率等。

2. 水体监测

城市黑臭水体治理从不黑不臭到恢复水体自然生态需要一个过程，水体监测工作也可分为水体不黑不臭的初见成效监测，以及水体慢慢恢复自然本底的长制久清监测。

初见成效监测 分为化学指标监测和卫星遥感监测两类。其中，化学指标监测的主要指标为判定水体黑臭的 4 项指标：透明度、溶解氧、氧化还原电位和氨氮。卫星遥感监测是近年发展起来的新技术，目前对城市黑臭水体识别精度可提高至70%。其基本原理是利用水体的光谱反射率受到水体中所溶解的或悬浮物质的影响，受污染水体所含的污染物浓度、水体密度等有别于清洁水体，反映在遥感影像上会表现为纹理、灰度、色阶以及反射通道上的差别。通过建立定性的识别模型或者定量的反演模型，以达到利用遥感手段监测水体的污染源、污染范围和污染程度等的目的。

长制久清监测　对经治理稳定消除黑臭后的成效进行监测，具体方法包括：化学指标监测法、生物指标监测法和无人机监测法。其中，化学指标监测可根据水体实际功能需求，增加化学需氧量、总磷等指标，并在一些重点断面（如河流交汇处、入湖处等）、合流制溢流口、重点排污口等设置监测点。生物指标监测是通过分析不同指示生物的生存状况得出不同的水体污染程度，底栖生物、浮游生物、微生物是常见指示生物。在满足无人机航空管制要求前提下，无人机航测受气候条件影响较小，方便灵活，使用成本低，响应快速，可获得厘米级数据成果，可快速定位排污口等位置，目释岸线建设情况等。

3.3.2　城市水环境设施运行维护技术

1. 管网运行维护技术

管网运行维护的核心在于及时发现污水直排口和潜在污染风险源，分析研判排水管网薄弱点和关键点，指导管网运行维护工作开展。管网运行维护的重点包括沿河排污口溯源排查，防止沿河截污管道高水位溢流，管网及排水口清淤、修复以及雨天溢流污染控制。

沿河排污口溯源排查　对于晴天有污水直排的排水口，开展排污流量监测和水质检测，并调查污水来源。排污流量监测可通过断面估算法、流速测量法或专用流量计等方式进行水量测算，每次水量监测时间周期以24 h为宜。排污水质检测，指标以化学需氧量为主，根据实际需要可增加悬浮物、氨氮、总磷、表面活性剂（LAS）、氯离子（Cl⁻）等指标。对于雨水口晴天排污和污水井雨天冒溢问题，可综合运用人工调查、仪器探查、水质检测、烟雾实验、染色实验、泵站运行配合等方法，查明调查区域内混接点位置、混接点流量、混接点水质等，校核排水口污水量与混错接点位污水量，评估混错接点位贡献度，制定分批次实施计划。

防止沿河截污管道高水位溢流　排查沿河截污管网满管或高水位等运行异常情况，重点比对管道水位、排口的标高与河道水位关系，通过降低受纳水体水位、排水口和检查井排查监测等方式，排查是否存在河水通过沿河排口或过河管道倒灌进入截污管道的情况。对于存在倒灌和高水位溢流问题的排水口，设置水力止回、可调堰门等防倒灌措施。

管网及排水口清淤、修复　定期对管网进行巡查养护，强化汛前管网清疏管养工作，并对可能存在塌陷风险的管道进行检测整治。管道养护包括管渠和倒虹吸管清淤、疏通，检查井清捞。管渠、检查井内不得留有杂物，允许积泥深度不应大于管道内径 1/5；检查井若有沉泥槽则不应大于管底以下 50 mm；检查井若无沉泥槽则不应大于管道内径 1/5。截污干管管渠、检查井的养护频率不应低于 4 次/年。对于排查发现的问题，按照缺陷类型和严重级别，制定针对性治理方案和实施计划，分批分期整治完成。对于清洁基流，优先采取合流制暗渠清污分离方式整治；对于存在河水倒灌问题的，优先采取降低河道水位方式解决，对于仍位于水位以下存在倒灌风险的排水口，应设置防倒灌措施；对于地下水渗漏问题，按照评估的严重级别通过检查井和管道修复等方式进行整治。

2. 污水处理厂运行维护技术

在黑臭水体治理过程中，很多城市对污水处理厂进行提标扩容，增设沿河分散的污水处理设施，但部分城市仍然面临污水处理厂进水浓度低、管网连接关系不清导致不明来水量大、雨天污水厂短时进水水量大幅提高、工业废水混入等挑战。针对污水处理厂的运行维护技术，主要包括增加污水处理厂弹性处理能力、加强对工业废水处理处置，以提升城市污水处理单元抵御水力负荷和进水浓度变化等冲击的能力。

在运行维护中，可采用物理-化学工艺、分点进水工艺、活性污泥快速生物吸附-高效澄清工艺等方式，以提高污水处理厂弹性处理能力[13]。

物理-化学工艺　利用三级深度处理单元, 如高效沉淀池、高速滤池、磁混凝沉淀等，在雨季用于处理瞬时高负荷的雨水入流量，可有效去除化学需氧量、生化需氧量、悬浮物、总磷，但对总氮、氨氮去除效果有限。

分点进水工艺　在首端单点进水基础上，增加生化池沿程多点配水，以提升峰值进水流量，在生化系统对污泥浓度（MLSS）总保有量不变甚至提高的情况下，可降低二沉池进水 MLSS 浓度和固体负荷率，进而有效提升二沉池水力负荷。

活性污泥快速生物吸附-高效澄清工艺　该工艺融合应用高负荷活性污泥法与高效固液分离技术，即在物理-化学工艺基础上，将一部分活性污泥引入峰值流量处理设施，利用活性污泥快速吸附与生物降解功能，进一步提升对悬浮物、生化需氧量去除效率，是生化过程与高效物化分离技术的组合，在雨季面对峰值流量时可以实现短停留时间下较好的活性污泥生物处理效果。

3. 水体水面保洁

人工保洁　利用各种工具（打捞船、浮筏、网兜等）对水面上漂浮物（生活垃圾、浮泥、水生植物等）进行打捞，并集中处置。按照河道宽度、水流急缓、风向等因素，可将作业方式分为水面（巡回）打捞、岸边（巡回）打捞、拦截漂浮物打捞等方式。对于水流较急的桥梁闸口和水流流向的下风口可拦网进行打捞；对于浮泥和藻类，需要配备专业工具进行打捞处置。

智能无人保洁船　借助精确卫星定位和自身传感，按照预设任务在水面航行的全自动水面机器人，可搭载多种漂浮物清理模块，对水面不同漂浮物（漂浮垃圾、树叶、油污、浮萍等）进行清理处置，并具备与陆地基站实时数据传输、通信功能；同时可兼顾水文测量、水质监测、水底地形勘测等功能。

3.3.3　黑臭水体治理效果评估技术

为指导城市政府有关部门或第三方机构科学实施城市黑臭水体整治效果评估，保障评估程序合理，评估材料完整，评估结论科学有效，全力支撑城市黑臭水体治理考核工作的实施，2018 年，住房和城乡建设部制定发布《城市黑臭水体整治效果评估技术指引》，从评估流程、评估效果材料准备、材料审查与评估、材料上报要求等几个方面，按照初见成效和长制久清两个阶段，对黑臭水体治理后的效果评估工作进行具体和清晰指引。该技术指引是为了评估黑臭水体治理之后，是否达到了消除黑臭的效果。实际上，黑臭水体经过治理，且通过上述方法评估认定消除黑臭后，转入长效运营阶段，也需要对其治理效果进行评估。

黑臭水体治理效果的评估技术可以分为水质评估法、生物多样性评估法、环境效益评估法、经济效益评估法等几种。

1. 水质评估法

虽然黑臭水体判定的指标只有氨氮、溶解氧、氧化还原电位和透明度，但是当水体黑臭消除、转入长制久清阶段后，水体可能还要满足更高的水环境目标，此时就需要对水体更多水质指标进行监测。主要指标包括 5 日生化需氧量（BOD_5）、化学需氧量、高锰酸盐指数、氨氮、总氮、总磷、溶解氧以及透明度等指标，如果是湖库型水体，还需要测定总氮。有了上述水质数据，就可以对水体进行水质评价。评价方法有以下两种。

单因子评价法 测定上述水质指标后，可以对照水环境功能目标进行比对，从而评价主要水质指标单因子达标情况。

综合评价法 考虑多个点位进行综合评价。常见的有内梅罗污染指数法，这是一种兼顾极值或称突出最大值的计权型多因子环境质量指数，是当前国内外进行综合污染指数计算的最常用的方法之一。该方法先求出各因子的分指数（超标倍数），然后求出个分指数的平均值，取最大分指数和平均值计算。

2. 生物多样性评估法

水生生物多样性是评价水环境质量的重要标准之一。水生生物一般包括浮游植物、浮游动物、底栖动物和鱼类等，分析评价时需要单独采样。简易测定时可以测定水中的浮游动物和鱼类，并根据其种类情况及其年际之间变化来简单衡量水体生物多样性的变化趋势[14]。如果要进行科学评价，则需要对浮游植物、浮游动物、底栖动物和鱼类都进行采样测定，并对数据进行分析处理。

对于水生生物的多样性评价，常用的测度方法有以下 3 种。

Shannon-Wiener 指数 用来描述种的个体出现的紊乱性和不确定性。当群落中只有一个族群存在时，Shannon-Wiener 指数达最小值 0；当群落中有两个以上的族群存在，且每个族群的个体数量相等时，Shannon-Wiener 指数达到最大值。

Margalef 指数 用来反映水生生物的物种丰富度。这种指数计算时仅考虑群落的物种数量和总个体数，将一定大小样本中的物种数量定义为多样性指数。

Simpson 指数 用来反映物种的优势度，是对群落内生物个体在物种间分配的度量，也是决定生物多样性高低的一个参数；优势度指数与多样性指数相反，优势度越大，表明偏离程度越大。

3. 环境效益评估

对于黑臭水体治理效果评估的另一种方法是从污染负荷削减的角度，对工程实施的环境效益进行评估。例如，云南省昆明市老运粮河全长 4.2 km，流域面积 21.1 km²，由于存在污水直排、雨天溢流等问题，治理前有 2.39 km 属于黑臭水体。通过综合采取污水直排口治理、雨污混接治理、合流制溢流污染控制、内源污染治理和生态修复等综合措施，消除黑臭。经评估认定，老运粮河治理工程每年可削减化学需氧量 286.95 t、氨氮 58.46 t、总磷 4.22 t。

4. 经济效益评估

我国目前正在大力推进 EOD（ecology oriented development，生态环境导向的开发模式），其关键是先开展治理，取得生态环境改善，通过生态环境改善带来土地等资产价值升值，为实施主体获得持续回报。黑臭水体由于散发臭味，水体感官较差，周边空间土地价值较低。经过治理后，水环境质量明显改善，人居环境质量得到显著提升，滨水空间土地价值将显著提升。因此，对于黑臭水体治理后的经济效益评价可以借鉴 EOD 开发模式中关于资产升值的评价方式，基本方法就是用周边土地升值作为黑臭水体治理的主要经济效益进行评价。

例如，海南省海口市美舍河在治理前为黑臭水体，周边土地均为当地价值洼地，滨河地区房地产价格也较低。经过控源截污、内源治理，美舍河水环境质量显著改善，同时结合生态修复工程修建滨水绿道，治理前在市场上每亩约 800 万元的土地迅速升值到每亩 2000 万元左右，附近二手房价格也大幅提升。根据治理前初步摸底，美舍河沿线可以利用土地约 2300 亩，仅土地升值即可达上百亿元。

3.3.4　优化调度与智慧管理技术

1. 城市水体智慧管理系统

城市水体智慧管理系统把新兴信息技术充分运用于城市水体综合管理，通过整合污水收集处理系统、排水管网监测系统、河湖在线监测系统、水体附属设施远程控制系统，连接形成感知物联网，通过计算机和云计算整合"水务物联网"；利用专业数学模型和大数据挖掘，实现业务智慧化管理，满足城市水体监管、调度，以及应急处置等管理应用需求[15]。城市水体智慧管理系统一般包括水体智慧监控和预警系统、智慧调度系统、智慧巡查管养系统、公众参与系统等方面。

通过在水体关键断面、重要排口、汇入支流等位置布置水质、水量监测设施，综合利用卫星遥感监测、自动在线监测、自动视频监测、人工巡视监控、网络信息等手段，构建水体监控预警系统，综合监控水体水质、排水口流量、河道流量、水雨情等，帮助养护单位和管理部门实时掌握河道水质现状、河道水文状况，及时发现异常排污行为和污染事件，提升预警能力，并为水生态保持提供数据支撑。

以流域为单元，统筹水库、河道、水质净化厂、管网、水闸、泵站等水务工程设施全要素管理，联合调度清水、污水，运用信息化手段，实现"厂—网—河"一体化运行调度。如一体化调度可助力降低管网运行水位，加快管网内污水流速，减少管网内污泥沉淀。

此外，智慧管理系统还可通过微信、手机 APP 等手段，设立公众对河道水质恶化以及侵占河道、生活污水直排、工业废水排放、养殖污染、违法建设、河岸边河涌垃圾等问题的反馈和举报，保障公众环境知情权、参与权、监督权，有助于黑臭水体治理效果长效保持。

2. 雨天调度管理与实施控制技术

由于历史原因，欧美、日本以及我国很多城市老旧城区排水系统采取合流制，而我国很多城市在分流制地区由于存在雨污混错接，又采取末端截污方式，形成了事实上的"合流制"。与此同时，在大陆季风性气候影响下，我国很多城市降雨极不均匀，雨天合流制溢流成为制约黑臭水体治理成效的重要因素。

20 世纪 60 年代以来，部分发达国家大城市开始在排水系统中应用实时控制（real time control，RTC）技术，并取得较好的溢流控制效果[16]。在当前合流制溢流控制实践中，采用实时控制技术开展雨天排水系统调度管理，充分利用排水管网系统的调蓄能力以减少溢流水量和溢流频次，已经成为很多发达国家普遍采用的技术措施。

排水系统实时控制是在排水系统运行过程中，在线监测重要的过程变量（雨量、液位、流量、水质等），依据监测数据、在线模型动态调整控制策略，通过控制设备对排水设施及污水处理厂运行进行实时干预，实现"厂—网""厂—网—河"最优能力匹配，挖潜和发挥排水设施调蓄和处理能力，进而提高整个排水系统运行效率的优化控制方式。实时控制系统一般由传感器、控制器、执行器和控制中心等硬件要素，以及控制模型、控制算法和降雨预测等软件要素组成[17]。

20 世纪 90 年代，丹麦哥本哈根在管道关键部位安装闸门和带有逻辑运算能力的控制器，根据降雨量和下游管网水位来控制闸门启闭，尽可能使下游不发生溢流。第一阶段实时控制实施后，合流制溢流总量削减 80%，排空时间由 40 小时减少到 2～3 小时[18]。加拿大魁北克 Westerly 排水系统对 3 条截流干管和两条地下隧道进行在线控制。控制中心接收来自 17 个传感器的数据，并将制定好的设定值下发至 5 个可控闸门的控制站，系统溢流污染削减可达 70%[13]。

通过"厂—网—河"联合调度，实时控制系统可以削减合流制溢流量，改善溢流对受纳水体的负面影响。实时控制系统耦合污水处理模型和污染物河道扩散模型，可以对受纳水体水环境指标和污染物浓度进行提前预测，如溶解氧、氨氮等，甚至可以建立起不同等级降雨事件对受纳水体水质的影响，进而可以进行降雨事件对受纳水体的生态及毒理学评估。实时控制的短期运行可能对水体水质的提升效果有限，但是在长期运行条件下，有助于实现受纳水体水质稳定达标。

3.4　城市黑臭水体系统性解决方案

3.4.1　黑臭水体治理原则与方案编制

　　黑臭水体治理应坚持"因地制宜、综合措施、技术集成、统筹管理、长效运行"的基本原则。结合黑臭水体所在城市地域特点，根据水体污染程度、污染原因、治理目标等因素，筛选治理技术，科学制定整治方案。要充分调研项目背景、编制调研方案。编制调研方案的工作要点包括水质现状调查、污染源现状调查和基础资料搜集，分析治理水体水质情况、主要污染源和污染特征等，明晰河流污染源控制的主要对象。在此基础上，编制黑臭水体治理方案大纲，其工作要点包括项目目标、项目现状分析和主要存在问题等。工作重点是依据排水口入河污染情况、雨天溢流入河污染情况、工业企业分布和排水设施情况、畜禽养殖污染整治情况、河道底泥淤积和河床水位、支沟用途和水动力情况等，预测方案制定过程中可能存在的问题，有助于接下来工作的"对症下药"。

　　黑臭水体治理方案的核心是综合整治方案编制和目标可达性评估。针对点源、面源、溢流和内源污染分类施策，"控源截污""内源治理""生态修复""运维制度及长效机制"多措并举。黑臭水体成因和成分复杂，不仅受到地域特征也受到水环境条件的影响。从这个角度看，治理方案选择之前要首先对其成因特点、污染物来源、地理条件和气候条件等因素进行综合考量，才能选择或组合使用河道治理模式。在实际治理方案制定时，重点是按照阶段性目标对技术进行筛选和任务分解，一般需要建立管网改善、点源治理、面源控制、内源控制、生态修复、水净化和水系调控等多技术组合方案[19,20]。

　　确定整治方案后，结合城市水体的水质水量特征、水环境容量及水体自净能力，要对方案实施后的效果进行预测和分析，若评估结果不理想，需要重新校订和调整方案大纲。为实现项目实施后的长效性，需要制定严格的巡查与监测方案，针对可能的弹性变化，需要有相应应急响应措施，以生态恢复为核心，确保整治工程长效运行。黑臭水体方案编制的总体思路如图 3-6 所示。

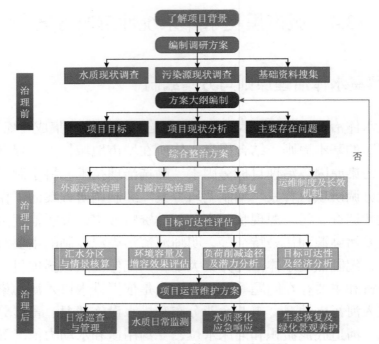

图 3-6　黑臭水体治理方案编制

3.4.2　黑臭水体治理技术选择

1. 选择原则

城市黑臭水体整治技术的选择应遵循"适用性、综合性、经济性、长效性和安全性"等原则。

适用性　地域特征及环境条件将直接影响水体治理的难度和工程量，需要根据水体黑臭程度、污染原因和阶段目标的不同，针对性选择适用技术方法及组合。

综合性　城市黑臭水体通常具有成因复杂、影响因素众多的特点，其整治技术也应具有综合性、全面性，需系统考虑不同技术措施的组合，多措并举、多管齐下，实现黑臭水体整治。

经济性　对拟选择整治方案进行技术经济比选，确保技术的可行性和合理性。

长效性　黑臭水体通常具有季节性、易复发等特点，因此整治方案既要满足近期消除黑臭的目标，也要兼顾远期水质进一步改善和水质稳定达标。

安全性　审慎采取投加化学药剂和生物制剂等治理技术，强化技术安全性评估，避免对水环境和水生态造成不利影响和二次污染；采用曝气增氧等措施要防范气溶胶所引发的公众健康风险和噪声扰民等问题。

按照治理技术选择原则，黑臭水体的技术适用性如图 3-7 所示。

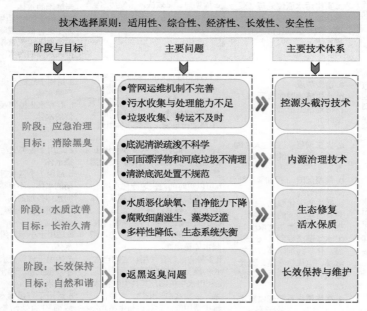

图 3-7　黑臭水体治理的技术体系适用性

2. 治理技术特点与适用性

目前，黑臭水体治理技术"百花齐放、百家争鸣"，但任何单一治理技术都有局限，必须因地制宜，选用治理技术或组合工艺。总体上，黑臭水体治理技术筛选时要系统化考虑六大关系：水岸关系、雨污关系、点面关系、水固关系、政社关系、治管关系等。按照黑臭水体治理的技术类型，图 3-8 总结了目前的主要技术措施、技术特点及其适用性。以下将黑臭水体治理技术按照治理阶段与目标进行分类，介绍其特点、实施模式和适用性。

治理阶段——消除黑臭　该阶段的技术重点是控源截污和内源治理，二者被认为是黑臭水体治理的基础与前提，主要目标是消除黑臭。

图 3-8 城市黑臭水体处理技术类型与适用性

控源截污技术是从源头上对水体污染物进行控制,核心手段是建立健全污水管网和控制城市污染源,其中前者成效最为显著,常见技术的特点和适用性见表 3-3[21-23]。内源治理技术是指通过打捞、净化等途径使水体中的垃圾、淤泥等污染物得到清除,其重点是解决底泥由污染物的“汇”转为 “源”的问题,各技术特点和适用性见表 3-4。

表 3-3　常见控源截污技术措施与特点

	实施模式	适用性
溢流控制装置	利用原有合流管并沿河道两侧敷设污水截流管的形式收集污水	减少了在合流制老城区道路上敷设污水管对道路交通及周围居民生活的影响，又节约了大量投资
雨水泵房	在雨水泵房内增设旱流污水泵，在旱季时，可通过启动污水泵提升到污水管，消除雨水系统旱天排江现象	解决分流制条件下存在雨污混接、雨季污水排江的问题
初期雨水调节池	适当提高截流倍数，或设置初期雨水调蓄池	在原有合流制系统全部改造为分流制系统难度较大时，减少排江溢流量和排江污染物
城市低影响开发技术	通过渗透设施、滞留设施，对暴雨径流进行有效控制以减少 CSOs 发生	减少因雨水径流导致的面源污染问题
室外负压抽吸污水收集技术	利用负压抽吸原理，在收集井底部与水封抽吸管相连，在水封抽吸管下部形成水封，在负压站内负压驱动下，污水从水封管抽吸管进入负压收集管道	采用浅埋方式，减少施工工程量，经过实践验证，对老旧城区的污水收集具有较好的效果

表 3-4　常见内源治理技术措施与特点

技术名称	实施模式	适用性
底泥疏浚	排干疏浚是将水完全排空后再进行疏浚；水下疏浚是将疏浚机械安装在可移动作业船上利用工具清除底泥；环保疏浚是用较高定位精度和挖掘精度的机械进行疏浚	一般用于前处理，污染底泥淤积严重，影响行洪；重金属污染严重或积累了大量的持久性有机污染物并向上覆水释放水体
原位覆盖	用一层或多层材料通过覆盖的方式将底泥与上覆水分隔开实现物理阻隔、增加稳定性和吸附、污染物削减作用	适用于轻度污染水体；不宜用在浅水或者对水深有要求的水域、淤积情况严重的水体中；不宜用于有修建桥墩、铺设管道需要的水体
化学修复	将污染底泥与化学药剂进行混合，捕获底泥中的污染物，减少污染物的释放。根据去除对象不同分为营养盐固定化、重金属固定化和除藻剂等	难降解物质的去除；适于在相对封闭、静止的污染水体及应急治理
生态修复	微生物修复是投加高效能的微生物菌剂，加速污染物降解转化并促生和强化土著微生物作用；利用沉水植物对水体中的污染物吸收、富集、降解和转移	适于在相对封闭、静止的污染水体，投资和运行成本相对较低；改善生态景观

水质改善阶段——长制久清 该阶段重点是恢复水系统功能，保证系统内物质循环和能量流动，以及通过信息反馈，维持系统相对稳定与发展，并参与生物圈的物质循环，目标是实现水体长制久清，所涉及的核心技术体系是生态修复和活水保质。其中，生态修复措施主要包括水华藻类控制和水生生物恢复，适用于营养盐水平较低水体的水质长效保持[24]。黑臭水体水质改善后，经常会遇到水华藻类暴发问题，因此控制水华藻类是实现水质长效保持的必要措施，需要采取综合措施进行控制。水生生物恢复即利用水生植物及其共生生物体系，去除水体中污染物、改善水体生态环境和景观，应用时需考虑不同水生生物的空间布局与搭配；该措施适用于小型浅水水体。此外，空间增补技术是通过恢复干枯河道、建设人工湿地、氧化塘、河湖景观水系等措施，增加城市水域空间，提高水环境总体容量[25]。

污染严重水体单靠自然复氧作用，自净过程非常缓慢，需要采用人工曝气弥补自然复氧的不足。河道人工曝气技术能在较短时间内提高水体溶解氧水平，增强水体净化功能，消除黑臭，减少水体污染负荷，促进河流生态系统恢复。常用的曝气技术特点见表3-5。

表 3-5　主要曝气技术/设备

技术名称	组成	优点	缺点	适用性
脉冲扬水曝气	脉冲间歇曝气	节省气量60%～80%	对航运有影响	轻污染水体
强化推流冲氧	—	投资少、生态自然、无二次污染	—	缓流水体
喷泉曝气	喷泉和射流曝气	基本不占地	维修较麻烦	景观水体
纯氧曝气	金属滤网快速过滤-纯氧曝气-絮凝沉淀	氧转移效率高	—	重污染河流或突发性污染事故的快速处理
射流曝气	高效充氧一体化水质净化	能耗低、噪声低、故障率小	—	河道水体

补水活水的作用是保障生态用水，缩短水体水力停留时间，提高水体流速，增强水体复氧能力。补水活水措施包含清水补给、再生水补给

和水动力保持技术等。其中，清水补给是通过引流清洁的地表水对治理对象水体进行补水，促进污染物输移、扩散以维系水质，适用于滞留型水体、半封闭型及封闭型水体水质的长效保持，目的是维系水质，而非污染治理。水动力保持是通过工程措施提高水体流速，以提高水体复氧能力和自净能力，改善水体水质，适用于水体流速较缓的封闭型水体。

　　长效保持阶段——自然和谐　黑臭水体经治理后，可能会面临污染负荷再度升高等问题，使得水体水质恶化和返黑返臭，因此需要保证水质有效管理，确保水质改善效果的长效性。该阶段的目标是自然和谐。

　　消除黑臭后的水体，仍然是富营养化水体，藻类容易暴发，最终导致黑臭，应采取必要措施控制水华。在水体管理维护过程中，应加强水体周边生活垃圾控制管理，严禁生活垃圾直接入水体；同时要定期清淤疏浚，防止底泥上浮加重水体污染，造成水体再度黑臭。

　　此外，应采用生态预警、水质监测等措施维持水质稳定达标。主要的监督管理措施：一是建立综合协调机制，加强政府各部门之间的联系、协调与合作，齐抓共管，形成黑臭水体治理合力。二是完善监管机制，落实责任到人，公布黑臭水体名称、责任人、达标期限及治理效果；建立黑臭水体信息共享平台和信息公开制度，每半年向社会公布治理情况，接受社会监督，鼓励公众参与。三是科学监测监控，建立健全环境物联网系统，鼓励综合利用卫星遥感监测、自动在线监测、自动视频监测、人工巡视监控、网络信息传媒等手段，构建水体监控预警系统。四是建立黑臭水体治理工程运行维护长效机制，实施水体环境常态化养护，制定黑臭水体治理考核及评估办法，确保工程长效运行和水质改善效果。

3.4.3　城市水体治理目标可达性评估

1. 现状条件调查与问题分析

　　现状调查包括污染源调查与环境条件调查，具体调查项目如图 3-9所示。根据对受污染河流的污染源和水质现状调查，按照不同时期对河流进行取样监测，开展对主要水体、底泥中化学需氧量、氨氮、总氮、总磷及重金属等指标的调研。依据污染来源，主要可分为点源污染、面源污染、内源污染以及其他污染进行调研。

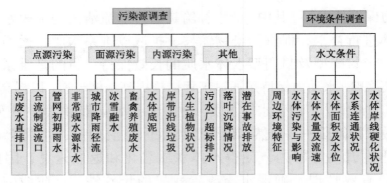

图 3-9　污染源调查和环境条件调查技术路线

按污染源类型对目标水体入河污染负荷进行汇总分析，核算不同污染源类型入河污染物总量及污染负荷贡献率，识别主要污染源。按控制单元对入河污染负荷进行汇总分析，核算不同控制单元入河污染物总量及污染负荷贡献率，识别重点问题区域。水体黑臭的成因大致可从外源污染控制不足、内源污染严重难除和水体自净能力消失三方面梳理原因。具体可从上游来水黑臭、排水口污染黑臭、径流污染、垃圾堆放、底泥黑臭以及生态功能失衡进行分析。

2. 汇水分区与情景核算

根据目标水体的汇水特征，确定整治范围和控制单元。一是根据水环境功能空间差异性、代表性控制节点、行政区界等因素细化黑臭水体整治控制单元。二是汇水区水文响应单元划分可采用数字高程图（DEM或等高线图）手动提取，或基于 GIS 平台和 DEM 数据，采用 ArcGIS 软件自动提取。三是以各级行政区界对形成的水文响应单元进行切割，建立水文响应单元与各行政区的对应关系。四是结合关键控制节点和汇水区内汇水特征，将行政区-水文响应单元融合，建立"关键控节点-控制河段-对应陆域"的水陆响应关系。对于树状河流的单个河段，根据地形图、汇水区、入河（湖）支流等因素，基于行政边界划分下一级控制单元的陆域范围，作为黑臭水体整治控制单元。通过对城市水体污染物输入负荷与环境余量平衡状态的讨论以及解决途径的分析，获得城市水环境整治系统方案的编制方法[26]。

3. 环境容量及增容效果评估

黑臭水体治理的环境容量是在给定的水质目标、设计流量和水质条件的情况下，水体所能容纳污染物的最大数量，也是黑臭水体治理技术与方案实施总量控制的依据。水体环境容量的核算受到水体水文特征、水力学特性、水生态环境、地理和气候因素、季节变化、人工干扰以及水体控制目标设定等因素的影响，通常会因某些因素的变化而发生变化。污染物的降解系数需要依据实际河流所处不同的区域、特征等差异进行确定，因此，也应该依据实际情况采用模型计算不同特征水环境的环境容量。河网区、江河、大型湖库等都有针对性的水环境容量计算方法[27]。

4. 负荷削减途径及潜力分析

当河流中污染物总量超过其水环境容量时，水质呈恶化状态，会出现黑臭现象。为了保证水质目标实现，应对黑臭水体治理方案的污染负荷削减能力进行评估。按照污染物种类，主要包括化学需氧量、氨氮、总氮及总磷等污染负荷削减核算。黑臭水体污染负荷削减率评估可基于监测试验的径流污染物浓度削减率评估，或基于与传统开发项目对比监测的场次评估，或基于 MIKE11、SWMM 等数学模型，确定污染物的综合衰减系数，评估污染负荷的削减率[28]。江河湖库水质模型主要包括河流零维模型、河流一维模型、河流二维模型、河口一维模型、湖库均匀混合模型、湖库非均匀混合模型、湖库富营养化模型和湖库分层模型等几种类型[29]。

5. 目标可达性及经济性分析

目标可达性分析主要有污染负荷削减能力分析、环境保护投资分析、技术力量分析和其他分析等。首先明确环境质量、污染状况、主要污染物和污染源，现有环境承载力、污染削减量、现有资金和技术。其次，摆明环境存在的主要问题，明确环境现有承载能力，削减量和可能的投资、技术支持，综合考虑实际问题和解决问题的能力。最后，详细列出环境规划总目标和各项分目标，如目标不可达，需明确现实环境与环境目标差距，制定环境发展战略和主要任务，从整体上提出环境保护方向、重点、主要任务和步骤。

其中，黑臭水体治理经济效益评估，要从其产生的生态环境效益、经济效益和社会民生效益三方面入手，城市黑臭水体治理经济性分析评估指标体系如图 3-10 所示。

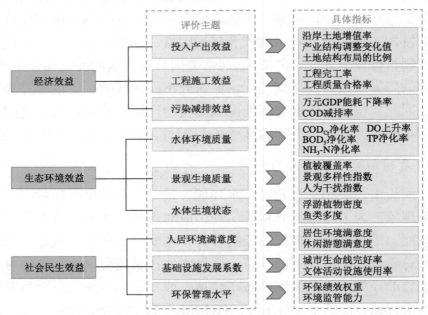

图 3-10　城市黑臭水体治理经济性分析指标体系

经济效益方面，通过投入产出效益、工程施工效益以及污染减排效益反映经济效益整体状况；生态环境效益方面，城市污染河流治理工程的主要目标是改变河流生态系统状态，实现河流水环境质量、河岸、生态景观和水体生境状态改善；在社会民生效益方面，公众对河流污染治理的满意度与环境管理部门做出的努力是反映城市污染治理工程绩效水平的重要因素，人居环境公众满意度、基础设施发展系数和河流环保管理水平是其主要评价的三个主题[30]。

参 考 文 献

[1] 胡洪营, 孙艳, 席劲瑛, 等. 城市黑臭水体治理与水质长效改善保持技术分析[J]. 环境保护, 2015, 13: 24-26.

[2] 刘翔. 城市水环境整治水体修复技术的发展与实践[J]. 给水排水, 2015, 41 (5): 5.

[3] 李龙旭, 张真真, 杨玉萍, 等. 富营养化水体中抑藻技术的研究进展[J]. 科技风, 2021 (15):

139-140.

[4] 张玉云. 淮南采煤沉陷浅水湿地水生植物群落重构模式研究[D]. 合肥: 安徽大学, 2015.

[5] 原野, 赵中秋, 白中科, 等. 露天煤矿复垦生物多样性恢复技术体系与方法: 以平朔矿排土场为例[J]. 中国矿业, 2017, 26(8): 93-98.

[6] 李承玫, 聂庆娟, 高海波, 等. 绿道空间设计优化策略研究——以迁安市三里河生态廊道为例[J]. 河北林果研究, 2015, 30(2): 200-205.

[7] 陈剑峰, 林建樑, 张晓兰. 浅谈城市公园水体工程中生态驳岸的景观营造——以漳州市九十九湾河道景观为例[J]. 农村实用技术, 2020, (5): 134-135.

[8] 杨茂钢, 赵树旗, 王乾勋, 陈淑珍. 国外再生水利用进展综述[J]. 海河水利, 2013, (4): 30-33.

[9] 龚梦丹. 人工曝气技术在黑臭河道治理中的应用[J]. 环保科技, 2020, 26(1): 45-49, 55.

[10] 向衡. 河道水旁路净化技术研究[D]. 西安: 西安建筑科技大学, 2014.

[11] 王正, 杜军, 王超, 等. 城市水体信息光学遥感提取方法研究进展报告[J]. 华中师范大学学报(自然科学版), 2021, (55)4: 620-628.

[12] 李丹, 吴保生, 陈博伟, 等. 基于卫星遥感的水体信息提取研究进展与展望[J]. 清华大学学报(自然科学版), 2020, (60)2: 147-161.

[13] 刘智晓, 刘龙志, 王浩正, 等. 流域治理视角下合流制雨季超量混合污水治理策略[J]. 中国给水排水, 2020, 36(8): 20-29.

[14] 丁丰源, 高祥云, 张国维, 等. 渭河甘肃段水生生物多样性评估[J].中国水产, 2022, (2): 99-102.

[15] 杨明祥, 蒋云钟, 田雨, 等. 智慧水务建设需求探析[J]. 清华大学学报: 自然科学版, 2014, 54(1): 133-136.

[16] 卢小艳, 李田, 钱静.合流制排水系统溢流实时控制方案的预评估[J].中国给水排水, 2012, 28(7): 56-59, 63.

[17] 王浩正, 刘智晓, 刘龙志, 等. 流域治理视角下构建弹性城市排水系统实时控制策略[J].中国给水排水, 2020, 36(14): 66-75.

[18] Mollerup A L, Thornberg D, Mikkelsen P S, et al. 16 Years of Experience with Rule Based Control of Copenhagen's Sewer System[C]. Abstract from 11th IWA Conference on Instrumentation Control and Automation, Narbonne, France, 2013.

[19] 孙永利, 郑兴灿. 科学推进城市黑臭水体整治工作的几点建议[J]. 给水排水, 2020, 46(1): 4.

[20] 徐祖信, 张辰, 李怀正. 我国城市河流黑臭问题分类与系统化治理实践[J]. 给水排水, 2018, 44(10): 6.

[21] 徐祖信, 徐晋, 金伟, 等. 我国城市黑臭水体治理面临的挑战与机遇[J]. 给水排水, 2019, 45(3): 6.

[22] 徐敏, 姚瑞华, 宋玲玲, 等. 我国城市水体黑臭治理的基本思路研究[J]. 中国环境管理, 2015, 7: 74-78.

[23] 王生愿, 陈江海, 陈小龙. 基于降水等级分异方法的低影响开发小区雨水径流污染负荷削减率的评估[J]. 环境工程技术学报, 2022, 12(5): 1492-1499.

[24] 程士兵. 生物-生态组合的技术对黑臭河流原位修复的研究[D]. 重庆: 重庆大学, 2012.

[25] 胡洪营, 孙迎雪, 陈卓, 等. 城市水环境治理面临的课题与长效治理模式[J]. 环境工程, 2019, 37(10): 7-15.

[26] 刘翔, 李淼, 周方, 等. 城市水环境综合治理工程原理与系统方法[J]. 环境工程, 2019, 37(10): 1-15.

[27] 胡开明, 娄明月, 冯彬, 等. 江苏省水环境容量计算及总量控制目标可达性研究[J]. 环境与发展, 2021, 7: 103-111.

[28] 齐雪萌, 王欢, 季骁楠, 等. 基于 SWMM 与 MIKE11 耦合的污染负荷削减方案分析: 以九江市两河流域为例[C]. 中国环境科学学会 2022 年科学技术年会——环境工程技术创新与应用分会场论文集(四), 2022: 75-81.

[29] 熊勇. 基于水环境容量的区域污染物削减研究——以东辛农场为例[J]. 江西水利科技, 2021, 47(4): 256-262.

[30] 钱嫦萍. 中国南方城市河流污染治理共性技术集成与工程绩效评估[D]. 上海: 华东师范大学, 2014.

第 4 章

我国城市黑臭水体治理典型案例

近年来，随着城市黑臭水体治理工作推进，取得实效，全国涌现出一批黑臭水体治理典型案例。本章选取长江经济带、黄河流域、东南沿海诸河流域、珠江三角洲（珠三角）地区、京津冀地区和东北寒冷地区具有一定代表性的 13 个城市黑臭水体治理项目，分析其治理挑战，梳理采取的治理模式、措施、关键技术创新与推广，总结治理取得的综合成效，以期为下一步黑臭水体治理工作的持续推进提供借鉴。

4.1 长江经济带

长江经济带是我国经济最发达的区域之一，覆盖上海、江苏、浙江、安徽、江西、湖北、湖南、重庆、四川、云南、贵州 11 个省市，面积约 205.23 万平方千米，占全国的 21.4%，人口和生产总值均超过全国的 40%[1,2]。

截至 2016 年 1 月，长江流域地级城市排查出黑臭水体 797 条，流域内各省市黑臭水体数量分别为安徽 217 条、湖北 125 条、湖南 119 条、江苏 104 条、四川 89 条、上海 56 条、重庆 27 条、江西 24 条、贵州 18 条、云南 12 条、浙江 6 条，流域内各省市占比如图 4-1 所示。

长江经济带水环境在污染源层面，长期存在 "4+1" 污染源，即城镇生活污水垃圾、化工污染、农业面源污染、船舶污染以及尾矿库污染。根据生态环境部 2017 年发布的《长江经济带生态环境保护规划》，长江经济带废水排放总量占全国的 40% 以上，单位面积化学需氧量、氨氮、二氧化硫、氮氧化物、挥发性有机物排放强度是全国平均水平 1.5～2.0 倍，部分取水口、排污口布局不合理，48.4% 的城市水源环境风险防控与应急能力不足[2-4]。

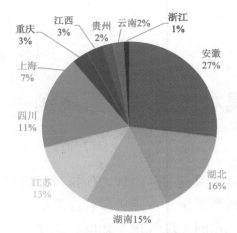

图 4-1 长江流域城市黑臭水体数量分布图

4.1.1 内江市沱江流域

1. 概况

沱江位于四川省中部，属于长江上游支流，全长 712 km，流域面积 3.29 万 km²。内江市处于沱江中下游，是沱江岸线最长（内江段 150 km）且唯一将沱江作为饮用水源的城市。内江全域面积 5385 km²，下辖两区两县一市共 5 个行政区，涉及沱江干流、釜溪河、濑溪河和越溪河等四大流域。

2018 年 8 月，北京首创生态环保集团股份有限公司牵头国内多家知名环保企业联合中标内江沱江流域水环境治理 PPP 项目（以下简称"内江项目"）。该 PPP 项目包含 27 个子项目，135 个分项目，项目总投资 62.82 亿元，合作期限 25 年，涉及黑臭水体整治、河道综合治理、污水处理设施、沱江岸线整治、海绵城市建设等，覆盖中心城区及各县市城区、村镇。

内江项目是国家发展改革委首批流域水环境综合治理与可持续发展试点项目、国家首批黑臭水体治理示范城市建设项目和四川省 PPP 示范项目。内江项目具有项目类型多、工程数量多、项目目标多（水资源、水环境、水安全、水生态）、管理维度多（项目维度、行政区维度、流域维度、系统维度）、涉及部门多（政府监管、PPP 实施、规划设计施工单位）等特点，且项目空间分散（两区两县一市、95 个乡镇、80 个行政村），监管运维难度高。

内江项目的难点主要包括：中心城区存在 11 个黑臭水体，合流制暗涵较多，排水管网混接错接严重，存在污水收集空白区；村镇污水处理设施覆盖不足，农村污水散排严重；多数河道为雨源性河道，缺乏生态基流，生态岸线率低，亲水空间明显不足。

2. 治理目标和模式

根据《城市黑臭水体治理攻坚战实施方案》《四川省城镇污水处理提质增效三年行动实施方案（2019—2021 年）》要求，大力推动沱江流域内江段水环境改善工作，通过完成污水系统提质增效、污水再生利用、厂网河一体化综合治理、水系统智慧监控管控、环境品质提升等项目，实现城市水资源良性循环，重构人水和谐关系，塑造水城共融、清新明亮的城市水系。重要分项治理目标包括：消除城区黑臭，2020 年底前全面消除中心城区 11 个黑臭水体，2021 年寿溪河、小青龙河、包谷湾、谢家河、太子湖、益民溪水质主要指标达到地表Ⅳ类水标准。村镇污水处理设施全覆盖，沱江沿线 95 个乡镇实现污水处理设施全覆盖，以及 80 个行政村农村污水无害化处理。环境品质提升，沱江流域岸线新增20%的生态岸线绿化带。

内江项目涵盖 5 类 135 个子项，工程遍布内江全域。面对"地大、事多、治理缺主线"挑战，内江项目遵循"大流域统筹、小流域治理"理念，提出"拆解分项目标，结合全网思维，形成系统方案，打磨专项工程"的治理模式，"区域性+专业化"的项目群集约管理模式，形成五个项目指挥部，运用施工方案统一论证、经营管理统一策划、主要材料统一集采、片区核心资源要素统一调配。

3. 治理方案和措施

前期开展近半年的现状调研，全面摸排掌握内江水环境本底情况，结合流域水资源、水环境、水安全、水生态等方面主要问题与治理目标，全流域统筹规划，形成以"沱江干流流域治理为主、釜溪河流域、濑溪河流域以及越溪河流域治理为辅"的"1+3"分流域水环境系统化解决方案（图 4-2），精准施策、多措并举，协同推进各流域水环境提升。

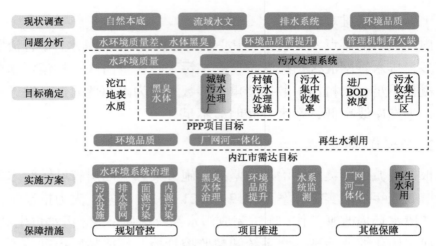

图 4-2　内江市分流域治理方案

对于重点治理的沱江干流流域，坚持"控源截污、内源治理、生态修复、活水保质"技术路线，重点突破合流制暗涵治理、河道近自然生态修复、规模化乡镇污水处理、农村污水处理等系列技术专项方案，有效解决本流域水环境治理难题。

合流制暗涵治理　坚持"一涵一策"，主要采取以下 3 点措施：一是尽可能实施明渠化改造。借助城镇旧城改造、水系综合治理、基础设施建设契机，克服征地拆迁困难，打开暗涵顶部盖板还原自然河道[5]。在平面上充分利用腾退空间，将河床及历史上的河滩地纳入其中；纵断面上形成交替的深潭和浅滩，引蓄水构筑物宜合理设置；横断面上减少规则矩形断面，让河床能够有一定的摆动幅度，尽量预留水陆生态过渡带[5]。二是坚持控源截污，清污分流。基于全面准确的排口普查及溯源，结合目标水质和水环境容量，对所有点源实施截污改造并有效控制初雨污染和合流制溢流污染。三是增加灵活处置及改造利用，包括在不影响行洪条件下，通过增加智能控制设施，将盖板暗涵转换为隧道调蓄设施，实现中小降雨强度下污染"零入河"，实现初期雨水和合流制溢流污染有效控制；利用暗涵化河道旁侧市政道路空间，结合河道断面进行横断面改造，将暗涵打开塑造柔性护岸和开放空间，接纳透水路面的下渗雨水的同时形成蓄滞空间和局部的雨水自净区域[5]。

河道近自然生态修复　内江项目多数河道为雨源性河道，河道生态基流长期不足，生态补水、生态修复手段对于河道自然恢复具有重要意义。生态补水方面，采取建设雨水蓄水池或污水处理厂尾水再生利用等方式。生态修复方面，通过河岸布设植草沟、生态塘、柔性河岸生态种植卷、人工湿地等方式，拦截、净化坡面径流；通过河内布设净水石滩及栽种挺水沉水植物，优化河道流态，构建水下森林，净化暗涵合流制溢流污染；通过河底投放螺、虾、蚌等底栖动物，重构生境，改善河道底质。

规模化乡镇污水处理　在充分摸清居民用水排污习惯、存量污水处理设施运行基本情况下，合理确定当地乡镇人均用水定额、进出水水质标准、污水管网设计方式以及污水处理工艺等。基于 "近远结合、工艺先进、切实合理、出水达标、选型正确、性价比高" 设计原则，将沱江沿线 95 个乡镇污水处理设施设计方案划分三类，批量推进。对于 $0 \sim 500 \ \mathrm{m^3/d}$ 规模场站，出水执行《城镇污水处理厂污染物排放标准》（GB 18918—2002）一级 A 标准，采用 "AO 接触氧化+连续流活性砂过滤" 工艺，生化沉淀段以一体化设备为主；对于 $500 \sim 1000 \ \mathrm{m^3/d}$ 规模场站，出水执行 GB 18918—2002 一级 A 标准，采用五段巴颠甫+石英砂过滤工艺，生化沉淀段以一体化设备为主；对于 $1000 \ \mathrm{m^3/d}$ 以上规模场站，出水执行《四川省岷江、沱江流域水污染物排放标准》（DB 51/2311—2016）中表 1 标准，采用 "单污泥系统改良 A^2/O +絮凝沉淀+石英砂过滤+活性炭吸附" 工艺。

农村污水处理　结合内江实际，提出 "一并两改三建" 农村生活污水治理模式。"一并" 是指将满足城镇污水收集管网接入要求的农户，并入城镇污水处理管网；"两改" 是对已有可利用的收纳和治污设施的农户，采取改建废弃沼气池、厕所粪污池的方式，实现 "资源利用"；"三建" 是对集中居住 15 户或 50 人以上常住人口的区域，采用建设微动力生化处理方式，集中居住 10 户 30 人以上区域，采取建生态湿地等模式进行处置。

4. 关键技术创新

大流域系统化解决方案实践应用　针对内江项目特点，依托 PPP 项目，以服务政府需求为核心，以高质量生态环境保护发展为目标，脱离传统规划概念和项目建设模式，打破壁垒，总体形成以项目布局为目的系统化解决方案，推进项目统一建设。通过系统化解决方案正向引领流域综合治理，解决多目标、多专业、多工程交叉与融合问题，推动内江水环境问题持续改善和沱江干流水质持续向好。

　　低山丘陵区多场景人工湿地建设与应用技术　　将"黑臭水体治理"与"城市双修"理念相结合，基于自然解决方案对当地数量较多的废弃鱼塘、黑臭水塘等进行改造，将人工湿地净化系统嵌入，修复池塘生态系统，实现城市尾水提标、面源污染控制、河湖旁路净化、村镇污水处理（图 4-3）的多场景人工湿地净化系统等技术的系列应用，并从人工湿地工艺流程确定、功能性基质填料选用到植物配置优化组合等方面，形成相对成熟的人工湿地设计建设体系。

图 4-3　太子湖农污尾水湿地

　　川南地区乡镇污水处理关键技术集成　　针对乡镇居民用水定额与水质浓度存在明显地域性差异的情况，综合考虑项目数量、工期要求、差异运维、集约采购、工程造价等因素，采用一站式标准化模式，固化"设计标准、设备标准、采购标准、施工标准"，批量式完成内江三级规模（0～500 m³/d、500～1000 m³/d、1000～1500 m³/d）污水处理乡镇厂站的标准复制，新建乡镇污水处理站 95 座，配套污水收集管网 446 km，80%以上数量场站规模低于 500 m³/d。同时，以内江项目为雏形，四川省住建厅会同生态环境厅组织内江项目 SPV 公司等多家机构共同编制《四川省建制镇生活污水处理设施建设和运行管理技术导则（试行）》。

　　全周期智慧管控平台构建　　探索"厂网河一体化、城镇村一体化、技建运一体化"智慧水务运营管理体系，平台上线实时涉水要素运行工况与设备状态，同步耦合分析关键运行数据，支持运营资源优化配置和全程平台化把控；探索"1 个总控中心+5 个分控中心"运营架构，强化分区项目管理单元协同融合，涵盖经营管理、数据管理、资产管理、绩效考核、安全管理、运维管理、项目总览、组织管理等功能。

5. 治理成效

2019 年 12 月，中心城区 10 个黑臭水体全部消除，寿溪河、玉带溪、小青龙河、包谷湾、谢家河、太子湖、益民溪水体主要水质指标（化学需氧量、氨氮）已稳定达到地表Ⅳ类水标准，生物多样性明显恢复（图 4-4）。

图 4-4　治理后的玉带溪

通过科学精准治污，沱江干流流域化学需氧量入河污染负荷总体削减 22%，氨氮入河污染负荷总体削减 36%，总磷入河污染负荷总体削减 32%，沱江干流高寺渡口断面（中心城区）水质显著改善，全年总磷指标可稳定低于地表Ⅲ类水质标准，满足沱江干流水环境质量稳定达标要求。

沱江沿线 95 个乡镇污水处理场站已于 2021 年 6 月全部完成调试并正式投用，目前运行平稳并达标排放，新增乡镇污水日处理能力 3.4 万 m^3，服务人口超 40 万人，切实改善了内江农村人居环境，助推美丽乡村建设。

在黑臭水体治理取得实效的基础上，内江项目助力推进城区"百里碧道"建设，打造滨水宜居公园城市，进一步改善人居环境，拓展绿色生态空间。寿溪河碧道、花萼碧道、小青龙河碧道等近 19.5 km 碧道相互联结，形成甜城碧道体系，实现"还清于水、还水于民、还绿于岸"。

4.1.2 重庆市伏牛溪流域

1. 概况

伏牛溪是重庆市主城区主要次级河流之一，位于重庆市大渡口区中南部，是大渡口区内最长的河流，流域总面积 16.0 km²，主河道长 6.5 km，河道平均坡降 16.8‰，多年平均流量为 0.245 m³/s[6]。

伏牛溪流域范围人口密集，分布有大量冶金建材、汽车摩托车、机械制造、电子信息等中小企业，以及重庆长征重工有限责任公司等大型装备制造生产企业。2010 年前，流域存在沿线生活污水未经处理直接排入、生活垃圾沿河堆放、企业工业废水大部分未达标排入等现象；农田施肥和规模化畜禽养殖场的粪便未经处理排放等问题，伴随着流域内水土流失严重，大量的污染物随地表径流进入水体，导致水环境严重污染。河流主要超标污染物氨氮、总氮、总磷超过Ⅴ类水环境相关指标限值 2～4 倍以上。

伏牛溪的治理难点包括：河流缺乏水源，生态基流不足，出现季节性断流。流域点源、面源、内源污染严重，河流氨氮、总氮、总磷污染严重。河流生态系统结构遭到破坏，生物多样性降低，除上游水质较好的支流中有少量鱼类外，其他污染严重的河段水生生物极少，生态景观破坏严重。多级水库、闸坝等水利设施的不合理建设，以及非城市建设区过度近岸耕种，都严重破坏河流生态景观。

2. 治理目标和模式

根据《关于印发重庆市次级河流综合整治工作考核暂行办法的通知》（渝办发〔2009〕311 号）、《关于全区地表水域适用功能类别划分调整方案的批复》（大渡口府〔2010〕16 号）要求，结合伏牛溪流域未来城市发展的方向，以水污染控制、水质改善与景观功能提升为目标，将伏牛溪定位为景观功能水体，至 2012 年达到消除黑臭的水质目标，2014 年使伏牛溪整体水质达到地表水体Ⅴ类要求，考核断面化学需氧量达到 30～40 mg/L、氨氮 1.5～2.0 mg/L、溶解氧 3.0～5.0 mg/L、透明度 0.5～1.0 m[6]。

充分考虑山地城市次级河流的基本特性。由于河岸较窄，植被群落相对单一且人为干扰相对较少，其水生态系统恢复相对容易。与此同时，由于具有较大幅度的高程变化，河流水动力条件良好，水体复氧能力较强，水体污染负荷存量较少。由于流量具有明显的季节性变化，水量调控能力弱，其河岸植被环境对土地利用变化较为敏感，对水量水质的冲击负荷缓冲能力相对较差，水生态缓冲能力有限。因此，重庆重污染河流水环境整治，主要从入河污染源控制和河流/河岸的自然净化功能恢复两方面展开。在污染源控制方面，要着重考虑河流服务流域的农业面源输入控制，以及河流污染负荷存量的削减；在河流/河岸自然净化功能恢复方面，总体思路是稳定及恢复河流岸带，尽可能保障其基流的动力学过程。

3. 治理方案和措施

以促进伏牛溪流域经济、社会与环境协同发展为根本目标，贯彻流域水环境全局调控基本理念，将流域污染治理和生态环境改善进行有机结合，解决伏牛溪流域主要水污染问题，提升流域水环境质量，塑造伏牛溪流域独特的城市水体景观。其治理方案和措施的制定坚持三大原则：其一，坚持协调发展，统筹考虑污染控制、环境改善与城市建设，实现环境效益与社会效益相统一；其二，坚持预防为主，以陆源控制为重点，力争清水入河，减少河流污染风险；其三，坚持因地制宜，将工程措施与管理措施有机结合，优先采用管理措施削减污染产生量。

基于伏牛溪流域经济社会发展阶段和生态环境基本特征，为达到Ⅴ类水质目标，必须从流域角度整体谋划，综合实施工程技术和管理措施，从水质改善和生态恢复两个方面彻底解决伏牛溪水环境恶化的问题[6]。具体而言，水污染治理任务分为开发措施、工程措施和水环境综合整治工程。

开发措施　主要在流域尺度范围内实施，即在开发过程中，遵循低影响开发的原则和策略，削减全流域面源污染负荷，并针对支流重点区域，进行具体的面源控制措施设计。

工程措施　主要在河道两侧实施，针对具体的河流水污染及修复问题，采用工程的形式加以解决，工程技术措施如图 4-5 所示，包括河道岸边带重建工程、河流水污染控制工程和生态补水工程等。

环境综合整治工程　在完成河道底泥清淤工程、河道沿线点污染源截流工程、河道沿线老城区垃圾场治理工程、生态补水工程等整治工程基础上，在河流上、中、下游开展污染负荷削减与治理。根据污染物负

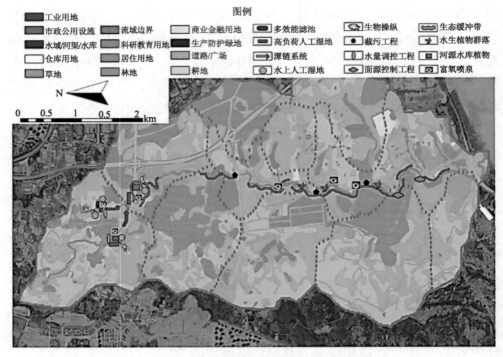

图 4-5　伏牛溪治理工程措施总体布局

荷核算及削减量计算结果，在现状条件下，为达到治理目标，上游治理单元需要削减污染负荷氨氮 6.51 t/a、总氮 12.85 t/a、总磷 1.80 t/a、化学需氧量 139.91 t/a；主要治理措施包括重点区域的面源控制，河流生态缓冲带重建，污染源控制与水质维护，水量调控等。中游治理单元要达到治理目标，需要削减污染负荷氨氮 15.77 t/a、总氮 29.10 t/a、总磷 7.51 t/a、化学需氧量 150.12 t/a；主要治理措施包括家坝、太阳湾、大后湾等重点区域面源控制，河流生态缓冲带重建，以排污口截污为主的污染源控制与水质维护，中游水量调控等[6]。下游治理单元需要削减污染负荷氨氮 26.88 t/a、总氮 47.30 t/a、总磷 3.24 t/a、化学需氧量 186.02 t/a；主要治理措施包括四民村和陡子沟等重点区域的面源控制，下游河段河流生态缓冲带重建，以排污口截污和老城区面源控制工程为主的污染源控制与水质维护。

4. 关键技术创新

城市河流的水污染控制与水质改善设施运行管理系统（图 4-6）　突

破河流水体异常图像自动识别、季节性河流生态补水远程智能调度、嵌入式污染物多参数及视频图像集成传输等关键技术，实现伏牛溪全流域水污染控制及水质改善设施的远程监控和运行管理，以及伏牛溪水质参数、流量、水位等的实时远程监测。该系统从运行管理角度保障了山地城市次级河流外源污染源控制与河道水体水质保持技术的稳定运行，为河道水文水质实时监测及水污染控制与水质改善设施的远程监控和运行管理提供支撑。

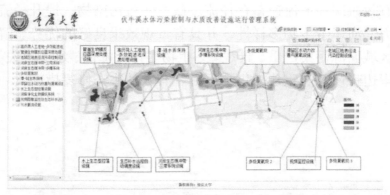

图 4-6　伏牛溪水体污染控制与水质改善设施运行管理系统主界面

基于地表水环境质量标准的污水处理厂尾水深度处理技术（图 4-7）　突破尾水高负荷轻质填料人工湿地深度处理技术、基于反硝化聚磷菌的尾水多效能滤池深度处理技术、尾水深度自养脱氮技术等，为用于河道补水的污水厂尾水高标准深度处理提供了新的技术路径。

图 4-7　伏牛溪污水厂尾水高负荷轻质填料人工湿地深度处理系统

适合大坡度河岸的三带系统生态缓冲带技术（图 4-8）　结合山地河岸带地形特点，利用石笼网-滞留渠-多带植物构建出新型多层多级的生态岸边带，有效降低了径流流速、加强了颗粒物截流，形成了多层级过滤、生物、植物净化系统，污染物削减能力增强，解决了山地河流激流对河岸带的冲刷侵蚀，削减了地表径流中进入河道的污染物质，有效了提高区域生物多样性。研发出了多塘系统生态缓冲带技术，针对平缓地形的河岸带，集成滞留渠、低位塘、多塘、石笼带等形成复合生态岸边带，有效减缓径流流速蓄存径流、截留颗粒污染物，提升径流污染物削减能力、河岸带生物多样性，并具有景观效果良好的优势。解决了河流平缓区域面源污染严重、景观差、生物多样性降低、水土流失等问题，为生态岸边带恢复与重建提供了可行、有效的生态修复措施。

图 4-8　伏牛溪大坡度河岸的三带系统生态缓冲带

山地河流潭链系统水质净化技术（图 4-9）　结合山地河流高程落差大，提出山地河流潭链净化系统，利用多级水潭自然跌水增强河道充氧能力；通过设置强净化基质提高河道净化能力；并具有蓄水、调洪、抗旱、滞纳作用，河道的生物多样性和景观效果显著提升。该技术可解决山地陡坡城市河流排泄快、水流在河道中停留时间短、水体自净能力低等问题。

项目研发的关键技术在重庆合川区小安溪、两江新区黑臭水体综合整治工程，北部新区高石水库水环境综合整治工程，北部新区断桥湾水库水环境综合整治工程，重庆市潼南区天鹅湖水环境综合整治工程，两江新区湖库整治工程，16 条次级河流水环境整治工程，两江新区肖家河黑臭水体综合整治工程，江北区、江津区城市水系水质改善的海绵城市建设技术方案等水环境综合整治工程中得到应用，为重庆市开展重污染河流综合整治与三峡库区水质保障提供技术和管理支撑。

图 4-9　伏牛溪多级潭链系统强化净化河道

5. 治理成效

伏牛溪水污染控制与水质改善综合治理工程，在河道底泥清淤、河道沿线点源截留、老城区垃圾场治理、生态补水等工程实施基础上，建成了运行 7 项关键技术示范工程，主要包含：用于河道补水的尾水高负荷轻质填料人工湿地-多效能滤池深度处理、合流排放口初期雨水自动分流-梯级人工湿地处理、山地城市河流三带/多塘系统生态缓冲带、山地城市河流多级自然及滞留区复氧、山地城市河流潭链水质净化、城市河流水体污染控制与水质改善设施运行管理系统。

目前，伏牛溪已消除劣 V 类，水质明显改善（见图 4-10），主要水质

图 4-10　伏牛溪治理前后

指标达到Ⅴ类水体水质目标，其中，考核断面为太阳湾断面和河口断面，其高锰酸盐指数≤15 mg/L、氨氮≤2 mg/L、溶解氧>5 mg/L，主要深水区水体透明度达到 1 m，全年达标率 75%以上[6]，有效缓解了重庆主城次级河流水环境污染。

4.1.3 武汉市黄孝河机场河流域

1. 概况

黄孝河机场河流域（黄机流域）位于长江中游典型城市武汉的老汉口片区，该区域建设完善且人口密度大、土地价值高，但排水系统复杂、问题成因多、工程设施落地难，是典型的高密度城市建成区。黄机流域规划范围面积 126 km²，流域内现状总人口约 242 万人。黄孝河全长 10.7 km，其中暗涵段长 5.3 km，明渠段长 5.4 km；机场河全长 11.4 km，其中暗涵段长 8 km，机场河明渠分为东渠和西渠，东渠长约 3.4 km，西渠长约 2.7 km。黄机流域水系发达，有建设渠、十大家明渠、幸福渠、岱山渠等 4 条港渠，以及塔子湖、黄塘湖、张毕湖等大中小型湖泊共计 13 个。

黄机流域污水系统建设最早可以追溯到 100 多年前租界建设时期，现状流域上游有武汉市现存面积最大的合流区（约 47.9 km²），下游以分流制排水为主，共同形成合流截流式排水体系。黄孝河、机场河上游暗涵同时承担着区域排涝及污水输送的功能，城区内现状排水系统复杂，水环境问题突出。其治理主要难点如下所述。

雨污分流难度大 黄孝河为"龙须沟"式黑臭河道，历经三次大规模治理均未实质改善，其根源为城区发展过程不断侵占河道水域，切断上游基流，河流无活水，自净能力完全丧失，最终沦为城市雨污排水通道。黄孝河暗涵主要收集上游合流区的来水，以铁路桥片为主要汇水区域，由于片区历史悠久、建筑密集、人口密度大，实施雨污分流难度极大，且雨季合流制溢流（CSO）污染问题较为严重。

水质提升难度大 黄孝河和机场河作为武汉市两条主要的排水通道，水环境质量长期保持在劣Ⅴ类，并伴随有黑臭现象，这是外源输入和内源污染长期共同作用的结果。对两河开展水环境系统治理须考虑造成水体黑臭的各个环节和因素，包括源头的地块排水户、岸上的管网泵站排口、河道的底泥等；同时考核指标涉及单个系统年溢流频次控制在不超过 10 次，也是考验明渠水环境质量的重要指标，因此，从治理和考核达标的角度来看，两河水环境质量提升也存在较大难度。

建设协调难度大　项目属于典型线性加离散性点状工程，涉及核心城区四个行政区（江岸区、江汉区、硚口区和东西湖区），辐射总面积约 130 km²，项目实施涉及大量占道挖掘、交通疏解、苗木迁移、管线改迁、土地征拆等工作，需与园林、道路、城建等多个相关管理部门进行沟通协调，建设面多、协调面广、沟通量大，建设协调难度较大。

2. 治理目标和模式

旨在完善黄孝河、机场河两河流域排水系统，坚持水岸同治，实现上下游联动、左右岸兼顾、水里岸上的全要素协同治理，构建全要素治理总图，实现流域"一条龙"系统治水机制，真正实现精细化治理，彻底消除河道黑臭现象，提升水体水质指标，恢复河道生态服务功能，打造"蓝绿交织，清新明亮，水城共融"的健康水系格局，再现"百年黄孝河，十里再流芳"的伟大盛景。

治理思路　基于流域系统治理思维，在整个流域范围内以"源—网—厂—河湖"全过程开展系统本底调查，摸清流域内各涉水要素本底情况，通过建立流域系统管控及评估指标体系，从全盘统筹角度出发，分阶段定制方案，精准实施，最终实现水体水质长效达标和流域精细化管理。

治水模式　黄机流域水环境综合治理工程采用分步分阶段进行推进实施，各阶段根据项目实施内容、实施周期、资金需求等方面策划实施模式，一期工程于 2017 年实施，采用 EPC 模式，通过新建钢坝闸和分散处理设施以及开展生态补水，实现基本消除晴天黑臭的目标；二期工程于 2018 年实施，采用 PPP 模式[BOT（建造—运营—移交方式）]，工程子项包括新建削减洪峰流量调蓄池（CSO 调蓄池）群、铁路桥地下净水厂、排涝泵站重建、明渠节点拓宽等工程，实现旱天污水全收集全处理、雨天合流制溢流污染控制以及黄孝河水安全提升等目标。

管理思路　黄机流域的治理，建立了以市政府主要领导牵头负责、相关部门参与常设组织为统筹、审批、决策及监督主体，同时成立黄孝河机场河流域公司，作为实施落实主体的组织模式。根据黄孝河机场河治理工程项目特点，河道治理及管网、设施运维目标，建立了有效统筹流域综合治理机制，达到整个流域"统一规划、统一设计、统一建设、统一运营"。

3. 治理方案和措施

治理方案 基于流域系统治理思维，通过全面调查评估，制定了黄机流域水环境综合治理项目的技术路线图（图 4-11）。项目前期在整个

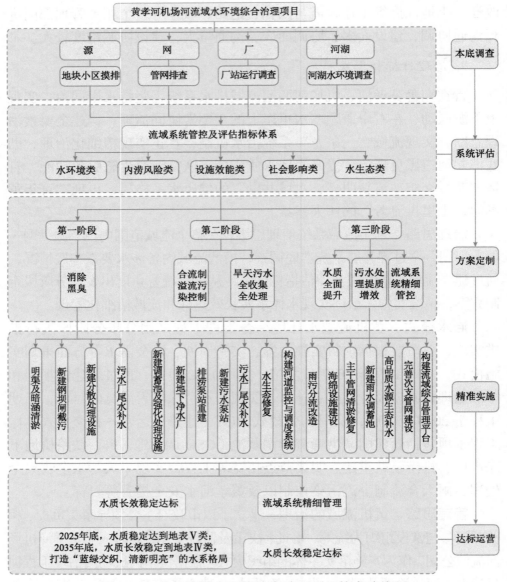

图 4-11 黄机流域水环境综合治理项目技术路线图

流域范围内以"源—网—厂—河湖"全过程开展系统的本底调查，摸清流域内各涉水要素本底情况，建立流域系统管控及评估指标体系，从全盘统筹的角度出发，分阶段定制方案，并精准实施，最终实现水体水质长效达标和流域精细化管理。

治理措施 结合治理目标和需求、实施条件以及工程实施的急迫性，黄机流域水环境综合治理项目划分为三个阶段进行。

第一阶段靶向治理消除晴天黑臭，初步改善水环境质量。通过在合流区末端建设钢坝闸及临时分散处理设施解决晴天污水溢流，构建补水机制加强河道水体循环。第一阶段工程已于 2017 年实施完成，已基本消除黄孝河、机场河晴天黑臭现象。

第二阶段补齐旱雨季污水收集处理短板，保障两河水环境质量。以旱天污水全收集全处理和合流制溢流污染控制为目标，通过新建地下净水厂有效解决黄孝河系统旱天污水处理能力不足的问题；通过新建调蓄池及强化处理设施，有效控制雨天合流制溢流污染；利用污水厂出水（出水水质达到一级 A 排放标准）对明渠进行生态补水，进一步提升水体流动性，开展生态修复，提升水体自净能力，有效改善明渠水生态和水环境质量；通过构建河道监控与调度系统，全面掌握两河水环境的动态变化情况，提升区域监管水平。

第三阶段推进流域系统治理，实现两河长制久清。以水质全面提升、污水处理提质增效和流域系统精细化管控为目标，一是对黄机流域主要支流建设渠、十大家明渠等进行水污染综合治理；二是流域内污水次支管网建设，补齐管网设施短板，提升管网覆盖率和污水收集效能；三是在第二阶段污水收集体系能力提升、管网低水位运行后，对上游合流区管涵实施清淤检测修复，加强外水管控，提升污水体系运行效能；四是实施分流区的精细化雨污分流及面源污染控制；五是在构建的河道监控与调度系统的基础上将运维管理的范围扩展到整个流域，建立流域综合管理平台，对流域内各涉水要素进行统一管控、联控联调，实现流域系统精细化管控。

4. 关键技术创新

"本底调查+系统评估+流域规划"的综合技术模式 针对黄机流域 126 km² 规划范围，直接制定流域治理方案并实施面临诸多困难，如方案针对性不足、涉及面广协调难、项目资金压力大等。因此，在项目前期策划阶段，基于系统治理理念，通过本底调查找准流域水环境问题根源，以符合流域特征的管控指标体系及评估方法为依据，全局谋划、近远统筹、规划先行、系统治理，完成流域规划的专属定制，形成"本底调查+系统评估+流域规划"三位一体的项目综合技术模式（图 4-12）。

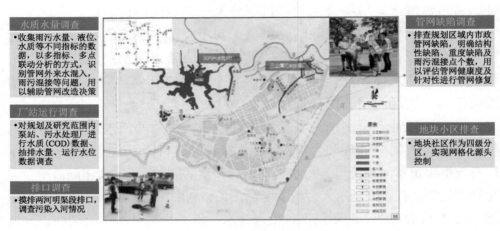

图 4-12　黄机流域本底调查示意图

大口径老旧箱涵清淤修复技术　黄孝河和机场河上游大面积合流区（约 47.9 km²）范围内主要是利用年代久远、使用期限过长的老旧管涵进行雨污水的输送，雨污水的收集过程受管涵质量的影响较大。针对大口径老旧管涵结构性和功能性缺陷问题，同时面临无可借鉴案例参考、施工空间狭窄、建成区+主干道施工、管涵作业安全风险高等难题，结合黄机流域主干管涵实际情况，构建管涵清淤修复技术体系，创新提出"装配式预制通道开设+快装快拆高效封堵+组合式智能清淤+特种环境结构补强+有限空间智慧管控平台"的创新工艺，全过程精细化解决老旧管涵质量问题，恢复箱涵健康度，改善其过流能力。

CSO 调蓄池群有效控制合流制溢流污染　基于城市高密度建成区上游合流区分布范围广，污水收集输送主要通过暗涵转输至下游明渠水体，雨天时暗涵末端合流制溢流污染现象严重。为有效控制上游合流区雨天溢流污染，降低对明渠水体的污染，通过新建 CSO 调蓄池群，利用"截污箱涵+合流制 CSO 调蓄池+末端污水厂"方式有效应对上游合流制溢流污染问题。整体设施规模均满足单个系统年溢流次数不超过 10 次的标准，显著减轻了溢流污水对明渠水环境造成的污染，保障了两河水质。CSO 调蓄池及强化处理设施运行机制如图 4-13 和图 4-14 所示。

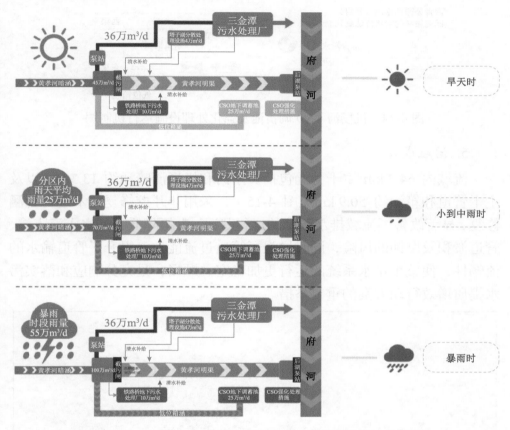

图 4-13　黄孝河 CSO 调蓄池及强化处理设施运行机制图

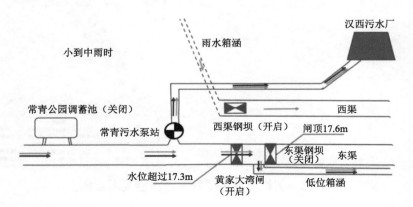

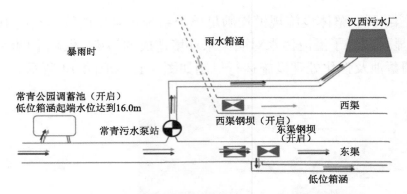

图 4-14 机场河 CSO 调蓄池及强化处理设施运行机制图

5. 治理成效

流域内 64.2 km 主干管涵包括黄孝河和机场河暗涵约 13.3 km 以及主干管道和箱涵约 50.9 km（图 4-15），采用非开挖修复技术进行管涵修复，显著改善了流域排水系统的运行状况，大幅降低了外水入流入渗、管道淤积及腐蚀的风险，同时增强了管道过流能力，提升了管道输水的流畅性，使整个排水系统的运行更加稳定、顺畅，是充分响应和落实污水提质增效行动方案的重要举措。

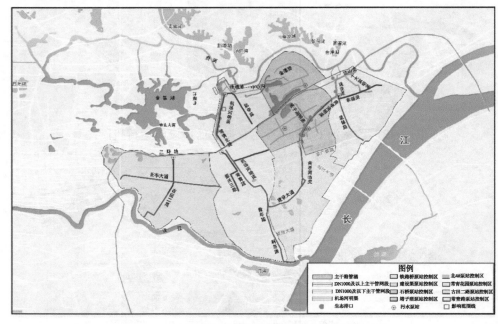

图 4-15 黄机流域主干管涵清淤修复示意图

治理后，黄孝河、机场河明渠系统行洪排涝标准从 20 年一遇提高到 50 年一遇，流域整体内涝风险显著大大降低；调蓄池建设大幅降低黄孝河和机场河的溢流频次；水质均由劣Ⅴ类分别提升至Ⅴ类和准Ⅳ类，两河水环境状况得到明显提升（图 4-16）。明渠段河道两边+黄孝河 CSO+机场河 CSO+常青 CSO+铁路桥地下污水厂的绿地复合利用率达 90%，绿化面积增加 665 868 m²，增加 5640 m 绿道，居民生活环境显著提升。在水环境和水质明显改善的基础上，沿线土地价值得到释放，周边房地产、商业、公园绿地的价值得到一定提升，产生的经济效益显著。

图 4-16　治理后的黄孝河明渠和机场河明渠

4.1.4　上海市苏州河

1. 概况

苏州河是上海市的母亲河，全长 125 km，上海市内长度 53.1 km，流经上海整个浦西地区，包括上海市人口最密集、商业最繁华的中心城区。苏州河原本水质清澈，1914～1918 年期间，因人口增加和中国近代工业的兴起，大量生活污水和工业废水排入苏州河，水质逐渐遭到污染。1920 年，苏州河部分河段出现黑臭。1978 年，苏州河市区段已全线黑臭。

苏州河治理始于 20 世纪 80 年代。1988 年上海市实施了合流污水治理一期工程，1993 年投入运行，截流了直接排向苏州河干流的污染源，苏州河干流化学需氧量由 150 mg/L 降低至 80 mg/L。但由于未解决干流和支流同步截污的问题，加之潮汐往复回荡造成污染累积效应，苏州河干流仍然黑臭。

为彻底解决苏州河的黑臭问题，1996 年上海市政府开始实施苏州河环境综合整治工程，1998 年成立苏州河环境综合整治领导小组，1998

年立项启动苏州河环境综合整治一期工程（1998~2000年），以实现在2000年苏州河干流消除黑臭的目标。此后，又相继实施苏州河环境综合整治二期、三期、四期工程。经过20多年的持续努力，通过科学决策、系统施治、精准治污，苏州河消除了长达70多年历史的黑臭，水质持续稳中向好，成为经济社会和环境协调、可持续发展的典型。

2. 治理目标和模式

苏州河水环境治理至今已实施四期工程（图4-17）。苏州河综合治理一期工程（1998~2002年），通过苏州河中下游六支流截污和污水处理厂建设，实施综合调水和配套建设支流闸门等措施，消除了晴天黑臭；二期工程（2003~2005年）通过建设雨水调蓄池、市政泵站改造、完善支流截污工程、建设苏州河梦清园等措施，基本消除了雨天黑臭；三期工程（2006~2008年）和四期工程（2018~2020年）通过底泥疏浚工程、防汛墙加固，水质持续得到改善。

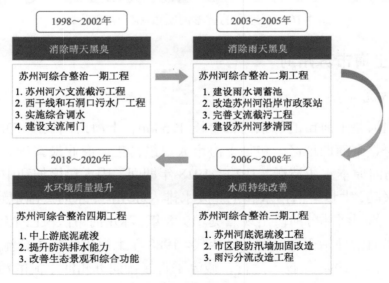

图 4-17　苏州河水环境综合整治目标及治理模式

在苏州河治理历程中，坚持系统目标就是工程目标，系统决策变量就是工程措施，系统约束条件就是投资预算，形成了管网与河网耦合、上游与下游耦合、治理与调控耦合的流域水环境治理模式。

3. 治理方案和措施

全流域系统性截污治污　苏州河包括在 855 km² 范围内上千条河流组成的河网水系中，截污治污是一个复杂的系统工程。对此提出了按水系截污、沿河截污与区域截污相结合的技术思路，优化截污工程方案，大幅提高截污效果。其中，苏州河水系上游污染源分布基本集聚在镇区范围，镇与镇相隔较远，因此，上游村镇地区污水收集处理以小型污水处理厂和分散处理相结合。中游城市化地区的污染源主要是排入苏州河的支流或者建有翻水泵站的小河浜，主要任务是继续完善收集系统，加大收集管网覆盖率；最大难点是收集直排小河浜的污水，改造城市化边缘区域的违章建筑，对六支流截污工程范围内全面截污，杜绝直排水体的污水。下游地区是高密度发展的中心城区，人口密度最高，交通繁忙，高楼林立，收集管网建设困难较大；这个区域按照因地制宜、全水系规划、分片建设的原则进行截污治污。

全流域潮汐动能水利调度　苏州河水系是潮汐流动，上游接纳太湖流域下泄水量，下游受到长江口和黄浦江潮汐顶托。因此，苏州河常年平均流量较小，由此导致水环境容量小，自净能力不足。提高苏州河水系流动的水动力，加大苏州河干流和支流的净泄流量十分重要。为此，提出利用闸门群调度增加流量、提高流速、修复水质。利用河水系闸门众多特点，将部分闸门作为引水闸门，涨潮开闸引水，落潮关闸；部分闸门作为排水闸门，落潮开闸排水，涨潮关闸。通过优化闸门群调度方案（图 4-18），苏州河干流和支流由潮汐往复流改变成为单向流动，消除了潮汐顶托作用，溶解氧增加、水体自净能力得到提升。苏州河流量从调控前的平均净泄流量 10 m³/s 增加至 20～40 m³/s，溶解氧浓度从 17.5%提高至 53.4%[7]。

初期雨水溢流污染控制　据 2001 年数据，苏州河沿岸市政泵站放江总量为 1605 万 m³，其中降雨放江量占 90%以上，泵站放江平均增加苏州河干流化学需氧量 15～20 mg/L，致使河道水质恶化。针对解决降雨放江量大的泵站和晴天放江问题，做到晴天不排江，雨天少排江，在新北新泾、芙蓉江、中山西、江苏路、昌平和成都北 6 座泵站附近，建造了 6 个初期雨水调蓄池（图 4-19）。同时，疏通泵站的过苏州河倒虹

图 4-18 苏州河闸门群调度示意图

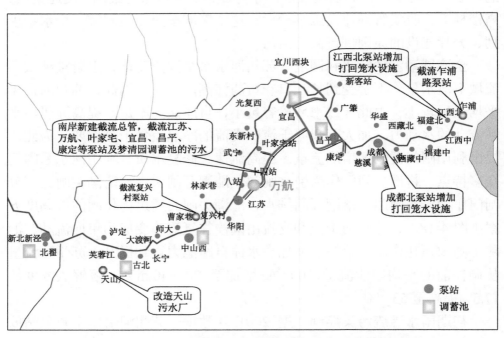

图 4-19 苏州河沿岸市政泵站放江改造和调蓄设施建设

管，建设南岸截流总管，解决过江瓶颈问题，提高截流倍数；针对苏州河流域分流制系统雨水管网混接造成的雨水泵站放江污染严重问题，全面实施雨水管网末端的旱流污水截流，在雨水泵站建设旱流污水截流设施，旱流污水输送至污水处理厂。同时，对区域内的雨水混接状况实施排查和雨污混接改造，并增加监控措施，对中心城区市政泵站的水量水质情况进行跟踪。

景观水体水质净化　苏州河梦清园景观水体示范工程（图 4-20）依据生态学原理，采用提高生物多样性的生态重建技术，设计景观水体水生态系统，着重考虑水面和水下的水生植物生态系统、底栖生物生态系统和底泥微生物生态系统，利用水生生态系统各种功能提高水质和景观效果。整个系统由折水涧、芦苇湿地、氧屏障、中湖和下湖（沉水植物）以及清洁能源曝气复氧系统五个部分组成[8,9]。河水经过净化处理后，水质提高了 1～2 个等级。

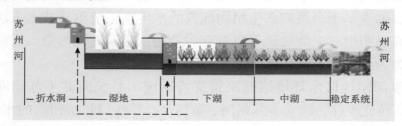

图 4-20　苏州河梦清园景观水体生物净化系统流程剖面图

河道底泥清淤疏浚　在苏州河综合整治一、二期工程初见成效基础上，三期工程对苏州河真北路桥段至河口 16.4 km 长的河道进行底泥疏浚，总土方量约 130 万 m³。在考虑改善水质的同时，疏浚断面设计充分考虑防汛要求，增加河道槽蓄容量，提升防汛除涝能力。疏浚后苏州河水深增加 1 m 以上，河道顺畅，底泥耗氧减少，水体自净能力增强。根据水流特性和河床淤积情况，结合河网水力水质数学模型，工程还确定了后续长效管理的疏浚周期，目标将用较低费用获得优化效果。

4. 关键技术创新

污染排放清单和排水管网问题数值化诊断技术　流域截污治污的前提是找准污染源靶点。对此，建立了水环境污染排放清单分析技术，在对上海市所有工业污染源、企事业生活污染源、居民生活污染源和畜禽污染源逐户调查的基础上，建立了上海市全要素污染源 GIS 空间数据库，采用基于地图全要素的污染源定位技术，对全市近 6 万个污染点源在大比例尺的电子地图上进行准确定位，为流域精准截污治污提供了技术支持；对已建分流制地区的雨水管网混接情况进行详细调查，建立了基于总体评估—分区诊断—精细化定位的排水管网破损、混接数值化定位分析方法，相比全面的管道 CCTV 检测降低成本 50%以上[10]。

基于雨天河道水质保障的调蓄设施设计技术 针对调蓄池容积设计，分析溢流污水和合流倍数、管网调度、降雨强度关系，开发临界溢流污水浓度和调蓄体积对应关系分析模型，创新性建立基于河道水质保障的调蓄池设计新方法。

景观水体水质生物净化与生物系统构建技术 结合苏州河梦清园活水公园建设，研制水质生物净化栅、太阳能和风能耦合驱动的曝气复氧装置，确立基于全系列水生植物配置的水生态系统重建技术方法。构成以提高透明度、去除氮磷等富营养污染物、阻断底泥污染、提高水体自净能力为目的的景观水体水质生态净化技术体系。

潮汐河网地区水环境治理决策支持系统 系统研究了苏州河污染物迁移、转化规律，建立了苏州河、黄浦江、长江口和杭州湾的水动力、水质模型，以及水环境治理决策支持系统。决策支持系统采用模型库系统、污染源数据库系统和人机交互系统，使 GIS、环境信息、预测模型和决策支持合为有机整体，可以实现模拟水动力和水质变化、动态显示模拟结果，并对各种工程措施实施后的流场和浓度场进行预测和分析。

5. 治理成效

通过实施苏州河水环境综合整治工程，苏州河消除了长达 70 多年的黑臭，水质持续稳中向好（图 4-21）。苏州河环境综合整治工程被命名为"国家环境友好工程"，2004 年获得全球能源奖水资源领域一等奖。亚洲开发银行给予"极佳示例""效果超出预期，非常成功"的肯定。2021 年上海市生态环境状况公报显示，苏州河 7 个断面中，6 个断面水质为Ⅲ类，1 个断面水质为Ⅳ类。

如今，苏州河已成为大都市滨水空间示范区、水文化和海派文化的开放展示区、人文休闲活动区。苏州河环境综合整治显著改善了城市水环境，提升了上海综合竞争力和软实力，产生了可观的经济社会效益（图 4-22）。

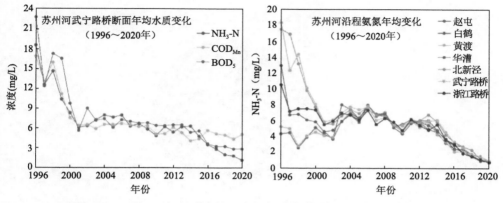

图 4-21　近 25 年间苏州河干流水质变化（1996～2020 年）

图 4-22　治理后的苏州河开通水上旅游航线和举行上海赛艇公开赛

4.2　黄　河　流　域

黄河流域流经青海、四川、甘肃、宁夏、内蒙古、陕西、山西、河南、山东 9 个省区。黄河流域地势西高东低，西部河源地区平均海拔在 4000 m 以上，由一系列高山组成，常年积雪，冰川地貌发育；中部地区海拔在 1000～2000 m 之间，为黄土地貌，水土流失严重；东部主要由黄河冲积平原组成[11]。

截至 2016 年 1 月，黄河流域地级城市黑臭水体有 490 条，流域内各省份黑臭水体数量为青海 25 条、四川 89 条、甘肃 15 条、宁夏 5 条、内蒙古 11 条、陕西 5 条、山西 69 条、河南 112 条、山东 159 条，流域内各省份占比如图 4-23 所示。

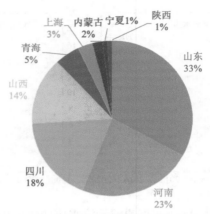

图 4-23　黄河流域城市黑臭水体分布

　　水资源短缺是黄河流域水环境水生态面临的最大矛盾。由于黄河流域位于干旱、半干旱区域，天然降雨量少，蒸发损耗也非常严重，导致黄河流域径流量明显偏低。流域内城市河流水环境容量明显不足，在同等强度污染物排放条件下，相比其他流域城市河流更容易发生黑臭。

　　与此同时，黄河流域城市河流水污染还与大量生活污水和工业废水排放有关，呈现复合性污染的特点。在黄河自源头到入海口的整个流经过程中，沿岸化工、农业和生活源等众多污染源的汇入，使其不断承受河流从上中下游输送的污染压力。中上游高耗水、高污染的能源重化工基地和煤化工企业众多，致使黄河中下游各大支流的水质自上游到下游逐渐恶化。

　　此外，黄河流域的城市水体黑臭与季节性自然特征有关。黄河的汛期一般为 6～10 月，大洪水集中在 7～9 月份发生，雨洪来得快，消退也快。黄河流域城市污水收集管网普遍短板突出，管网收集标准低、混错接问题严重，雨季时城市排水管网溢流将大量高浓度的雨污混合水排入河道。雨天的冲击性污染负荷排放远高于河道旱天接纳的污染负荷量，造成雨天时河道水质急剧恶化。

　　因此，黄河流域黑臭水体受流域内径流水量、产业布局和污染排放空间分布、季节性自然特征等因素影响，黑臭水体大多分布在某几个生产生活较为集中的中心城市。

4.2.1　西安市长安区涝河

1. 概况

涝河是渭河的一级支流，是西安城区主要的排洪渠之一。全段长 35.85 km，总汇水面积 152.62 km²。

涝河主要接纳西安城区南郊、西郊、北郊的城市雨水，以及沿线污水处理厂尾水，排水体制为雨污合流制。沿途不断有工业废水和生活污水汇入，水质状况恶劣，河流自净能力受到极大破坏。涝河是一条地下暗河，河道淤积严重。上游段为通直的浆砌石硬质护岸，驳岸裸露；河道两侧植物种类单一，生态环境破坏严重，生态功能退化。涝河在城区段为暗涵，生活污水和雨水合流排入涝河，同时原老涝河暗涵结构老旧，排涝能力不足。

2018 年 11 月，中央第二生态环境保护督察组指出"西安涝河黑臭水体整治一盖了之，长安段截污管道建设敷衍应对"等问题。为此，西安市委市政府多次召开专题会议，研究部署涝河长安段黑臭水体整治工作方案和专项整治总体计划，按照中央生态环境保护督察组要求，彻查彻改涝河黑臭水体"加盖"等问题。2019 年，全面启动长安区涝河综合治理工程，中国电建中标综合治理工程，大力度、高标准实施涝河综合治理。

涝河综合治理工程包括上游 3.1 km 郊野段，主要是通过生态修复工程将原有的硬质护岸提升为生态护岸，并通过园路、广场等景观节点将涝河与周边环境更加贴切融合；中游 4.4 km 清淤提升改造工程，主要通过盖板拆除、河道清淤、拆墙透绿、广场打造等措施使涝河沿线形成城市滨水廊道；下游 1.2 km 取盖美化段总用地面积 190 亩，其中水域面积 41 亩，主要建设内容包括主湖区、人行步道、亲水平台、戏水广场、液压坝等。

2. 治理目标和模式

西安市长安区涝河综合治理工程的目标，新建引水管道保障涝河水资源需求，通过河道护岸改造及底泥清淤提升涝河排水能力，在此基础上，新建液压坝及跌水建筑物工程营造河道蓄水景观，同时对两岸绿化及铺装等进行提升，改善生态环境，完善基础设施，提升长安区沿线人居环境品质，带动沿线土地增值，提高群众生活水平，增加市民认同感、幸福感。

潏河综合治理工程在组织模式上坚持"流域统筹、系统治理"的科学治水理念，沿用"政府+大 EPC+大央企"的项目管理模式。以消除黑臭水体、构建沿线生态景观为目标，以问题为导向，提出系统性治水思路，在实施模式上按照"截污纳管、源头治理、景观构建"的治水思路，利用控源截污、内源治理、生态补水、生态修复、景观构建、长效维护等措施进行系统性综合整治，充分发挥河流廊道的生态系统服务功能，打造"水清、岸绿、景美、人和"生态自然的活力滨水城市岸线。

3. 治理方案和措施

对潏河采取控源截污、内源治理、生态补水、生态修复、景观构建、长效管理等措施，进行系统性全流域综合整治。项目建设过程中以"小微湿地"为理念，保留或恢复河道自然风貌，注重城市生态绿带连接，开展水资源循环利用，提高水资源利用率及河道水源涵养能力。提升流域内人居环境，提高河道排涝标准，恢复河道自然生态生境和生物多样性。

潏河长安区段（全长 8.9 km）综合治理工程　上游 3.1 km 生态修复段工程，对潏河上游郊野段河流进行生态化改造，拆除原浆砌石护岸，采用种植花池+蜂巢约束系统复式驳岸、蜂巢草坡入水驳岸、景观置石+蜂巢约束系统驳岸、抛石+蜂巢约束系统驳岸等四种驳岸型式交错布置。同时，建设城区段截污纳管工程，敷设雨污水主管道 6284.5 m，新修雨水箱涵 382 m，优化城区排水管网，对沿线 67 处排污口进行整改，污水全部流入市政污水管道[12]。城区 4.4 km 清淤提升改造主要包括新建暗涵工程、暗涵改明渠工程、跨河车行桥工程等。新建暗涵工程全长 1021 m，暗涵改明渠段全长 1.1 km；通过拆除原有砖砌护岸，按照原有断面尺寸规格改造为直立式混凝土护岸，底板铺设 25 cm 厚卵石层，充分利用现状绿地，选用左岸草坡入水的抛石驳岸型式，同时结合两岸人行道铺装改造及口袋公园建设，沿河布置悬挑平台及跨河人行桥，并对现状跨河路面及车行桥进行改造；跨河构筑物采用涵洞结构形式，共布设涵洞 11 道。下游 1.2 km 取盖美化段针对下游河道受两岸用地条件限制，不做拓宽，在原有浆砌石断面基础上进行改造，布置生态联锁边坡，边坡以上放置植物花篮。同时开展百米绿带工程与河道清淤工程。

蓄水工程　上游 3.1 km 生态修复段实施改造后，设置了 7 座跌水建筑物以满足河道全段的蓄水要求，实现"以河代库"功能。跌水建筑物平均布置间距 210 m，跌水的具体位置根据规划地面高程、河道比降情况综合确定。跌水建筑物坝前高度 0.8 m，宽度 5.5 m。

生态环境提升工程　实现"河园同建"。上游 3.1 km 生态修复段用地面积 152 000 m²，新建两岸景观绿化 78 300 m²；城区 4.4 km 清淤改造提升段总用地面积 30 400 m²，浐河路两岸铺装改造 8 800 m²，改造 4 处社区口袋公园，新建两岸景观绿化 4 800 m²；下游 1.2 km 取盖美化提升段总用地面积 127 000 m²，新建景观绿化 60 000 m² 等。

4. 技术创新与推广

浐河综合治理工程在实施过程中通过改进和优化施工技术，解决了工程中的重难点问题，保证了工程质量和安全，控制了工程进度及成本。主要包括：

一体化淤泥固化技术和设备　为确保清淤工作快速推进，采用一体化淤泥固化设备，将河道淤泥直接进行处理，淤泥清理工期缩短 45 天。

双承套袖管道施工技术　针对引水管线工程线路较长，且大部分施工内容在城区，为加快施工进度，减少占用城区道路，采用新型材料双承套袖管道施工技术，实现现场多部位同时施工，加快施工进度，提高工程效率、节约管材、缩短工期。

浐河项目在施工过程中不断优化施工技术，推广治水理念和创新思路，形成了系列可复制、可推广的施工技术经验，并应用在蓝田县全域治水工程、西安市灞桥区三河一山绿道工程、灞桥区生态蓄水工程、灞河提升改造工程、蓝田人居环境提升工程等项目。

5. 治理成效

经过为期一年半的综合治理，浐河流域生态环境面貌得到显著改观

（图 4-24）。城区河内常年黑臭状况得到改善，河道防洪、排涝能力提高。通过滨水空间打造，将洨河沿岸建设成为集市民活动休闲、长安文化展示于一体的综合性城市中央生态活力区。同时，良好生态环境也进一步优化长安区营商环境，为吸引人才及产业聚集提供保障。

图 4-24　治理后的洨河

4.2.2　济南市小清河

1. 概况

小清河是山东省渤海水系的重要河流，发源于济南西郊睦里庄，流经济南、淄博、滨州、东营、潍坊 5 市的 10 个县（市、区），全长 237 km，其中济南段共 70.5 km，有大小支流 15 条，是典型的资源型缺水的季节性河道。20 世纪七八十年代，伴随着工业化城镇化步伐的加快，工业废水和生活污水大量涌入，小清河水质不断恶化。

济南市小清河流域水环境治理的难点包括：流域内暗涵暗渠多，偷排漏排严重，管网建设滞后，管网混接错接情况复杂，未能形成完整有效的雨污分流排水系统；污水处理厂处理能力不足，不能满足建成区人口和产业规模扩大带来的污水增加量的需要；属于典型的资源型缺水的季节性河道，特别是在干燥少雨的季节，河流的径流量低，水体自净能力和环境容量严重不足。

为解决小清河严重污染问题，济南市人民政府先后印发《济南市落实水污染防治行动计划实施方案》《小清河流域污染治理攻坚行动工作方案》《济南市小清河环境综合整治攻坚战实施方案的通知》，全面开展小清河水环境综合整治。

2. 治理目标和模式

根据《济南市小清河环境综合整治攻坚战实施方案（2018 年）》要求，2018 年底前，消除污水直排，实现小清河流域水质明显改善，出境断面水质基本达到地表水 V 类标准。实现小清河两岸绿化美化亮化，卫生环境整洁，生态环境质量良好，形成旅游、休闲、游憩绿色廊道；全面实行河长责任制，建立分工明确、职责清晰、管护到位的长效管理机制，尽快实现水清、河畅、岸绿、景美、宜游的目标，逐步将小清河沿岸打造成经济隆起带、宜居宜业带、旅游观光带，以河道景观带动城市发展。

依据"节水优先、空间均衡、系统治理、两手发力"的新时期治水方针，围绕"打造四个中心，建设现代泉城"中心任务，以《济南市小清河环境综合整治攻坚战实施方案（2018 年）》为基础，济南市按照"治用保"模式对小清河流域开展科学整治（图 4-25）：深入"治"，将小清河流域作为一个整体来谋划布局，实施全流域综合治理；突出"用"，开展生态补水，实现科学调配，从源头减少废水排放，保障生态基流，河道有河有水；完善"保"，强化机制保障，推动全过程管控常态化、长效化。

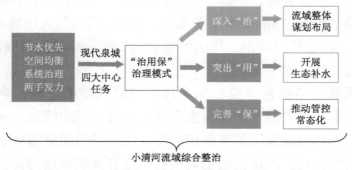

图 4-25　济南市小清河"治用保"治理模式

3. 治理方案和措施

完善污水收集系统　结合旧村改造、片区开发、道路建设及拆违拆临等任务，对城中村、老旧社区、城乡接合部、城市支路及城区支流河道棚盖下的合流管线进行雨污分流，削减溢流污染。针对部分河道棚盖占压问题，对符合拆除条件的违法、违章建筑纳入全市"拆违拆临"任务清单，一并组织拆除，同步实施截污治污。

提升城乡污水处理能力　推进城区污水处理设施改扩建，实施污水厂之间污水管网连通工程，各污水处理厂处理水量不平衡矛盾得到有效缓解。同时，加快小清河流域内村镇污水处理设施及配套管网建设，完成了刘公河沿线、柳埠、西营等镇级污水处理设施建设；结合片区开发和路网建设，逐步完善片区污水收集系统。

开展工业企业污染防治　从严审批高耗水、高污染建设项目，对造纸、焦化、印染行业实行减量置换。全面深化供给侧结构性改革，对过剩产能企业和"两高一低"企业坚决关停，累计完成济钢集团、裕兴化工厂等66家工业企业关停搬迁，取缔非法"散乱污"企业7190家。济南二机床集团有限公司等8家小清河流域涉水企业转型为绿色工厂，实现了从源头上减少工业污染排放，排入小清河的工业污水从6万 t/d 左右减少至不足 0.5 t/d[13]。

实施水系连通和生态补水　保障生态基流，实现河道有河有水。开展济南市水质净化一至四厂再生水景观回用工程，分批对全福河、兴济河、大辛河等16条河道进行再生水补水，增加小清河支流生态基流。划定保泉生态控制线，实施"五库连通"工程，策划兴济河、大辛河等 7 条河道清水、中水补源，形成"六横连八纵、一网五水润泉城"的水资源配置格局，维护完整的泉水生态系统，保证小清河每天出境水量在150万 m³ 以上。构建济西湿地、华山湿地、白云湖等小清河沿线湿地系统，改善水环境、修复水生态。

农业面源污染综合管控　加大高剧毒农药禁用管理，全面推广低毒、低残留农药，开展农作物病虫害绿色防控和统防统治，实行测土配方施肥。引导和鼓励农民调整种植结构，优先种植需肥需药量低、环境效益突出的农作物。严格控制主要粮食产地和蔬菜基地的污水灌溉。新建高标准农田要达到相关环保要求，敏感区域和大中型灌区要因地制宜建设小型湿地群。引导畜禽养殖业向规模化、标准化发展，实行养殖总量控制，推广"两分离、三配套"粪污综合利用模式，推动农牧结合、资源循环、生态高效，减少流域面源污染。

管网河道清淤与常态化维护　开展"清淤行动"，对小清河城区段30 km 河道进行生态清淤，完成清淤工程量 200 余万 m³，降低底泥污染物释放对小清河水质造成的不利影响；开展"清网行动"，完善雨污水管线养护管理标准和排水管线清淤疏浚考核办法，对雨水斗及雨污水管线进行全覆盖清淤疏浚。开展"清洁行动"，完善河道保洁管理标准和河道保洁考核办法，实现保洁全覆盖，落实管护责任，着力解决好河道管护"最后一公里"问题。

4. 关键技术创新

流域水污染溯源解析技术　开发并应用水污染源排放特征图谱建立技术、流域水污染源排放动态清单编制技术、水质模型与化学质量平衡受体模型相耦合的河流水污染源源解析技术等关键技术，为流域水污染控制提供技术支持和决策依据。基于重点行业典型企业排放建立的特征图谱，对掌握水污染源特征、实现污染源识别与精细化管理具有重要作用。流域水污染源清单编制技术进一步提高了流域水环境管理工作的有效性和针对性。

"技防+人防"的河道污染快速溯源技术　打造"国标站+微站"全域监控系统，利用 81 个水质监测"哨兵"，实时监控济南市水环境质量状况。采用水质指纹溯源分析技术，结合无人机、无人船、管道机器人等天地一体监控系统，建立济南市智慧环保综合监管平台。除河长制检查外，建立环保网格员加密巡查机制、河流沿岸徒步排查机制，形成在线监控、追踪溯源、立即整改的快速反应闭环，建立集监测、管控、执法、治理为一体的智慧环保体系。

底泥重金属稳定化处理技术　研发生物基复合改性底泥重金属稳定剂，克服常规无机稳定剂"返浸"问题；提出基于粒径分级的污染底泥梯级利用策略，开发集破碎、连续输送、多级振动筛分、立式深层搅拌和自控加药于一体的振动式筛分底泥分级减量和稳定化技术及装备，实现污染底泥分类处理，显著降低重污染底泥处理量。

5. 治理成效

通过实施综合治理，小清河济南段水质从 2018 年以前的劣Ⅴ类水体提升至 2019 年均值达到Ⅳ类水，2021 年均值首次达到Ⅲ类水，小清河成了河清水秀的生态河（图 4-26）。其中，小清河济南段水生生物多样性水平整体呈稳步上升趋势，浮游植物生物多样性指数由 2016 年的 1.26 增长至 2021 年的 2.23。总生物物种丰富度显著提高，水生生物由 2016 年的 73 种提高到 2021 年的 230 种。清洁水体指示物种占比从 2016 年 40%提高到 2021

图 4-26　治理后的济南市小清河

年 66.2%[13]。本土物种逐步恢复，出现了中华花鳅、花䱻、中华鳑鲏等本土鱼类物种种群，还发现了山东新记录物种粗纹暗色鳑鲏。中华鳑鲏的发现是小清河济南段水生态改善、水生生物多样性恢复的有力证明。

小清河治理及沿岸"鹊华秋色""齐烟九点"等历史文化景点再造，初步形成了"有河有水、有鱼有草、人水和谐"山泉湖河城一体融合的生态风貌。蓝绿协调、水城相依、埠通景秀、水活文盛的城市水系正逐步成型，为济南市和下游地区高质量发展进一步释放环境容量。

4.3　东南沿海诸河流域

中国东南沿海诸河流域是中国东南部除长江和珠江以外的独立入海的中小河流总称。中国东南的地形以平原和丘陵为主，缺少孕育大江大河的条件，所以该地区的河流短小急促，以中小河流为主，从北到南包括浙江、福建、广东、广西、海南、港澳台（不计）东南沿海六省两区的河流。主要分为三大水系：浙江的钱塘江水系和瓯江水系、福建的闽江水系；片区内还有很多独立入海的小型河流。

截至 2016 年 1 月，东南沿海诸河流域地级城市黑臭水体有 393 条，主要集中在广东省 242 条（珠江三角洲地区中单独讨论）、广西 66 条、福建 54 条、海南 25 条、浙江 6 条（长江经济带中讨论），流域内各省占比如图 4-27 所示。

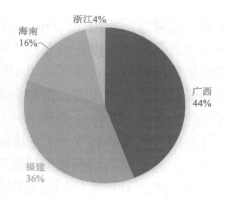

图 4-27　东南沿海诸河流域（除广东省以外）黑臭水体分布

　　与其他区域城市黑臭水体特点相比，东南沿海地区自然特征突出。平原河网地势平坦、水系发达、河港纵横，呈网状分布；受台风、暴雨、潮水、干旱等极端气候影响，水生态系统比较脆弱；山地丘陵土层较薄，土壤蓄水能力差，水库和河网水系是主要蓄洪滞洪空间；降雨时空分布不均，河流径流量汛期、枯水期分界明显，径流量相差悬殊；河网水系水位落差小，又普遍受水利工程闸坝控制，流速较缓，流向不定，水文情势复杂；河网地区地势低洼，地面高程普遍在汛期洪水位以下，受洪潮顶托影响，汛期易发生洪涝灾害。

　　东南沿海地区城市发达，人口集中，土地资源紧缺，普遍存在人水争地问题，岸滩被侵占问题突出；内河水质一般较差，区域水资源水环境承载力不足；平原河网截污难度大，污水实际收集率不高；各类水文化遗产资源丰富，随着城市化进程加快，保护难度大[14]。在污染源特征方面，污水排放量大，生活污水成为主要污染源；区域内有大量工业区，工业废水对水体污染负荷严重；降雨量充沛导致降雨径流也是主要污染来源之一；加上管网混接错接现象以及合流制溢流也加重污染问题；地势平缓导致水体流速缓慢、水体缺氧、自净能力差。

4.3.1　福州市龙津阳岐水系

1. 概况

　　福州市龙津阳岐水系位于福州南台岛（即仓山区）中部，包括龙津阳岐、白湖亭两个流域，流域总面积约 25 km²，13 条主要河道，总长 33.75 km。龙津阳岐水系北接闽江，南连乌龙江（闽江分支），两侧均受潮汐影响，属于典型潮汐河网地区。该区域以中部南二环（邻近跃进河）为分界，北侧多为老旧高密度建成区，南侧多为城中村。开展治理前除马洲河、港头河为劣 V 类外，其余 11 条均为重度黑臭水体。其中原环境保护部重点挂牌督办的黑臭水体有 5 条（龙津河、阳岐河、跃进河、白湖亭河、龙津一支河），属于同批治理难度较高项目之一。

2017 年 2 月，北京首创生态环保集团股份有限公司牵头，联合多家企业共同中标仓山龙津阳岐水系综合治理及运营维护 PPP 项目，共包含 13 条河流，投资总额约 22.5 亿元，合作周期 15 年（建设期 3 年），建设内容包括该区域沿河截污、底泥清淤、垃圾拦截清理、驳岸建设与修复、景观绿化建设、智慧水务等工程。该项目也是住房和城乡建设部全国第二批生态修复城市修补试点项目、全国 36 个黑臭水体治理重点城市项目以及财政部第四批 PPP 示范项目。

通过前期系统性调研，龙津阳岐水系存在如下主要共性问题：污水直排问题突出，城中村排水系统不完善，以合流制明渠为主，无末端截留设施，雨污水通过渠道直接入河，分流制区域雨污混错接严重，区域内沿河排口 1540 个，92%为旱季污水直排口，旱天污水直排及雨天合流污水溢流明显。内源污染严重，河道平均淤泥层厚度 30～50 cm，其中个别断面淤泥达到 1.5 m 以上，淤积总量约 63 万 m³，河面垃圾约 13 万 m³。河网水系不畅，阻塞总长 3.43 km。沿河多处私搭乱建侵占河道，违章建筑约 52 万 m²。河岸两侧多为浆砌石硬质护岸，植被稀少，生物多样性单一，河道生态环境恶劣。潮汐河网中部水动力不佳，地势呈现南北高、中间低走势，在自然纳潮双向引排水模式下，入河污染物易在中部回荡富集。

2. 治理目标和模式

相比传统市政项目，城市水环境综合治理边界条件较为复杂，技术难度更大，更注重河道长效运营维护。以往福州市内河整治基本采取传统政府投融资模式，存在重投入、轻产出，重建设、轻运营维护，重准入、轻监管等问题，导致部分水系治理效果反弹、治理效率不高。为此，本项目引入 PPP 模式，实现从规划设计、投融资、建设及运营全周期闭环管理，坚持效果导向，严格按效考核，按效付费，既充分发挥环保龙头企业在流域治理领域的专业服务优势，又帮地方政府摆脱了以往"既当裁判员又当运动员"的尴尬。

根据《仓山龙津阳岐水系综合治理及运营维护 PPP 特许经营协议（运营服务合同）》要求，2017 年该区域消除 90%数量黑臭水体，2020 年建设期结束河道水质主要指标可提升至地表 V 类水标准。在治理思路上，龙津阳岐水系综合治理项目坚持"水陆统筹、系统治理、长效管理"理念，系统性开展黑臭水体环境问题诊断，分析黑臭成因，核定污染源负荷，确定控制目标，制定黑臭水体治理系统方案与具体"一河一策"，因地制宜地实施控源截污、内源治理、活水增容、生态修复、景观提升以及智慧水务 6 大工程（图 4-28），加强与项目利益相关方紧密配合以及项目全周期精细管控。

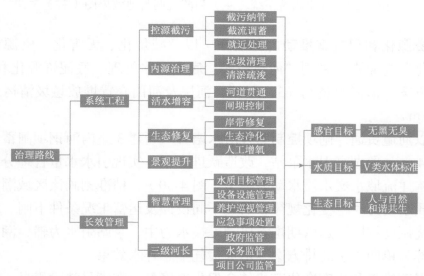

图 4-28　仓山龙津阳岐水系项目治理路线

3. 治理方案和措施

"截污纳管、截流调蓄、就近处理"工程方案　采用管道调蓄与调蓄池调蓄相结合，共设计 20 个相对独立的截流调蓄系统（图 4-29），分散调蓄服务半径控制在 1～2 km 以下，充分发挥初雨调蓄功能。主要实施工程内容包括：新建、改造沿河截污管道约 65 km，改造沿河排口 1400 余个；新建调蓄系统 14 个（含管道调蓄），其中调蓄池 12 座，总调蓄容积 3.98 万 m³；新建物化处理装置 11 套（初雨处理），总处理规模 2.75 万 m³/d。调蓄池均为全地下矩形池，采用门式自冲洗系统。

图 4-29　截流调蓄系统（左）和截流调蓄池效果图（右）

资源化利用方案推动内源治理　以"减量化、无害化、资源化、稳定化"为原则，采用"河道清淤、底泥脱水处理、底泥资源化利用"工程方案，清淤总量约 63 万 m³，河岸及河面弃置堆放垃圾清运总量 13 万 m³。

以河道贯通、闸坝控制工程活水增容　新建 3 座内河钢坝闸蓄水，新建 4 m³/s 白湖亭引水泵站，改造跃进水闸，实现引水水量合理分配。通过构建流域水文水质水动力模型（图 4-30），精准刻画该区域潮汐河网水质水动力时空变化规律，研究不同设计及运营工况条件下闸、坝、泵最优调度规则。运营期推荐以潮差换水为主，泵站引水为辅，潮差换水推荐为单向南引北排方案，形成最佳生态补水效果。

岸带修复和生态净化有机结合促生态修复　在满足消除黑臭、防洪排涝、水资源调度等功能前提下，融入更多生态河道设计理念与技术，增强河道整体生态功能。对于河道硬质护岸结构完整的河道，实施生态活性水岸改造工程；对于需要新建护岸结构的河道，在确保结构稳定前提下，尽可能采用生态护岸结构型式。

图 4-30　仓山龙津阳岐水系流域模型

4. 关键技术创新

"雅典娜"平台　以实现全要素信息数字化为基础，兼具单类设施和多类设施评估分析，即从基础数据到简单场景分析再到复杂场景分析，为技术管理各阶段数据收集、管理与分析提供数字化手段，实现系统调研、系统规划、系统设计及系统评估的科学闭环，提高流域治理类项目的技术数据管理水平。

截流调蓄系统全周期应用评估与运营优化　截流调蓄系统设计阶段，基于典型年降雨数据，利用管网模型模拟评估截流调蓄系统年溢流频次与溢流总量，复核优化截流调蓄设计规模；截流调蓄系统运营阶段，考虑地块拆迁、用地变化、管网淤积情况等因素，持续监测典型截流调蓄系统与河道水文水质情况，构建河道管网耦合模型，动态评估截流调蓄处理系统对于排水系统溢流污染的控制能力，优化"截流-调蓄-处理"系统以及潮汐河网补水调度系统。

经济高效智慧水务管控平台　遵循福州市联排联调中心关于一个数据采集平台、一套数据库、一张图、一个门户的建设要求，搭建联排联调二级指挥中心，实现数据采集、共享、处理、存储、服务等功能。同时，基于企业全周期运营管理体系标准要求，盘点项目运营资产，形成首创环保集团水环境项目设施设备协同管理与联合调度，以实现集团化、规模化、长效化、精细化运营。

5. 治理成效

仓山龙津阳岐水系曾为福州同期 7 个黑臭水体治理包中黑臭河道比例最高、黑臭水体总里程最长、拆迁面积最大、交叉施工最多、城乡接合部环境最为复杂、市政管网体系最为薄弱的治理工程，取得的治理成效得到各界肯定。被生态环境部评为"督查整改看成效"黑臭水体治理典型代表。

2017 年 12 月 30 日，消除流域治理范围内所有黑臭水体，超额完成消除 90%黑臭水体目标，顺利通过中央生态环境保护督察；2019 年在消除黑臭水体基础上，水质指标提升至地表水 V 类标准，并于 2020 年 9 月 30 日完成竣工验收，河道陆续转入正式商业运营，水质持续向好。河道生物多样性逐步恢复。河岸周边利用滨水步道、14 个串珠公园连接构建仓山区榕城慢行系统，"常年见绿、四季有花"让市民共享治理成果（图 4-31）。

图 4-31　白鹭捕食与居民漫步

据估算，该区域内河治理周边释放出 5.28 km² 土地，价值约 650 亿元，土地资源增值效益明显。与此同时，项目对白湖亭河围绕白湖村李氏宗祠处进行截弯曲直，保护宗祠祠堂；规划河道向西平移 6 m，保护郭宅村段 28 棵古榕树；以及名胜古迹清代七星桥的修复、沿线古厝老屋的保护修缮等，此次水系综合整治令该区域独特的榕城内河文化风貌得以修复、重现。

4.3.2　厦门市新阳主排洪渠

1. 概况

新阳主排洪渠位于福建省厦门市海沧区中东部地区，渠道总长约 4.92 km，流域汇水面积约 28.25 km^2，水系主要包括新阳主排洪渠、1#排洪支渠、3#排洪支渠、5#排洪支渠以及上游的埭头溪、埭头溪汇合段、祥露溪和环湾南溪[15]。

2015 年，厦门市成功申报我国第一批海绵城市建设试点城市，新阳主排洪渠位于海沧区海绵建设试点区流域末端，上游有不同的支渠汇入。由于区域市政配套管网尚未完善，大量污水直接排入渠中造成新阳主排洪渠水质较差、恶臭气味严重影响周边居民生活质量及城市环境[16]。2017 年列入住房和城乡建设部和环境保护部联合重点挂牌督办的城市黑臭水体名单。

新阳主排洪渠水环境治理的难点和痛点主要包括：周边工业、企业众多，区域人口剧增，排污量大，同时市政设施规划及建设相对较为滞后，雨污分流工作困难；区域污水截流泵站超负荷运行，溢流频繁，部分污水直接溢流排入主排洪渠；流域面源污染也对水质造成一定影响；下游为感潮河段，上游水体交换动力不足，水污染物涨潮期间随潮流上溯；河流生态功能明显退化，生态基流不足，水生生物栖息地遭到严重破坏。

2. 治理目标和模式

2017 年底前，消除新阳主排洪渠流域内全部黑臭水体。根据新阳主排洪渠及其支流污染主要成因，将主要目标分解为四项指标，即旱天污水全部截流；合流制溢流次数控制在 10 次以内，对应日降雨量 36 mm，5 min 降雨强度 3.32 mm/min；面源污染消减 45%以上；清水绿岸、鱼翔浅底比例达到 60%以上。

新阳主排洪渠流域黑臭水体治理遵循系统化思维，从减少入河污染和提升自净能力两方面着手。从源头—过程—末端系统梳理，明确阶段工程措施应达到的削减目标，确保流域整体工程方案的实施效果。系统化治理技术路线（图 4-32）主要包括两方面：一是以建设污水全收集、全截流、全处理为核心，构建污水提质增效系统，保证旱天污水不入河，构建溢流污染控制体系，保证雨天污水少溢流；二是重构水生态系统，增设生态雨水台地，提升河道自净能力，打造河道滨水景观环境。

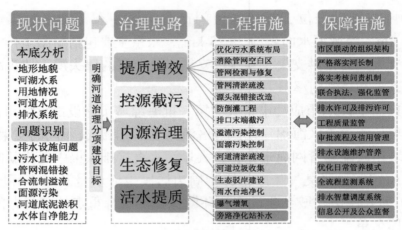

图 4-32　新阳主排洪渠系统化治理技术路线

3. 治理方案和措施

新阳流域水环境综合治理统筹兼顾水安全、水资源、水环境、水生态、水文化、水经济的"六水共治"要求，系统性实施"污水系统完善、雨污混接改造、城中村污水截流、合流制溢流控制、面源污染控制、河道清淤、生态修复、清水补给"八大类工程，系统解决流域水环境治理问题。

污水系统完善　完善污水管线，提高污水收集率与处理率，在片区内新建 1 座污水泵站（马銮泵站），并铺设进、出水管道。对流域内 3 座污水泵站进行扩建，污水收集能力提升 10.8 万 t/d；新建 1 座污水泵站（马銮泵站），一期规模 5.61 万 t/d，二期规模 10 万 t/d。新建 1 座再生水厂（马銮湾再生水厂），一期规模 5 万 m³/d，二期规模 13.7 万 m³/d，用于收集海沧北片区的生活污水，尾水经净化后排入河道补水。同时，对现状海沧污水处理厂进行扩建，新增处理规模 10 万 m³/d。

雨污混接排查改造　对流域内雨污水管线进行普查，采用 CCTV、

QV 等视频检测手段，对流域范围内 70 多千米管网、4000 多个检查井进行精细化、全覆盖摸排。对雨污水管网错接、污水管网破损造成的污染问题进行逐一排查，改造雨污水管线混接点，实现雨污彻底分流。对新阳主排洪渠周边所有雨水井进行排查，解决分流制混接排口污水直排问题，收集污水 1.15 万 m^3/d。通过开展管网摸排检查，制定疏浚方案，采取吸泥高压清洗、人工清淤、清运等措施对管道内部彻底清理。共对新阳北路暗涵、新景路暗涵及 6 个村庄污水管线进行清淤，总长 31.1 km。针对新阳主排洪渠为感潮河段，设置防倒灌设施，对 4 个主要排口选择防倒灌玻璃钢拍门，防止海水倒灌入污水管道。

城中村污水截流　开展新阳主排洪渠沿线污水截流工程及上游排口截污工程，改造问题排口 16 个，截流污水量约 1.45 万 t/d；由于河道周边均有市政污水管网，各排口主要采取就近、精准方式进行分散式截污。通过农村污水提升改造，针对城中村结合村庄建设，按照截流式合流制→不完全分流制→完全分流制的路线逐步完善排水体制。

合流制溢流控制　针对 32 处末端雨水排水口设置排水口末端改造——高效拦截网（图 4-33），对出水口进行截污处理，削减汇流中的大块漂浮污染物对新阳主排洪渠的污染影响。高效拦截网高度为 2 m，呈半圆形，半径为 2 m，填料厚度为 0.5 m。

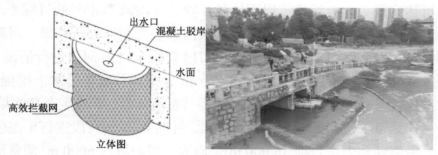

图 4-33　新阳主排洪渠高效拦污网

对地表径流污染及排水口溢流初期雨水，采用生态软围隔进行污染物隔离截污处理。在生态软围隔和河岸之间形成 5 m 宽的强化治理带，并布设生物绳（人工水草）及曝气设备；溢流污水经过生态软围隔的强化处理后（图 4-34），排入新阳主排洪渠。

图 4-34　新阳主排洪渠生态软围隔

新埭村截污改造后，年溢流频次为 56%，仍不满足溢流污染控制要求，为此在新埭村北侧修建 1 号调蓄池，有效容积为 6000 m³，东侧修建 2 号调蓄池，有效容积为 8000 m³，经模型模拟，调蓄池建成后，新埭村合流制排口的年溢流频次将小于 10%。

面源污染控制　新阳主排洪渠流域海绵城市项目均位于马銮湾海绵城市建设试点区内，共布置源头海绵化改造项目 105 个。模型模拟分析结果显示，通过雨水花园、下凹绿地、植被浅沟等源头改造项目完成后，可达到源头面源污染（以固体悬浮物计）削减率 45%的目标要求。

内源污染控制　根据新阳主排洪渠污染底泥采样分析结果，对新阳主排洪渠环湾南溪口至翁厝涵洞入海口段全长 4.9 km 河道进行清淤，清淤深度 0.68～1.55 m，清淤总量 25.9 万 m³，采用绞吸船、水上挖掘机、水力冲挖等方式清淤，清出的淤泥用于马銮湾 4 号、5 号生态岛吹填。

生态修复　同步实施生态系统建设。针对 0.7 km 河段进行生态驳岸改造，沿岸新建雨水台地 16 000 m²。雨天，将新埭村 6000 m³ 调蓄池的调蓄水量送至一体化设备进行处理后，排至雨水台地进一步净化，经雨水台地净化处理后，就近排入主排洪渠，削减入河污染负荷，实现河道补水。为确保水质净化效果，在新阳主排洪渠上游新建 15 处生态浮岛、绿岛，强化河道自净机能，提升水环境容量。考虑生态修复过程是缓慢发展的过程，种植人工水草，为微生物和藻类提供附着，增加生物多样性，为生态修复打造基础。设置生态护岸，除满足水利防洪功能之外，推动河流成为能够承载生物多样性的"生命之河"，拥有自我修复、净化功能的"可持续之河"，城市中体现特有自然线性开敞空间的"景观之河"（图 4-35）。

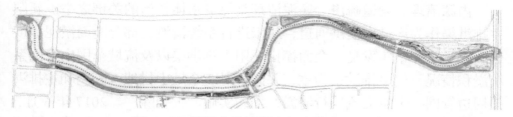

图 4-35　新阳主排洪渠人工水草布置区域

4. 项目创新性

经过系统治理，新阳主排洪渠顺利消除黑臭，水生态、水景观得到有效提升，以海绵理念治理黑臭河道的探索取得实效。

全盘系统考虑　运用系统化思维，以水环境改善、水生态修复、水安全提升三大目标为抓手，坚持陆海统筹、河海共治，按照根源在岸上、核心在管网、关键在排口的整治原则，利用海绵城市建设理念，统筹好源头减排、过程控制和末端整治等系统之间的关系。从流域体系着手，编制《马銮湾新阳主排洪渠水环境系统化治理方案》，形成截污工程、清淤工程、生态修复工程及一体化生态补水工程等"3+1"系统化治理技术路线，并在过程中系统分析入河污染量和环境容量，利用模型等工具辅助分析工程措施效果，确保治理目标达成；后续委托华侨大学建成厦门海沧海绵城市试点在线监测站点，并采取问卷调查、定期水质检测、水生生物多样性调查"三位一体"考核方式，对黑臭水体治理效果进行全方位评估。

溯源排查、找准症结　控源截污是黑臭水体整治的基本前提。通过村庄污水治理、新垵村调蓄池建设、沿线问题排口截污改造等工程，有效截留村庄合流制污水、初期雨水，避免直排污水污染主排洪渠水体；针对沿线排口"跑冒滴漏"问题，采取人工排查与工业机器人溯源相结合的方式，对新阳主排洪渠流域范围内 70 多千米管网、4000 多个检查井进行精细化、全覆盖摸排，共完成 44 家企业生活污水混接整改、16 个问题排口改造，流域新增截流污水量约 2.6 万 t/d，全面实现排口"晴天不排水、雨天少溢流"的目标[17]。

源头减排、控制面源 源头减排是黑臭水体整治的有效措施。新阳主排洪渠上游日益突出的城市面源污染是水体主要污染源之一，为此，流域共实施上游海绵改造项目 105 个，有效削减流域 35%～45% 的径流污染。

内源清理、管道疏浚 底泥清理是黑臭水体整治的关键之举。新阳主排洪渠作为区域内泄洪通道，从未进行系统清淤，部分断面淤泥厚度达 2 m，水体常年发臭。全面摸排新阳主排洪渠以及流域范围内管网系统淤积情况，以主排洪渠为主，并同步对 3 个城中村地下管网和主排洪渠周边管网、上游支流进行清淤，彻底实施"大扫除"。2017 年 6 月，完成流域片区内 31 km 管网疏浚，完成新阳主排洪渠 25.9 万 m^3 底泥清淤，为生态环境恢复创造初步条件。

生态修复、景观提升 生态修复是黑臭水体整治的持续之路。为进一步巩固和提升新阳主排洪渠治理效果，结合海绵城市试点建设，一方面加强流域内上游区域低影响开发建设，减少入河面源污染；另一方面启动新阳主排洪渠生态修复工程，通过增氧曝气人工水草等技术措施，逐渐恢复主排洪渠水体自净能力；同时，实施硬质驳岸生态改造、景观美化、步道建设、公园广场等工程，提升沿线景观水平。

引水入河、净化处理 生态补水是黑臭水体整治的增效手段。在片区规划的马銮湾污水再生处理厂建成前，为解决新阳主排洪渠上游水动力较差且无外来水源补水问题，因地制宜开辟补水水源，在上游（新景桥处）建设处理规模为 1 万 t/d 的一体化异位处理设备，对 6000 t 调蓄池内储存的雨水进行处理，再排至雨水台地利用植被进一步净化提升，最终用于渠内补水，改善水动力条件，实现水体净化和充分利用。

5. 治理成效

新阳主排洪渠按系统化方案实施完相关工程后，于 2017 年 12 月顺利完成国家、省、市消除黑臭水体的目标任务，至 2020 年 12 月各项监测指标均合格，污染物浓度逐渐下降，水质明显改善并保持稳定，生物多样性增强，水生态、水景观得到有效提升（图 4-36）[16,18]。

图 4-36 治理后的新阳主排洪渠

经过系统治理，新阳主排洪渠治理成效明显，已顺利消除黑臭，基本实现"清水绿岸、鱼翔浅底"，2020 年被住房和城乡建设部列为全国黑臭水体治理典型案例、全面推行河长制湖长制典型案例。结合水系周边增加广场、雨水台地、生态绿岛，并对霞阳公园进行全面提升改造，在新阳大道北侧新建公园，居民休闲游憩空间大幅增加。通过公园、湿地、城市绿道等大海绵系统建设，缓解城市"热岛效应"，提升城市人居环境。

4.3.3　南宁市那考河

1. 概况

南宁市主城区有 18 条城市内河，江南有 8 条，江北有 10 条，那考河（竹排江 e 段）是 18 条内河之一竹排江上游的左支流。竹排江作为南宁市城区主要内河之一，担负着排洪、景观等多种功能，是南宁市"中国水城"建设的重要组成部分。那考河流经城市人口密集区，上游有农业养殖，本身无清洁水源，再加上污废水直排、合流制溢流污染、雨污错混接等原因，河道水质严重恶化，底泥污染严重，水体缺氧且透明度很低，水质为劣 V 类，存在氨氮超标严重、面源污染突出、河道自然植被衰退、水生生物多样性锐减等问题，严重影响百姓的生产生活环境。

2. 治理目标和模式

2015 年以来，南宁市坚持"生态立市、绿色发展"战略，按照"治水、建城、为民"工作主线，将那考河流域治理作为城市内河治理试点，提出"全流域治理"及"海绵城市"建设相结合的"一条龙"治水理念，打造"生态+体育休闲"崭新城市空间，实现"河畅、水清、岸绿、景美"的生态环境。

那考河流域治理项目坚持系统化、专业化、整体化和地域特色化原则，采用"PPP+按效付费"建设模式，对那考河实施全流域综合整治，将流域源头减排、过程控制以及河道系统治理有机联系起来统筹考虑，以实现河道水质主要指标达到Ⅳ类水质标准，在河道防洪方面满足五十年一遇防洪标准，在岸线修复方面，生态驳岸长度占比达 90%

以上，从根本上恢复河流流域自然生态，还城市以山水林田湖草应有的空间和质量[19]。

3. 治理方案和措施

北京排水集团负责那考河 PPP 项目的建设和运营工作，项目平面图如图 4-37 所示。该项目于 2015 年 6 月开工建设，2017 年 3 月进入运营期，建设时采用"控源截污、内源治理、清水补给、活水循环、水质处理、生态修复"技术路线，并引入"自然渗透、自然积存、自然净化"和"渗、滞、蓄、净、用、排"的海绵城市建设理念，主要包含以下几项内容。

图 4-37　那考河 PPP 项目平面图

河道整治　清理河道污染的底泥和垃圾，消除内在污染源；同时按五十年一遇洪水标准拓宽河道，提升流域行洪能力。

截污工程　针对项目沿岸周边 53 个排污口实施"一口一策"，每个排污口都制定相应的策略，将流域污水全部截留收集至再生水厂进行处理。那考河 PPP 项目一共铺设了 8 km 的截污管线。

再生水厂建设　在流域上游建设 1 座再生水厂，有效收集河道两岸及周边片区污水，将污水进行全收集、全处理、全回用，经过处理后的水质优于一级 A 标准。

河道补水　通过再生水厂净化后的水，进入"百亩蕉园"潜流湿地进行二次净化，通过灰绿结合的多级处理方式，水质进一步净化后补给河道，保持水体流动性（图 4-38）。

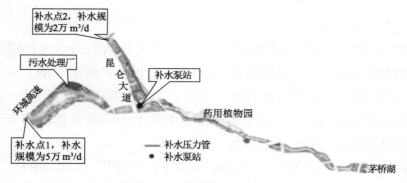

图 4-38　那考河补水工程示意

海绵城市建设　那考河 PPP 项目在建设时融入了海绵城市的理念，采取"渗、滞、蓄、净、用、排"等海绵化技术调节流域雨水径流的自然积存、渗透和净化。

生态修复　项目在建设中配置栽种具有生态修复功能及适合不同水深的植物 165 种，同时在河道生态化改造的过程中，结合水利、行洪等功能需求，因地制宜设置、筛选涉水植被，并保留浅水、滩涂等节点，为生态系统多样性恢复提供基本保证。项目取得"污水渗虑净化系统"实用新型专利技术，应用于"净水梯田"区域（图 4-39），一方面在解决边坡失稳、降低造价的同时，有效截留、去除悬浮物、化学需氧量、氮磷等污染物，另一方面融入海绵城市建设理念和措施，过滤初期雨水，净化水质。

图 4-39　那考河"净水梯田"生态护岸技术示意图

智慧信息监控　设置 6 座水质自动监测站，24 小时自动监测河道水质情况，并将监测数据实时反馈到智慧河道管理平台，据此对流域内再生水厂、管网、排口进行全系统统筹和调度。

4. 项目创新与推广

那考河 PPP 项目作为国内首个实施并投入运营的城市水环境流域综合治理 PPP 项目，是"海绵城市"建设和 PPP 模式典型案例。该项目综合考虑、统筹解决那考河水安全、水生态和水污染防治等问题，从整体设计到组织实施（2015～2017 年）充分体现了海绵城市建设和全流域治理的系统性理念，开展多项创新。

那考河 PPP 项目采用"全流域+海绵城市+PPP"模式，秉承"创新、协调、绿色、开放、共享"五大发展理念。在建设理念上，采用全流域治理并融合海绵城市建设理念，实现从以往河道分段治理向全流域治理、两岸截污、污水处理、生态修复、景观建设"一条龙治水"的转变，让城市水环境与人居环境协调发展。在建设模式上，通过市场竞争，引入社会资本，政府从以前的"建设者"转变为"管理者"，实行按效付费，发挥"专业人做专业事"优势。

那考河生态环境综合治理探索围绕城市内河治理开展积极探索，其治理理念和经验先后运用到南宁市沙江河、心圩江、水塘江、朝阳溪等内河综合治理项目，同时北京排水集团也将理念和经验运用到南宁市排水管网运营管理，北海冯家江近海流域水环境治理、河北雄安白洋淀农村污水治理的乡村振兴项目以及深圳坪山"库网河渠站一体化运维"等一批水环境治理项目，取得显著成效。

5. 治理成效

2017 年 4 月 20 日下午，习近平总书记在南宁视察了那考河生态综合整治项目，主要了解项目黑臭水体治理，海绵城市建设、生态环境修复以及水环境改善等方面情况，视察后，对南宁市整治城市内河河道，形成水畅水清、岸绿景美的休闲滨水景观带的做法表示肯定，并高度赞扬广西生态优势金不换。

那考河黑臭水体治理项目被财政部评为全国水务行业 PPP 示范项目，也是住房和城乡建设部全国海绵城市试点示范项目，荣获 2017 年度中国人居环境范例奖等多个奖项。那考河治理后成为南宁市开展红色教育、践行绿色发展的教育基地以及群众休闲游玩的热门目的地（图 4-40）。据不完全统计，那考河湿地公园向公众开放以来，已接待各省（区、市）

和外国参观考察团 850 多批次共 2.85 万余人，接待游客量突破 211 万人，最高日接待量达到 4.2 万人，成为国内外知名的生态文明建设示范样板。

图 4-40 治理后的那考河

坚持"立足生态、体现自然，兼顾功能、突出主题"原则，栽植乔木、灌木、挺水植物 165 种，初步打造"万米桂花溪谷，千株朱瑾水岸"景观，为其他物种生长繁殖提供基本环境，推动生态系统发展和平衡。其中，水生动物新增水蛭、蛙类、螺类、河蟹、鱼类、河虾等 6 类 16 种；飞禽等鸟类新增白鹭、水鸭、翠鸟、红毛鸡、鸬鹚、鹌鹑等 6 种；植物新增金钱草、野慈姑、香茅草、蒲公英等 11 种[19]。

随着那考河流域水环境与水景观的改善，带动了项目周边"水经济"的快速发展，成为市民休闲健身、游客旅游观光和发展绿色经济之道，每年吸引 100 余万人次的市民游人前往游玩，借助水经济，带旺"水生意"，有效带动了周边服务业的快速发展。与此同时，流域综合治理改善提升了周边生态环境质量，显著带动了区域开发、地产与配套设施发展。

4.4　珠江三角洲地区

珠江三角洲包括广州、佛山、肇庆、深圳、东莞、惠州、珠海、中山、江门等九个城市，以及香港特别行政区和澳门特别行政区。珠三角地区地处南亚热带季风区，年降雨量大，水资源丰富，其人均水资源占有量在一些年份可达到我国人均值的 6 倍多和世界人均值 1.7 倍左右。

截至 2016 年 1 月，广东省地级城市黑臭水体有 242 条，其中珠三角地区九个城市的黑臭水体总条数为 153 条，主要分布在深圳市 44 条、广州市 35 条、惠州市 27 条、珠海市 12 条、中山市 11 条、东莞市 10 条、佛山市 6 条、江门市 6 条和肇庆市 2 条，占到整个广东省黑臭水体总数的 63.2%（图 4-41）。

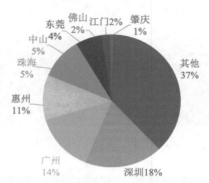

图 4-41　广东省黑臭水体分布及黑臭水体条数占比图

随着珠三角地区社会经济快速发展，工业经济兴起，城市人口急剧增加，珠三角感潮河网受到严重污染，其中许多河涌特别是断头涌出现季节性或常年性黑臭现象。众多河流两岸工业废水、生活污水等直接排入河道，导致河道淤积严重，行洪能力急剧下降，同时城市排水管网基础设施建设滞后，偷漏排现象严重，污水收集率低，污水收集处理设施能力不足，导致水质持续恶化，水体发黑发臭，河流生态功能严重退化，加之河道及两岸硬质化，导致生物栖息地遭到破坏。

这些因素决定了珠三角水环境污染的特点，包括：城市密集且工业区多环绕城市周围分布，废污排放量大，污染类型多，存在污染物累积造成的复合影响；跨区污染问题突出，跨市河流边界水质较差；水环境污染态势已经呈现出从点状向带状、面状转变；咸潮入侵加剧，区域水质型缺水的局面紧张[20]。

4.4.1　深圳市茅洲河

1. 概况

茅洲河是深圳市第一大河，位于深圳市西北部，属珠江口水系，发源于深圳市内的羊台山北麓，流经石岩街道、光明区、松岗街道、沙井街道、东莞市长安镇，在沙井民主村汇入伶仃洋。茅洲河流域面积 388.23 km²，干流长 41.69 km。其中，宝安片区流域面积 112.65 km²，共有干支流河涌 19 条，宝安区内干流全长 19.71 km，下游河口段 11.4 km 为深圳市与东莞市界河，为感潮河段[21]。

茅洲河流域内电镀、线路板、印染等重污染企业聚集，人口密集，污水处理设施缺乏，污水直排入河，导致水体持续恶化。治理前，茅洲河干流、支流均处于重污染状态，是全国污染最严重的黑臭河流之一，是原环境保护部、广东省重点督办的黑臭水体。根据深圳市宝安区环境监测站 2015 年第 3 季度河流水质监测结果显示，主要监测断面的水质指标均劣于地表水 V 类标准，其中化学需氧量、氨氮和总磷超标尤为严重，浓度均值分别为 145.8 mg/L，29.3 mg/L，4.4 mg/L，属于典型的城市高密度建成区重度污染型黑臭河流。

茅洲河流域水环境治理的难点和痛点主要包括：流域内暗涵暗渠多，偷排漏排严重，管网建设滞后，管网混接错接情况复杂，已建污水处理厂处理能力不足，未能形成完整有效的雨污分流排水系统；内源污染严重，污染底泥量巨大，底泥中的重金属、有机物均严重超标，底泥处理处置难；下游界河段为感潮河段，水体交换动力不足，污染物涨潮期间随潮流上溯，严重影响下游界河段治理效果；洪、潮、涝三方面的水安全问题突出；河流生态功能明显退化，生态基流不足，水生生物栖息地遭到严重破坏。

2. 治理目标和模式

根据《南粤水更清行动计划（修订本）（2017—2020 年）》《广东省水污染防治行动计划实施方案》要求，2017 年茅洲河流域基本消除黑臭水体，2020 年茅洲河共和村断面水质达到地表水 V 类标准。

针对茅洲河流域水环境综合治理，创新提出"流域统筹、系统治理"治水理念，提出以地方政府为主导、以优势设计为引领、以大型央企为保障的"政府+大 EPC+大央企"水环境治理工程项目管理模式。在全新的治理模式下（图 4-42），坚持"一个平台、一个目标、一个系统、一个项目、三个工程"和"全流域统筹、全打包实施、全过程控制、全方位合作、全目标考核"的组织管理体系，搭建"织网成片、正本清源、理水梳岸、生态补水"四大实施方案，以"六大技术系统"（图 4-43）为技术支撑，系统性开展"防洪工程、治涝工程、外源治理工程、内源治理工程、水力调控工程、水质改善工程、生态修复工程、景观构建工程"八大类工程,构建出流域水环境治理全产业链系统性解决方案。这一模式打破传统的水环境碎片化治理模式,真正施行流域打包,采用"流域统筹与区域治理相结合、统一目标与分步推进相结合、系统规划与分期实施相结合",将茅洲河流域建设成人水和谐共生的生态型现代滨水城区。

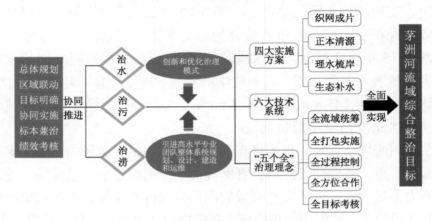

图 4-42 茅洲河流域治理模式

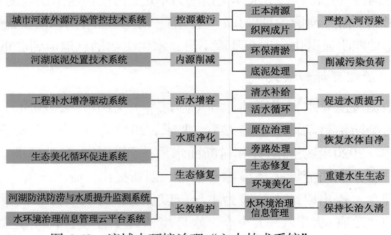

图 4-43 流域水环境治理"六大技术系统"

3. 治理方案和措施

茅洲河流域水环境综合治理过程统筹兼顾水安全、水资源、水环境、水生态、水文化、水经济"六水共治"要求,基于"织网成片、正本清源、理水梳岸、生态补水"四大实施方案,主要实施了河道整治工程、雨污管网工程、治污设施工程、防洪排涝工程、生态及补水工程、正本清源工程等系列工程，从而对茅洲河全流域进行全方位系统治理。

在流域水环境治理中首先应当考虑的是将雨污水管织网成片，确定合理的排水体制，有序开展新建、调整或修复各级排水管路，形成衔接合理、排放通畅的雨污水干支管网联通系统，同时做好新建管网与现状管网接驳工作，并对存量管网尤其是干管系统进行全面检测修复，打通系统。中国电建充分发挥"大兵团作战"建设模式，高峰时期一线施工人员超过 3 万人、施工作业面 1200 多个，创造了单日敷设管网 4.18 km、单周敷设 24.1 km 的电建记录，有效补齐城市污水收集处理设施短板[22]。

织网成片对茅洲河流域的整个干管系统进行了全面排查梳理及修复，基本形成完整、通畅、高效的排水管网系统，实施市政道路上二、三级雨污分流管网建设。通过正本清源对工业企业区、公共建筑小区、居住小区、城中村等错接乱排的源头实施雨污分流改造，完善建筑排水小区的雨污水分支管网，提高区域雨污分流率。"十三五"期间，茅洲河流域推行"正本清源、雨污分流"治理路线，逐个小区、逐栋楼宇、逐条管网排查改造，新建污水管网 2053 km，完成小区、城中村正本清源改造 2628 个，新增污水日处理能力 81 万 t，源头污水收集能力大幅提升[21]。整治暗涵暗渠 138 km，复明 4 km，实现"污水入厂、清水入河"。

实施织网成片和正本清源的，确保污水从源头开始收集，并通过顺畅的排水管网系统进入处理末端。为此系统开展理水梳岸，以城市雨水管网末端为起点，通过对范围内水体的外源污染和内源污染调查分析，提出初期雨水治理、河岸生态、溢流防控、河道清淤、湿地景观等系统性治理措施。

为应对流域水资源匮乏、水生态自净能力严重不足问题，通过雨洪资源、再生水、流域调水等多渠道调研，寻找合适的补水水源，制定各级生态补水方案。但坚持生态补水应以城市河湖控源截污作为基础，并与内源治理、防洪治涝、水质改善、生态修复、景观构建等工程设计相协调，严禁采用补水方式对污染物进行稀释、转移。

4. 关键技术创新

适用于城市高密度建成区、感潮河流多目标水环境治理技术体系

以茅洲河流域复合生态系统为研究对象,分析黑臭河流污染成因,揭示了城市河流水体黑臭形成机理和入河污染物时空分布规律;建立流域水文水质水动力模型,揭示了城市感潮河流水体污染物迁移转化规律,为茅洲河多目标治理提供了系统技术方案;通过自主创新和集成创新,构建了"控源截污、内源削减、活水增容、水质净化、生态修复、长效维护"六位一体的城市高密度建成区、感潮河流多目标水环境治理技术体系,实现治理水质目标。

河湖重金属污染底泥规模化处理资源化利用关键技术 针对大规模、多组分的重金属污染河道底泥清淤和处理处置难题,研发了全套污染底泥处理处置工艺体系及装备,建成茅洲河 1#底泥处理厂(图 4-44),规模、工艺处于国内外领先水平。自主开发了快速脱水固化处理剂、淤泥调理调质剂、重金属稳定剂、高强度陶粒制备技术等底泥无害化、稳定化、资源化处理技术,淤泥脱水效率提高 50%,减量化可达 70%,资源化利用率可达 90%。

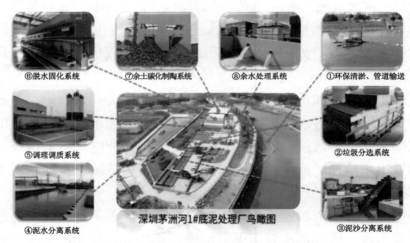

图 4-44 深圳茅洲河 1#底泥处理厂鸟瞰图

城市排水管网满水管段排查诊断技术与设备 针对"高埋深、流速快、流量大"的满水管段,当前国内外尚无有效的管网排查诊断技术手段。创新采用水下无人潜航系统集成实时成像声呐及电法测漏技术,成功解决了满水管段检测诊断难题,最小目标分辨能力达到±0.05 mm,误差仅为 2 cm。

水环境治理工程管控平台　针对城市河流水环境治理项目点多面广、管控难度大的特点，以及水环境治理工程设计、施工和运维全生命周期过程管控的需要，结合物联网、GIS+BIM 等现代信息技术，研发涵盖了城市河流水文水质监测与预警、施工现场视频监控、施工进度控制、工程安全和应急管理等功能的工程管控信息平台，实现了水情水质实时监控和工程建设网格化管理，为城市河流水环境的长效维护和科学管理决策提供了支撑。

5. 治理成效

通过中国电建与深莞两地政府紧密合作和持续攻坚，茅洲河流域生态环境面貌得到根本性改观（图 4-45）。2017 年 12 月 11 日达到不黑不臭标准，通过国家考核；2018 年稳定实现不黑不臭，达到 2018 年广东省年度考核目标，并举办 2018 年"6·5"世界环境日茅洲河龙舟赛（图 4-46）；2019 年实现干流和深圳侧一级支流全部消除黑臭，11 月达到地表水 V 类标准，提前 1 年 2 个月达到国考目标；2020 年茅洲河各河道水质持续改善，共和村国考断面全年基本稳定达到地表水 Ⅳ 类标准。

图 4-45　治理后茅洲河洋涌河段　　图 4-46　2018 年"6·5"世界环境日茅洲河龙舟赛

消失多年的当地螺、蓝尾虾、黑鱼和彩色蜻蜓重回茅洲河，国家濒危植物野生水蕨被首次发现，流域水生生物多样性指数明显提高。治理后的茅洲河水质明显改善，生物多样性得到恢复，岸线景观优美，为居民和单位提供了良好的生活、生产环境，沿岸土地得到有效利用，增加了土地利用面积和土地增值效益，释放出 15 km² 土地，土地资源增值效益特别显著。茅洲河治理项目先后入选水利部全面推行河长制湖长制典型案例、生态环境部美丽河湖提名案例和广东省十大美丽河湖案例等；茅洲河流域水环境综合治理项目荣获 2021 年 PMI（中国）项目管理大奖——年度项目大奖。

4.4.2　广州市车陂涌

1. 概况

车陂涌位于广州市天河区中北部，属于珠江前航道流域，上游为山区型，下游为潮汐型，是广州市一条极具代表性的河涌。车陂涌流经 9 个街道和城中村，共有一级支涌 23 条，主涌长度 18.6 km，支涌长度 48 km，流域面积 80 km²，常住人口 60 多万，是天河区长度最长、流域面积最大的河涌。

车陂涌地处亚热带区域，台风、极端暴雨较多，属洪涝灾害多发区；流域内人口密集，"散乱污"违法排放严重，污水收集设施不完善，污水直排问题突出，水体黑臭成因十分复杂。车陂涌在实施流域综合治理前，河涌污染严重，23 条支涌和暗渠水质常年重度黑臭，主涌水质常年为劣V类。2017 年 2 月，在全市黑臭河涌污染量化排名中，车陂涌污染程度高居全市首位，也被广州市列入国家监管平台的 147 条黑臭水体之一。

车陂涌治理工程的难点和痛点主要包括：流域内人口密集的城中村等区域污水管网建设滞后，覆盖率低，生活污水无法有效收集，直排河涌；流域内"散乱污"场所数量众多，源头污染物偷漏排问题突出；流域内排水体制以合流制为主，雨污分流制排水单元仅占 10%，且排水管网存在较多堵塞、错混接、断头等缺陷，汛期时大量雨水通过雨污混接点进入污水管网系统，导致污水系统和污水处理厂运行压力较大，污水处理厂处理能力无法满足生活污水全处理的要求；河道水动力差，生态基流不足。

2. 治理目标和模式

根据《车陂涌治理工程总体方案》，分批分阶段确定实施目标。2017 年底前，车陂涌治理初见成效，完善区域污水主干管网，提高污水收集处理能力，削减溢流污染，基本消除车陂涌黑臭。2018 年底前，实现"长制久清"，完成城中村污水治理等工程建设，实现全流域截污，基本消除流域黑臭水体。2020 年底前，恢复水体使用功能，完成大观净水厂等工程建设，开展排水达标单元、渠箱清污分流、生态修复、内涝治理及海绵城市建设，实现车陂涌流域水环境根本性、历史性好转。

车陂涌流域治理工程秉承"流域统筹、系统治理"的治水理念，统筹抓好水安全、水资源、水环境、水生态、水文化、水经济"六水共治"要求，坚持定量分析、科学研判，找准问题症结，以流域为整体，划分排水单元，采取分步实施方式，重点抓好控源、截污和管理三方面工作，流域污水治理治理技术路线如图 4-47 所示。

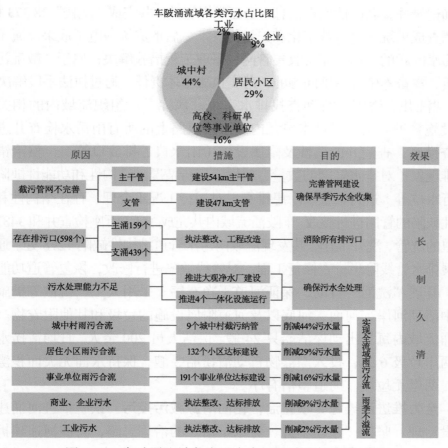

图 4-47　车陂涌流域各类污水占比及治理技术路线图

3. 治理方案和措施

车陂涌流域治理工程包括主涌截污、支涌截污、城中村排水管网改造、调水补水及生态修复、河涌清淤、水质提升等工程。

全流域推进"四洗"，摸清底数精准施策 以流域为体系、以网格为单元，将车陂涌全流域划分为 58 个排水分区、872 个排水单元，在全市率先开展"洗楼、洗井、洗管、洗河"行动。

"洗楼"行动查找源头排水户"病症"。组织街道、村（居）力量查清污染来源，查找病症。以每栋建（构）筑物为单位，重点登记建筑物的雨水立管、污水立管以及混合水立管，并核实化粪池、隔油池等预处理设施，核查排水、排污许可，查清排水行为，挨家挨户查清建（构）筑物底数，准确记录并签名确认摸查信息，全面掌握底数。共完成"洗楼"28 373 栋，对调查成果统一进行数字化和矢量化，汇总后形成统一电子成果。属于生活污水问题的，通过完善收集管网，采取工程措施解决；属于"散乱污"场所、禽畜养殖等污染问题的，落实执法主体责任，通过执法手段解决。

"洗井、洗管"行动查找排水系统"病症"。组织流域内的相关排水设施管护人员，对排水单元内及市政道路上的所有雨污水检查井进行调查摸底，查清井的属性及附属设施（雨水口、排放口等），整治错接乱排现象；对排水管网的数量、属性、运行情况（结构性和功能性缺陷、运行水位等）进行调查及隐患排查，对运行工况不合理、存在结构性和功能性缺陷的管网进行整改。车陂涌流域内共完成了 1.1 万座检查井和 348 km 管道的洗管、洗井工作，共发现流域内污水管道结构性缺陷 1278 处。通过开展排水管线隐患排查修复工程，对管线缺陷进行修改，恢复管道功能。

开展"洗河"行动，保证河道干净有序。采用人工、机械等措施，集中清理河岸、河面、河底以及河道附属设施的垃圾和其他附着物。车陂涌流域内每日出动保洁船只 24 艘、保洁人员 200 余人，日均清捞水面及两岸垃圾 6.5 t，投入漂浮物自动清捞船 3 艘，保持水面无大面积漂浮物、两岸无垃圾、河道整洁有序。

全力推进污染源专项整治，靶向清源减污控污 铁腕推进河涌违法建设治理。坚持"违建不拆、劣水难治"的治理思路，将涉河违建拆除由干流、主涌向边沟边渠、合流渠箱延伸，实行"一条河涌，一名领导，一支队伍"，对河涌两岸的违法建设坚决予以拆除，实现巡河通道贯通，消除违法建设直排污水污染水质、影响河道截污工程推进、骑压河道影响行洪排洪的"顽疾"，车陂涌流域共拆除河湖违法建设面积 20 万 m²。

加大"散乱污"工业场所整治。坚持上下联动、分工负责、精准治理，组建"前台、后台"工作队伍，建立"排查结果上报-任务措施下达-处置情况上报-督导验收下沉"的"两上、两下"工作闭环机制。通过用水电大数据精准排查、锁定目标、多部门联合执法，强力清除污染源，车陂涌流域内共完成清理整治"散乱污"场所 2348 家，从源头大幅减少污染物排放量。

清理整治畜禽养殖污染工作。推进《广州市新一轮畜禽养殖污染整治行动方案》，将流域内畜禽养殖污染防控作为水污染防治重点工作之一，加快推进畜禽、池塘养殖治理工作，彻底关闭或搬迁禽畜养殖场，完成对农业面源污染源摸查的整改工作。共整治家禽散养点 71 个，涉及建设面积超 1.4 万 m²。目前车陂涌流域内已全面实现禁养。

补齐污水基础设施短板　完善污水管网。针对污水管网不完善突出短板，按照先主涌后支涌、先城中村后小区企事业单位的原则，分步组织实施截污工程。实施主涌截污工程，完善流域污水主干管网 54 km；实施"支涌截污工程"，完善支涌支流污水次干管网 47 km。同时，为解决车陂涌流域内污水量占比最大的城中村污水收集问题和截流溢流问题，实施流域内 9 条城中村的截污纳管工程，敷设埋地污水收集支管 622 km，安装立管 987 km，流域内城中村全面实现雨污分流。

污水处理设施建设。新建大观净水厂，近期建成规模为 20 万 m³/d，远期规划总处理规模控制在 40 万 m³/d，主要收集车陂涌北部区域的污水，提升区域污水处理能力。同时按临时措施和永久措施相结合的思路，在大观污水处理厂建设期内，设置 4 座污水一体化处理设施（合计污水处理能力 15 万 m³/d），大观污水处理厂建成后，原 4 座一体化污水处理设施已清退。

推进排水单元达标。印发实施《广州市全面攻坚排水单元达标工作方案》，按照雨污分流原则，统筹、协调、监督属地内机关事业单位（含学校）、商业企业、住宅小区、部队、各类园区按时保质完成排水单元达标建设；明确内部排水设施的产权、管理权，落实好养护人、监管人，确保内部排水设施养护专业化、规范化；同步实施排水单元涉及的公共排水管网建设，基本实现雨污分流、源头治水，从根本上解决污水入河问题，减少雨天合流污水溢流入河，确保黑臭治理成效。截至 2020 年底，车陂涌流域内已完成 60% 以上排水单元建设。

推进合流渠箱清污分流。上游 6 条支涌实现清污分流，引入山水 4.6 万 m³/d，恢复车陂涌的生态基流，实现了"污水入厂、清水入河"。至 2020 年底，完成 11 条合流渠箱的雨污分流，计划在 2023 年全面完成。车陂涌沿线支涌原治理方案设置 11 座总口截污闸，已拆除（打开）6 座、取消建设 4 座、仍在使用 1 座。

多形式推进河道生态修复　减少清淤原位修复。从 2017 年开始，在车陂涌流域试点开展减少清淤、原位修复。试验表明，河涌在没有污水直排的情况，广州市山区型河涌底泥基本在两个月内实现由黑转黄，内源污染物逐步减少。根据试验结果，取消了原计划实施的清淤工程，节约了上亿元财政资金。

低水位运行促进水生态系统恢复。在完成控源截污后，全面取消珠江调水，保持河涌在自然水位（30～50 cm）运行，让阳光能透进河床，促进河体生态恢复。利用自然生态的力量，车陂涌河床水草生长茂盛，水质改善明显，形成亲水空间，水生态得到有效恢复。

4. 关键技术创新与推广

在控源截污完成外源污染管控的基础上，集成微孔曝气技术、复合酶有益菌修复技术、耕水助流技术、污染源预处理技术等水质改善技术，消除河涌黑臭，提升河道水质，同时新建强化耦合生物膜反应器（EHBR），使水体中污染物同化为微生物菌体固定在生物膜上或分解为无机代谢产物，达到进一步净化水体的作用。

通过原位底泥修复技术实现底泥生态治理，自然降解有机腐烂淤泥，同时保持河涌低水位（30～50 cm）运行，促进水体与空气中氧气的循环交换，强化底泥原位修复效果，逐步恢复河涌生态系统功能。

采用海绵城市专项规划设计，遵循生态优先等原则，将自然途径与人工措施相结合，开挖出连串湿地泡为分级蓄水系统，与可渗透广场、可循环材料栈道、透水绿道等共同构筑雨水收集净化系统，通过"渗、滞、蓄、净、用、排"等综合措施，建设成为集水质净化、雨洪调蓄生态循环城市设施，以及休憩科普旅游基地于一体的多功能生态湿地公园。

相关治水技术和经验已经成功推广应用于广州 35 条黑臭河涌城中村污水治理及自来水改造工程、白云区城中村污水治理和管网工程等一系列水环境综合治理工程。

5. 治理成效

经过治理后的车陂涌实现了水体消除黑臭的目标，生态环境质量明显改善（图 4-48），两岸居民的生产、生活环境显著提高，居民满意度和幸福感大幅提升，取得了良好的生态环境与社会效益。2017～2019 年，车陂涌连续 3 年通过国家、省、市各级水质考核，水环境质量实现历史性、根本性、整体性好转。

图 4-48　治理后的广州车陂涌

车陂涌流域通过推进碧道建设，结合当地特色，以水为主线，统筹山水林田湖海草系统治理，优化生产、生活、生态格局，有利于改善投资、旅游环境，吸引周边招商投资，促进经济、贸易和旅游等全面发展，为广州营造风景优美、文化传承、经济繁荣、社会稳定的现代山水城市释放了综合效益。

4.5　京津冀地区——北运河上游流域

京津冀是中国的"首都圈"，包括北京市、天津市以及河北省的保定、唐山、廊坊、沧州、秦皇岛、石家庄、张家口、承德、邯郸、邢台、衡水 11 个地级市。京津冀区域由滦河和海河两大水系组成。滦河水系包括滦河干流及冀东沿海 32 条小河；海河水系包括海河北系的蓟运河、潮白河、北运河、永定河 4 条河流和海河南系的大清河、子牙河、漳卫南运河、黑龙港运东、海河干流 5 条河流[23]。

由于水量供应季节差异大、水利设施造成自然生态破坏、人口高度密集、区域内工业结构偏重等历史原因，海河流域水环境较为脆弱，存在区域水资源匮乏，水质污染严重的问题，黑臭水体治理一直是城市流域治理的主要工作。截至 2016 年 1 月，京津冀有黑臭水体 83 条，主要分布为北京 24 条、天津 20 条、河北 39 条，各市黑臭水体占比如图 4-49 所示。

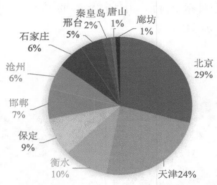

图 4-49　京津冀地区黑臭水体分布及黑臭水体条数占比图

京津冀平原区呈现地表断流、湿地萎缩和黑臭突出现象，半数河流的水资源短缺与水环境恶化致使水生生物栖息地严重受损，生态功能衰退，流域生态系统由开放型逐渐向封闭式和内陆式方向转化，造成京津冀地区水生态环境问题突出的深层次原因主要表现为三个失衡：一是水资源总量不足，开发利用过度，经济社会发展与区域水资源关系严重失衡，成为京津冀区域水环境态势严峻的主要根源；二是区域人口密集、产业聚集，城市群用水排水带来的水污染物排放聚化效应突出，河流非常规水源补给特征突出是区域黑臭严重的直接原因；三是缺乏区域水环境管理联动协调机制，水资源利益不均衡，上下游城乡布局与产业发展缺乏整体统筹设计，准入标准、排放标准、执法力度缺乏协同机制，区域经济发展与水生态保护的空间失衡[24]。本节以北运河上游流域为例进行介绍。

1. 概况

北运河流域是京津冀区域的重要生态廊道，贯穿联络京津冀协同发展多个关键节点，是北京市人口最集中、产业最聚集、城市化水平最高的区域[25]。北运河（北京段）是北京市五大水系中唯一发源于北京且干流常年有水的河流，流域内人口占全市人口的 70%以上，GDP 占全市80%以上，承担着北京中心城区 90%的排水任务[26]。北运河上游是其仅有的清洁水源，且非常规水资源补给占北运河水量约为 55%～85%；地处山区源头和城乡接合部过渡区，面临源头区小流域和农村生态环境恶化、城乡接合部雨污截留和合流制管网溢流污染入河的重大挑战。

沙河水库建于 1960 年，面积约 1.8 km^2，总库容 2045 万 m^3，是由沙河闸坝控制的河道式水库，是北运河源头区主要调蓄水库，其汇水主要来源于沙河水库上游地区等河流流域。该流域主要包括北京市昌平区、海淀区；主要河流有东沙河、北沙河和南沙河。沙河水库汇水主要来源于东沙河、北沙河和南沙河，流域面积 1125 km^2。

流域规模以上污水处理厂 13 座，设计处理能力 35 万 m^3/d，非常规水源已成为库区主要补给水来源。沙河水库既是北运河上游的重要节点和汇，也是多源污染的重要聚集处，呈现非常规水源补给的缓滞水体特征。沙河水库作为城市景观水体，对水环境和水生态要求较高，因此，沙河水库的综合治理对下游水质改善和水生态修复至关重要。

2. 治理目标和模式

治理目标　基于"源-流-汇"全过程污染控制的城市大型排水型河道水质改善和水生态修复，研发了适用于城镇截留式合流制管网溢流污染控制的管道底泥冲刷和溢流污染净化技术，达到悬浮性固体（SS）污染物去除率大于 50%，溢流入河化学需氧量去除率大于 30%；研发了山区、平原和城乡接合部不同类型生态清洁小流域建设模式，建设生态清洁小流域总面积 200 km^2，平均土壤侵蚀模数低于 200 t/(km^2·a)；基于分散污水收集模式和处理模式的影响因子分析和耦合作用，结合村庄属性、污水管线等数据信息，建立了多参数多条件下分散污水处理收集和建设模式分析算法，率定后模型精度达到 70%以上；集成水陆交错带、库区水生生物群落的配置与人工调控技术，提出了适用于非常规水源补给的缓滞水体。水体透明度>0.8 m，溶解氧>3 mg/L，区域内生物多样性显著提高，浮游生物"香农-维纳指数"不低于 1.5。

治理模式 以北运河上游沙河水库流域为对象，基于"源-流-汇"全过程污染控制，提出了水生态环境综合治理模式（图 4-50）。通过源头区生态清洁小流域集成技术、农村污水处理集成技术和未来污水处理厂集成技术等的综合技术集成与创新，形成了理论、技术和管理三个创新，支撑北运河上游段污染负荷的"源削减"；集成非常规水资源利用的河流生态修复技术，支撑北运河上游段的"流改善"；研发和示范多源入库污染综合防控集成技术和库区水体水质改善与水生态修复技术，打造北运河上游段沙河水库的"汇景观"；形成特大型城市排水河道水生态环境改善技术体系，实现北运河上游水环境质量改善、水生态功能提升的治理目标，实现项目科技目标和治理目标，有效支撑北运河流域水生态环境综合治理全面实施，促进北运河上游区域水生态环境得到显著改善，为北运河生态廊道构建以及下游北京城市副中心水生态环境质量提升提供科技支撑[26]。

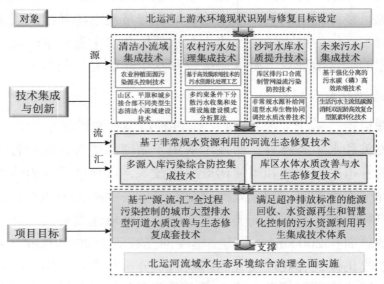

图 4-50 北运河上游流域水生态环境综合治理模式

3. 治理方案和措施

针对北运河上游（沙河水库以上）流域的水质保障和生态修复需求，陆域与水域兼顾、源头与末端并重、河道与岸线综合考虑，研发基于不同类型小流域功能分区布局技术，综合集成农业面源污染防控、生态清洁小流域建设、基于非常规水资源的河道生态修复关键技术，建立北运河上游流域生态修复技术体系，形成可持续、可复制的山水林田湖草一体化保护与修复模式（图 4-51），通过综合示范区建设，实现沙河水库上游流域水生态环境的明显改善。

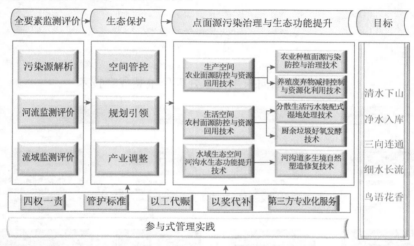

图 4-51　北运河上游小流域山水林田湖草一体化保护修复技术模式

以着眼服务未来、超前部署、支撑污水处理技术持续发展为目标，开展含碳氮（磷）分离、生活污水主流低碳源消耗氮素转化技术等面向未来污水处理新技术研究与示范，建立了污水处理能源回收模式及水资源利用技术（图 4-52），构建了基于运营大数据的污水处理厂工艺诊断与智慧控制技术平台，实现了污水厂智慧化管理、远程实时监视和智能预警。

开展北京市分散生活污水收集和建设模式研究（图 4-53），进行分散生活污水菜单式组合工艺研究及设备研发和示范；构建农村污水处理系统无线远程智能监控系统并进行示范；研究农村污水处理建设、运营、监管，形成农村污水处理长效运行管理机制。

以改善沙河水库水环境质量为目标，基于"控源截污-水质改善-生态修复"的核心理念，从入库污染源的削减、库区水质的提升、库区水生态构建与修复等方面入手，研究适合于沙河水库的水环境质量改善与水生态修复技术模式（图4-54），通过关键技术的突破和工程示范，形成从短期人为强化到长效自然净化的环境综合整治系统工程，实现沙河水库水环境质量全面提升。

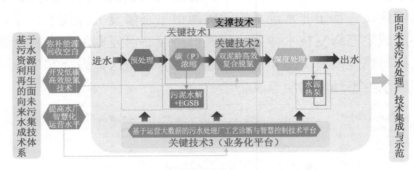

图 4-52　面向未来污水处理厂整装成套技术

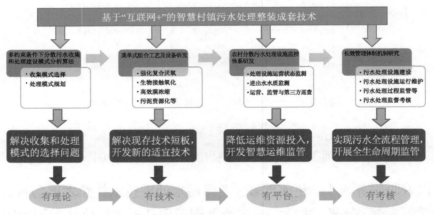

图 4-53　基于"互联网+"的智慧村镇污水处理整装成套技术

图 4-54　非常规水源补给的城市大型河道水库水质改善与生态修复治理成套技术

4. 关键技术创新

不同类型生态清洁小流域建设技术　针对北运河上游山区、平原区和城乡接合部不同类型小流域，从"综合风险识别、功能分区与措施布局和不同类型小流域建设"的关键节点入手，通过识别灾害风险、水质污染、土壤流失等小流域生态问题，采用"三道防线"思路划分生态修复、生态治理和生态保护功能区，基于生态系统服务和空间保护优先理论，比选措施并优化治理措施空间布局，研发"生态服务功能评估-功能分区-环境问题识别-范围措施布设-分区治理排序-位置措施布局"的小流域功能分区与措施布局技术（图 4-55），实现小流域治理措施的优化与布局（图 4-56）。集成农业农村面源污染防控、河湖水生态修复等治理技术，辅以参与式管理，构建并实施面向山区和平原地区的生态清洁小流域构建整装成套技术，推动小流域综合实现"清水下山、净水入库、三向连通、细水长流、花鸟鱼虫"目标，形成北运河上游小流域山水林田湖草系统修复技术模式，支撑首都生态涵养区的生态屏障功能。

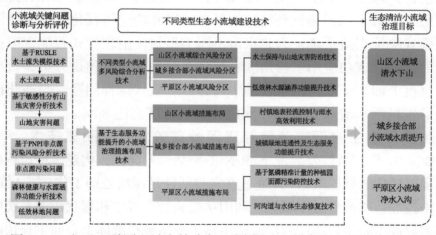

图 4-55　山区、平原和城乡接合部不同类型生态清洁小流域建设技术

多约束条件下分散污水收集和处理建设模式分析算法　在总结和分析国内外现有农村地区污水治理模式的基础上，结合北京市农村生活污水治理的特点和实际，统筹污水收集、处理、运维以及监管等全生命周期环节，集成经济、社会和环境及其耦合影响因素，筛选驱动和制约因子，整合并形成多约束条件；耦合层次分析法、无量纲归一法、德尔

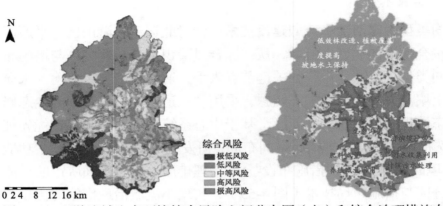

图 4-56　上游流域生态环境综合风险空间分布图（左）和综合治理措施布局（右）

菲法、生命周期经济评价法以及多指标综合评价法，在原有只考虑管网铺设距离和建设成本的基础上，增加村庄特点、社会环境等多种因素，开发多约束条件下主客观因素相结合的分散污水收集和处理建设模式分析算法，率定后模型精度达到 70% 以上，系统评价和优选不同治污模式。并借助 VB.NET 语言编程环境，创新性开发并构建可视化农村生活污水治理模式决策支持系统，为北京市不同类型村庄治理模式智能选取提供更全面依据。成功应用于通州区农村污水治理全覆盖建设方案，首次在县域尺度上回答了农村污水"集中与分散"模式选择问题，与通州区已开展的农村污水治理 PPP 项目实施方案契合度高达 80%。

　　生活污水主流低碳源消耗双泥龄高效复合型脱氮技术　基于"AOB/NOB 生理特性差异及 NaR/NiR 酶活性差异"，构建多种短程硝化和短程反硝化的调控策略，并通过在常规活性污泥法处理工艺（如 A^2/O 工艺）中投加特殊改性悬浮填料，利用功能菌群在载体和絮状污泥系统中富集的差异性，将生长缓慢的功能微生物主要富集在载体上，而生长快的功能微生物持留在絮状污泥，通过差异性设置载体和絮状污泥的排泥周期，形成稳定的双泥龄系统；建立低碳源消耗高效复合型脱氮工艺的过程控制策略，实现自养脱氮和异养脱氮耦合，达到污水处理厂深度脱氮及节能降耗目的。生活污水主流低碳源消耗双泥龄高效复合型氮素转化技术在北京首创东坝污水处理厂升级改造项目得到示范应用（2 万 t/d）。改造后采用"粗格栅及进水泵房+细格栅及旋流沉砂池+超磁分离+低碳双泥龄复合脱氮工艺+周进周出矩形二沉池+混凝沉淀池+Ⅴ型滤池+次氯酸钠消毒"工艺，排放标准执行京标 A 排放标准[《北京市城镇污水处理厂水污染物排放标准》（DB 11/890—2012）]，工程出水排入北京市坝河流域（Ⅳ类水体）。

"截冲掏调蓄净一体化"合流制管网溢流污染防控技术　针对沙河水库库区合流制溢流污染问题，开发了基于天气预报的截冲掏调蓄净一体化技术，如图 4-57 所示，体现为"源头截污减量，过程冲掏底泥预防，末端调蓄净削减溢流污染"；基于天气预报和最佳管理实践，强化预防，生态拦截悬浮态污染物入库，提升溢流污染削减效果。"截冲掏"用于合流制管网溢流污染入河前污染截留净化，"调蓄净"用于后续溢流部分持续污染防控。

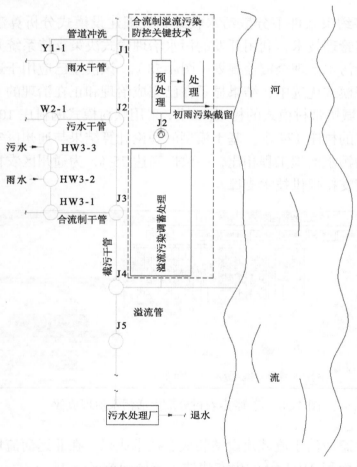

图 4-57　"截冲掏调蓄净一体化"溢流污染关键技术流程图

5. 项目技术创新

"源削减"　采用"肥药减量优化-生态沟渠净化-种养结合回用"技术链条实施农业面源污染防控，实现北运河上游小流域示范区内化肥和农药分别减量 23.4% 和 22.0%、养殖废弃物全部资源化利用。

依托北京首创东坝污水处理厂，建设基于资源利用的新型生态再生水厂示范工程（20 000 m³/d），开发集成基于强化分离的污水碳（磷）高效浓缩、生活污水主流低碳双泥龄高效复合型氮素转化及基于运营大数据的污水处理厂工艺诊断与智慧控制等关键技术，形成先进技术路线，打造集成能源中心、水资源中心、大数据智慧中心及环境友好的未来水厂。

基于多约束条件下分散污水收集和处理建设模式分析算法的农村污水处理与管理技术，利用开发的污水治理模式决策支持系统开展通州区农村生活污水治理全覆盖规划（图 4-58）。该模型已应用于通州区农村污水治理模式优选中，结果显示在已完成治理和正在治理的 366 个村庄中，采用城镇带村模式的村庄 85 个，采用联村模式的村庄 105 个，采用单村治理的村庄 174 个。基于模型的理论计算结果与通州区实际开展的农村生活污水治理工程相比，一致性高达 75%，为通州区农村生活污水治理决策支持提供技术支撑。

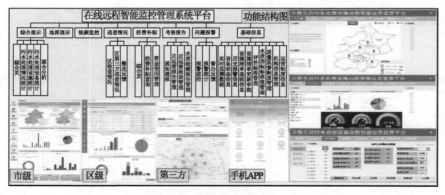

图 4-58　源削减-农村分散生活污水治理成效

应用生态清洁小流域建设整装成套技术成果，在北运河流域落地实施，建成总面积 219 km² 的生态清洁小流域示范区。

"流改善"　研发河道多生境自然塑造修复技术，可实现氨氮和总磷削减 60% 和 45% 以上，可抵御 5 年一遇以上的洪水，河道生境类型和底栖动物明显增加，生境类型可增加 5 种以上，底栖动物增加超过 3 种。应用城市再生水河道生态修复技术，在沙河水库上游干、支流，包括北沙河、东沙河、中直渠、邓庄河、幸福河西支和西峰山支沟、柏峪沟、台头沟、叉河、温泉沟、罗家坟排水渠、西埠头村东排水沟等河沟道，完成修复长度共 23.071 km（图 4-59）。

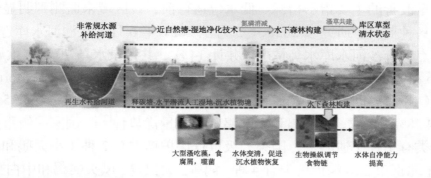

图 4-59　非常规水源补给河道型水库生物协同调控水质改善技术工艺流程

基于多级拦截-净化组合技术优化研究成果，在沙河水库入库口沿南北沙河两岸建设入河面源污染植被缓冲带示范工程，示范区长度 3.42 km，径流入库污染削减率达到 86%。基于近自然净化复合型人工湿地构建与系统优化集成研究成果，在南沙河入库段及七燕干渠建设复合型人工湿地示范工程 16.7 hm²，形成兼具水质净化和生态景观效果的河道近自然复合型人工湿地，有效促进入河口水质改善和生态修复，吸引大批湿地鸟类栖息。

基于库滨水陆交错带与库区水体水生态系统重构与优化研究成果，在北沙河入库段建设水生态系统重构示范工程 6.57 hm²，形成以沉水植物、底栖生物为主的清水型水生态系统，重构区内沉水植物覆盖率 69.00%，香农-维纳指数浮游动物 2.19、浮游植物 1.92，显示了良好的生态修复效果。基于库区水质原位净化及水动力改善技术研发成果，在南沙河入库口构建推流-曝气复合型接触氧化生态净化浮岛 6100 m²，兼具水质保障和水禽栖息地恢复，处理水量大于 1.0 万 m³/d，平均 2.65 万 m^3/d。

"汇景观" 基于库区排污口合流制管网溢流污染特性及防控关键技术研究成果，综合考虑沙河水库入河溢流污染物截留、管道系统控制、排口污染削减、入河污染物净化等技术集成与优化，完成水库周边雨污排水管网溢流排口污染控制设施建设 24 处，实现对 92%以上库区周边雨污合流排水口实施设施处理。

沙河水库是水鸟在北京的重要休憩场所，水鸟群落变化是其生态环境质量改善的主要指示指标。低水位运行前，该区域未监测到明显聚集的水鸟种群。有研究于 2020 年 3 月至 2021 年 6 月，在沙河水库选取 3 个位点调查沙河水库水鸟情况，共计 14 次，共记录水鸟 70 种，隶属 14 目 26 科，占北京所有已记录鸟类的 15.35%，其中雀形目（Passeriformes）鸟类（18 种）和雁形目（Anseriformes）鸟类（17 种）分别占总数的 25.17% 和 24.28%，苍鹭、绿头鸭和赤麻鸭等为数量优势种[27]。国家一级重点保护鸟类有 1 种（遗鸥），国家二级重点保护鸟类有 2 种（小天鹅和白琵鹭）；北京市一级保护鸟类有 4 种（鸿雁、大白鹭、凤头䴙䴘和中白鹭），北京市二级保护鸟类有 20 种；世界自然保护联盟（IUCN）濒危物种红色名录易危物种 2 种（鸿雁和遗鸥）。

综合示范区出口断面（沙河闸）2021 年 1～6 月主要水质指标平均值为化学需氧量 32 mg/L、生化需氧量（生化五项）6.85 mg/L、氨氮 1.19 mg/L、总磷 0.27 mg/L，实现治理目标。

6. 技术推广

"截冲掏调蓄净一体化"的理念已在昌平区沙河水库溢流污染防控方面得到贯彻，形成的排口水量连续监测等管理措施已经在昌平区水务局实现业务化运行（图 4-60）。前期强调"截污"成功用于昌平区黑臭水体治理工程。通过突破关键技术，在北运河上游沙河水库开展工程示范，集中示范优化了冲刷流速的管道冲洗措施、以生态措施为主的末端治理措施等溢流污染防控"调蓄净"关键技术，示范实施后，实现80% 以上库区周边雨污河流排水口实施设施处理，悬浮物去除率50%～51% 以上，化学需氧量去除率25%～27%以上[26]。

图 4-60　合流制管网溢流污染防控"截冲掏调蓄净一体化"关键技术的应用

　　在沙河水库保护和水质净化基础上，北京市昌平区沙河湿地公园项目着力恢复岸滩湿地、提升库滨带生态系统稳定性与植物群落多样性，并结合服务周边功能区需要，建设了一座兼具生态涵养、林下休闲、科普展示功能的湿地公园（图 4-61）。沙河湿地公园工程建设总投资 1.99 亿元，于 2021 年施工建设，采取"再生水厂+湿地"生态理念，调节改善沙河再生水厂退水，减轻再生水直接排放对水生态系统的冲击影响。采用库区排污口合流制管网溢流污染防控、旁侧复合型人工湿地等技术截流、调蓄、净化项目区初期雨水，保障沙河水库水质。强调生态优先，亲近自然，用生态办法解决生态问题。

图 4-61　沙河湿地公园湿地水域生态修复设计

4.6　东北寒冷地区——长春市伊通河

东北寒冷地区主要指黑龙江、吉林、辽宁及内蒙古自治区的东北部地区，以哈尔滨、长春、沈阳等城市为代表。东北寒冷地区的主要河流有黑龙江、松花江、嫩江、乌苏里江、辽河、鸭绿江、图们江以及绥芬河，每年冬季都会出现程度不同的封冻现象，冰封期最长可达 180 天。由于存在冰封期，该地区流域水污染特征以及流域水污染防治所面临的问题都有别于其他地区，多存在水质难以有效保持、水量时空分布不均、生态流量不足、水生态环境恶化等问题[28]。截至 2016 年 1 月，东北寒冷地区（主要指东北三省）地级城市黑臭水体有 141 条，主要分布在辽宁省 61 条、吉林省 58 条和黑龙江省 22 条（图 4-62）。

东北寒冷地区面积较大，既包括人口密集的东北老工业基地和国家商品粮基地，又涵盖生态环境极为敏感和脆弱的高原地区。且寒冷地区河流受农业面源污染及城镇市政排水的影响，多属于区域纳污受体，水质难以有效保持；受气候影响，河流夏季汛期集中且历时较短，冬季存在结冰期，春季由于积雪融化形成春汛，水量时空分布不均；随着农田灌溉及城镇生产直接或间接取水，河流生态流量不足、水生态环境恶化等问题日益突出[29]。此外，部分区域还出现有河皆枯、有水皆污的极端情况。

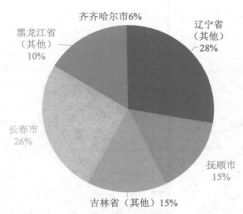

图 4-62　东北寒冷地区黑臭水体分布

每年 11 月，东北寒冷地区河流开始进入冰封期，降水转化为积雪、河流冰封，地表径流几乎消失，流域基本无面源污染进入，污染主要以点源为主。其中东北地区作为老工业基地，部分重工业和石油化工企业造成的有机污染严重；哈尔滨、吉林、长春等沿江大城市排污工业废水、城市生活污水化学需氧量及氨氮入河排放总量大，约为全流域的 58%～68%，造成城市周边河段污染严重。次年 4 月起，随着气温升高，因冰凌融化的春水、降雨以及地表径流激增，地表土粒、氮磷、农药及其他有机或无机污染物，通过降水、地表径流、农田排水和地下渗漏，使大量污染物质进入水体，造成水体污染，使得非冰封期面源污染贡献突显[30]。本节以长春市伊通河为例进行介绍。

1. 概况

伊通河是长春平原上的千年古流，松花江的二级支流，是流经长春市城区唯一一条河（城区段 48.82 km）[31]。2017 年中央生态环境保护督察指出"伊通河、饮马河流经长春市后，水质由Ⅲ类下降为劣Ⅴ类，是目前松花江流域污染最重的河流"。2018 年中央生态环境保护督察"回头看"再次指出"长春市积极推进伊通河、饮马河污染整治，但对两河城市段以外区域的整治力度不够"。

伊通河是城市承泄天然降水和排放工业废水与生活污水的主要通道，水体污染、河道淤积、环境不佳，周边用地的潜在价值远未得到挖掘。河道及周边绿地空间规划定位不科学，且功能单一，未能充分发挥其生态、经济及社会效益；沿河工业的发展与污染治理的滞后造成水环境的破坏日趋严重，全流域治理伊通河势在必行[32]。

2. 治理目标和模式

根据《长春市落实水污染防治行动计划工作方案》《长春净月高新区落实水污染防治行动计划工作方案》，治理目标为：到 2017 年，建成区基本消除黑臭水体；到 2020 年，通过截流治污工程使污水应截尽截，实现旱季污水零排放。伊通河南南段主河道及支沟水体水质指标水质达到地表水Ⅳ类。

在伊通河综合治理工作中，突出"全区段、全流域、全方位"治理思路，由主河道扩大到各支流，由仅限防洪工程扩大到水质达标、景观提升、设施配套完善。治理范围从新立城坝下至农安县靠山大桥出境断面，包括伊通河干流和新凯河、东新开河、串湖 3 条支流，划分 9 大任务单元，如图 4-63 所示。

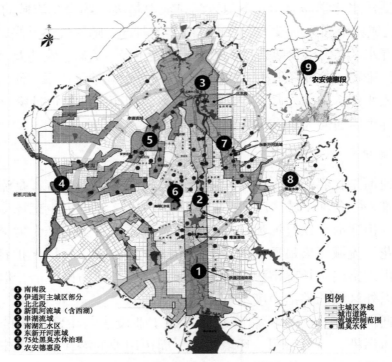

图 4-63　伊通河综合治理 9 大任务单元

3. 治理方案和措施

在系统分析黑臭水体水质水量特征及污染物来源的基础上，提出"源头控制、综合治理、多级净化、构建'清流水网'"的总体技术方针。遵循"适用性、综合性、经济性、长效性和安全性"原则，结合环境条件与控制目标，筛选技术可行、经济合理、效果明显的技术方法。"清流水网"技术措施（图 4-64）具体可分为两部分：工程措施和非工程措施。不同污染源类型及对应的具体治理措施，通过对污染源进行识别，以工程和非工程措施相结合，对伊通河南南段及其支流的面源、点源、内源污染治理，减少流入流域的污染物总量，减轻水体污染。其技术体系采用源头控制、沿途削减、原位修复、河口强化。

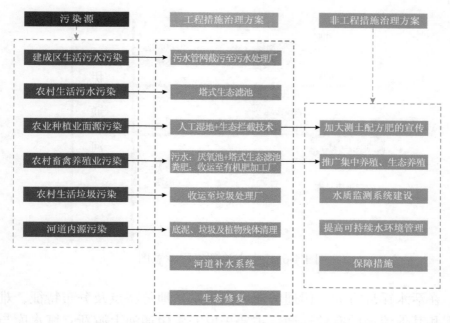

图 4-64　伊通河南南段水环境治理总体方案

工程措施　控源截污方面，完成吐口治理 124 个，新建污水干管 120 km，措施主要包括：对于直排入河道的污水管及混入雨水管的污水进行截流，就近截入污水干管，输送至东南污水处理厂处理达标后排放；对于直排入河道的雨水管在入河道前加设雨水格栅井及雨水调蓄池，减少污染物进入水体；在农村居住及养殖区利用新建污水管道将生活污水及养殖污水分片区集中收集，收集后的污水采用厌氧池+塔式生态滤池技术进行处理后达标排放，同时建立养殖粪便收运系统和垃圾收运系统，对农业养殖产生的粪便和农村生活垃圾进行及时有效的处理；在农业种植区设置生态沟渠+生态拦截带。

内源控制方面，采用底泥清淤、垃圾打捞、植物残体清理等措施，将水体中固态污染物进行一次性清理，完成河流清淤疏浚 347 万 m^3，清理河道垃圾 16 万 m^3，河流内源污染得到有效控制[33]。

该项目生态修复采用渗滤坝及表流人工湿地、支沟旁路人工湿地、主河道旁路人工湿地、人工快渗、河道原位生态系统修复（图 4-65），建设了 3 处人工湿地，完成了南溪湿地等生态工程，河流生态得到有效改善。

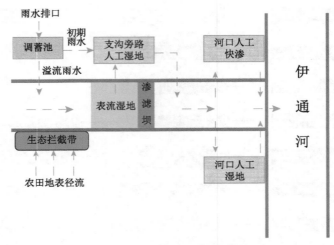

图 4-65　生态治理工程示意图

在活水循环方面，伊通河流域因为水系地势特点及分布特征，难以实现和其他流域的有效连通，主要采取完善伊通河上游新立城水库与其小河沿子沟、鲶鱼沟、后三家子沟、农大支沟的生态通廊的建设，主要通过城乡再生水利用、雨水收集处理与储蓄工程等进行生态补水。其中，将东南污水处理厂处理水经泵站加压与小河沿子沟等各支沟连通；将农村生活污水收集处理后排水，伊通河南南段及各支沟流域可收集处理农村生活污水 2.4 万吨，处理后的达标水可作为四条支沟的生态补给水；结合环境整治工程措施，在伊通河各支沟沿线注、绿地区域设置雨水收集与处理场地，经过滤花园技术处理后的雨水可有效去除氮、磷、化学需氧量等污染，处理后的雨水采用模块式雨水储蓄装置进行储蓄，在非雨天调蓄池储水可有序释放进行河道生态补水；利用沿岸污水处理厂再生水补水，新建提标改造污水处理厂 3 座并已通水，建成并投入使用 14 座治理溢流污染调蓄池；统筹"厂—网—河（湖）"建设，大幅削减了合流制溢流污染负荷。

4. 关键技术创新

面向寒区河流生态廊道健康的多塘系统构建技术集成　针对伊通河流域支流污染重、城市缓流景观段水体自净能力差、底泥淤积内源污染严重等问题，以源头生态阻断-多级人工湿地处理技术-水利调控技术为核心思想，研发了面向寒区河流生态廊道健康的多塘系统构建技术。通过实施旁路人工湿地处理系统，引部分干流水进入旁路系统，实现源头生态阻断；研发集成悬浮型人工湿地技术、潜流人工湿地技术和河湖底泥就地处理技术的多塘系统的构建技术，克服单一类型湿地处理重污染水体效率不高问题；在此基础上集成人工生态活性水岸技术、仿拟根系技术、生态混凝土技术和通透性墙式护岸技术等生态廊道建设技术，实现岸上岸下、底质与水质的协同净化。针对目前河流治理主要依靠底泥疏浚、补水等传统处理方法的单一性问题，构建了以寒区河流生态廊道健康为主要手段的生态治理体系。

河湖底泥就地处理与生态护岸相结合的生态护岸系统　创新提出河湖底泥就地处理与生态护岸相结合，集成成本低廉的柳桩、柳编和石笼材料，应用于城市河湖岸边构建生态护岸系统，将河湖底泥作为填充基质供岸边水生植物生长，减少淤泥运输处理成本，实现淤泥和水体中污染物的同步削减，解决河道硬质护岸、水体失活、景观单一等问题，实现河（湖）岸带的景观美化和生境多样性。该技术适应北方寒冷气候，其造价（约 700 元/米）比传统硬质化护岸低（1200 ～1500 元/米），具有创新性和推广价值。上述技术成果应用于伊通河支流小河沿子河和伊通河流域水环境综合治理工程中，形成纳污支流及排污沟渠水质净化示范区和水体生态修复示范区，第三方监测结果表明：纳污支流及排污沟渠水质净化示范区水污染物平均削减率达 30%以上，水体生态修复示范区内水污染物平均削减率达 20%以上。

5. 治理成效

伊通河综合治理累计完成投资 207 亿元，连续近 4 年完成污水截流、水利防洪、水质改善、景观提升等系列工程，取得城市功能、水生态环境、文化品质、群众获得感"四个显著提升"的阶段性成果[31]。

目前，伊通河中段主体工程已基本完工，城区段防洪标准达到 200年一遇。沿线新建公园 11 个、改造公园 16 个，新增绿地面积 1100 hm²，新增景观节点及健身场所 100 余处，步行绿道 33 km，防洪、调蓄、休闲、交通等功能得到全面提升。同时，同步抓好、协调推进流域棚户区改造，累计征收住宅 1.3 万户、工企 60 余家，既为治理工程提供空间，又解决了棚户区和"散乱污"企业排污问题，提高城市综合承载能力。

截至目前，共清淤疏浚 278.1 万 m^3，完成截污纳管 117.8 km、治理吐口 113 个，新建及提标改造 9 座污水处理厂，开工建设 19 座调蓄池、14 座已主体完工，非汛期污水直排问题基本得到解决[31]。城区 75 个黑臭水体已全部基本消除黑臭。随着各类调蓄池、污水处理厂陆续建成投入使用，溢流和出水不达标问题将逐步解决，区域水质大幅改善。

沿线增设城市雕塑 83 处，新建及改造桥梁 13 座，完成园路铺装 8.3 万 m^2，广场 4.8 万 m^2，绿化 279 万 m^2，栽植苗木约 5 万株[33]。特别是把工业、电影、民俗等特色文化元素融入伊通河沿线"三区、五鸟、十园"景观建设中，其中工业轨迹公园、渔航文化公园、水生态文化园均已开放，爱琴岛公园全面进入收尾阶段，届时将成为全省集历史文化遗迹保护、水文化生态主题、文创产业集群于一体的文化旅游创新示范基地（图 4-66）。

图 4-66 水文化生态园

参 考 文 献

[1] 邓大洪. 长江经济带成为引领中国经济腾飞的"脊梁"[J]. 中国商界, 2021, (1): 14-15.

[2] 张慧, 高吉喜, 乔亚军. 长江经济带生态环境形势和问题及建议[J]. 环境与可持续发展, 2019, 44(5): 28-32.

[3] 陈国磊, 田玲玲, 罗静, 等. 长江经济带城市黑臭水体空间分布格局及影响因子[J]. 长江流域资源与环境, 2019, 28(5): 1003-1014.

[4] 樊杰, 王亚飞, 陈东, 等. 长江经济带国土空间开发结构解析[J]. 地理科学进展, 2015, 34(11): 1336-1344.

[5] 吴伟龙, 蔡然, 瞿文风, 等. 源头暗涵化河道形成过程与系统治理思路[J]. 给水排水, 2021, 57(12): 147-151.

[6] 雷沛, 王超, 张洪, 等. 重庆市重污染次级河流伏牛溪水污染控制与水质改善[J]. 环境工程学报, 2019, 13(1): 95-108.

[7] 王道增，林卫青. 苏州河综合调水与水环境治理研究[J]. 力学与实践，2005，(5): 1-12.

[8] 石正宝. 苏州河底泥的污染特性、污染控制指标与处置方式研究[D]. 合肥：合肥工业大学，2008.

[9] 赵杨，李雄，贺坤，等. 生态科普景观的可持续更新——以苏州河梦清园环保主题公园为例[J]. 动感(生态城市与绿色建筑)，2016，(3): 100-104.

[10] 路金霞，柏杨巍，傲德姆，等. 上海市黑臭水体整治思路、措施及典型案例分析[J]. 环境工程学报，2019，13(3): 541-549.

[11] 夏骥鹕，郭淑芬. 黄河流域旅游开发强度对生态效率的影响研究[J]. 经济问题，2021，(12): 104-111.

[12] 安康市生态环境局. 昔日臭水渠　今朝换新颜——陕西省西安市长安区皂河成为人民满意的幸福河 [EB/OL]. [2021-03-08]. https://hbj.ankang.gov.cn/Content-2231662. html.

[13] 滕少香，张水燕，王全勇，等. 小清河(济南段)水质污染现状调查及研究[J]. 中国给水排水，2020，36(1): 63-68.

[14] 刘耀辉，洪理健. 东南沿海平原河网地区水生态修复与治理模式探讨[J]. 华北水利水电大学学报(自然科学版)，2021，42(1): 53-59.

[15] 桑非凡，黄月. 高密度建成区域黑臭水体治理思路——以厦门市新阳主排洪渠为例[J]. 中国资源综合利用，2019，37(2): 62-65.

[16] 康晓鹃，杨明结，陈振期，等. 厦门市新阳主排洪渠修复工程探讨[J]. 给水排水，2019，55(6): 63-70.

[17] 肖朝红，周丹，马洪涛，等. 基于污水系统提质增效的老旧城区黑臭水体整治[J]. 中国给水排水，2021，37(10): 23-27.

[18] 林杨光. 厦门市新阳主排洪渠黑臭水体的综合治理[J]. 净水技术，2018，37(S2): 132-136.

[19] 李斌，刘东，刘瑞霞，等. 南方城市黑臭水体综合治理——以南宁市竹排江 e 段(那考河)为例[J]. 环境工程技术学报，2020，10(5): 702-710.

[20] 刘小玲，甘建文. 珠三角地区水环境空间分异及其优化对策研究[J]. 中国农业资源与区划，2015，36(4): 1-9.

[21] 楼少华，唐颖栋，陶明，等. 深圳市茅洲河流域水环境综合治理方法与实践[J]. 中国给水排水，2020，36(10): 1-6.

[22] 左晓君. 茅洲河水环境综合治理的新技术、新模式、新维度——《水环境治理技术》出版的应用与实践[J]. 中国水能及电气化，2020，(9): 59-63.

[23] 徐敏，赵康平，王东，等. 京津冀区域水环境质量改善一体化方案研究[J]. 环境保护，2018，46(17): 35-39.

[24] 曹晓峰，胡承志，齐维晓，等. 京津冀区域水资源及水环境调控与安全保障策略[J]. 中国工程科学，2019，21(5): 130-136.

[25] 魏源送，常国梁，吴敬东，等. 基于"源流汇"的非常规水源补给河流水质改善与水生态修复专刊序言[J]. 环境科学学报，2021，41(1): 6.

[26] 魏源送，常国梁，吴敬东，等. 北运河上游突破溯源治理、生态清洁小流域建设、面向未来污水处理技术，助力北运河上游水环境质量提升——北运河上游水环境

治理与水生态修复综合示范项目[J]. 中国科技成果, 2021, (16): 11-19.

[27] 魏源送, 朱利英, 黄炳彬, 等. 水位调度运行对河道型水库水生态环境的影响——以沙河水库为例[J]. 环境科学学报, 2022, 42(3): 84-93.

[28] 金陶陶, 马放, 林泉. 寒冷地区流域水污染防治问题[J]. 城市环境与城市生态, 2011, (3): 43-46.

[29] 张华, 李子音, 孙莹, 等. 北方寒冷地区河流特点及生态修复与管理模式——以北沙河沈阳段为例[J]. 环境工程技术学报, 2020, 10(6): 1036-1042.

[30] 王赫伟, 潘星, 焦点, 等. 冰封期河流污染特征研究进展与展望[J]. 环境保护与循环经济, 2021, 41(8): 54-58.

[31] 贾楠, 乔宾娟, 刘剑英. 治理一条河 改变一座城[N]. 河北日报, 2022.

[32] 刘继欣, 张安, 刘晖皓, 等. 浅谈城市品位提升——伊通河治理[J]. 北方建筑, 2019, 4(5): 59-61.

[33] 谷岩. 母亲河治理, 生态文明迈进新时代——伊通河综合治理调研报告[J]. 当代旅游, 2019, (2): 182-184.

第 5 章

城市水体综合整治典型国际案例

在发达国家经济社会发展过程中，由于认知缺乏、法律制度缺失、基础设施落后等原因，也曾经出现过成因各异、程度不同的水体黑臭现象（如英国泰晤士河、法国塞纳河、韩国清溪川等）。各国在系统分析污染成因后，对目标黑臭水体进行系统治理，取得了显著成效。本章通过选取不同诱因黑臭水体治理的典型国际案例（图 5-1），深入分析污染成因、治理历程、政策法规、技术方法、水体现状，以期为我国黑臭水体进一步开展有效治理提供参考借鉴。总体来说，发达国家在水体治理的成功经验包括立法、技术、资源和教育等多个方面。

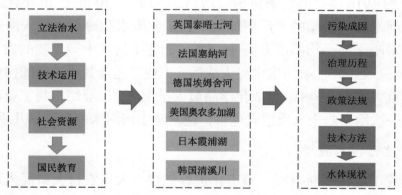

图 5-1　城市水体综合整治典型国际案例分析流程图

5.1　英国泰晤士河

5.1.1　污染成因

英国泰晤士河的污染史可追溯至 12 世纪，伦敦居民将生活垃圾直接扔进泰晤士河的支流弗利特河，造成严重的河流污染和河道淤积。16

世纪末期，伦敦政府虽然开展过两次清污行动，但仍未成功改变弗利特河的状况，河水频频泛溢，把畜牧业产生的粪便等污物带入河水，致使河水臭不可闻。19世纪开始，工业革命兴起，两岸人口激增，导致大量未经处理的生活污水和工业废水直接排入泰晤士河，加之沿岸堆积的大量垃圾污物，使泰晤士河污染愈加严重。直至1858年夏，天气干燥炎热加上泰晤士河长期污染，致使伦敦发生"大恶臭"事件，并间接引发同期间霍乱的大规模传播，严重危害公众健康[1, 2]。造成泰晤士河污染的主要原因可归纳为4类：工业企业聚集、生活污水激增、抽水马桶普及以及放任自由的排放政策。

1. 工业企业聚集

19世纪至20世纪初，泰晤士河沿岸工厂林立，其中又以造纸厂、制革厂、煤气制备厂居多，产生的废水成为三大主要工业污染源。高温且悬浮固体物浓度高，酸碱性强的物质随水排入河流，使泰晤士河成为沿岸工业废水的排放场所。1800年泰晤士河每天的污染负荷量高达450 t，到1910年，其污染负荷猛增到2745 t[3]。20世纪20年代之后，泰晤士河干支流沿岸的工厂更加集中，工业废水和冷却水排入河道后，使夏季泰晤士河平均温度升高4~5℃，加速了河水中微生物的发育，使水质进一步恶化[4]。第二次世界大战后，工业工艺及其所造成的污染类型已发生重大改变。其中，合成化学品被大量生产，工业结构与工业产品的转变又一次给泰晤士水质造成危害，使泰晤士河河水中含氧量几乎为零。

2. 生活污水激增

随着工业化不断发展，城市化进程加快，大量农村人口涌入城市，城市人口的急剧增长给基础设施建设带来巨大压力。房屋拥挤、排水沟渠的缺失以及公民环境意识的匮乏，致使伦敦生活污水排放量激增，街道粪污遍布。1857年，伦敦每天就要向泰晤士河排放约250 t的粪便，各类生活污水直排入泰晤士河的下水道有约150条[4]。泰晤士河沿途城镇、村庄排放的污水不断注入河道，致使河水污浊不堪。

3. 抽水马桶普及

从1810年起，"水箱"的发明使抽水马桶在英国伦敦等大城市被广泛应用。据统计，1850 年伦敦的 270 581 户居民每日每户用水 160 gal（加仑）①，到 1856 年，328 561 户居民每日每户用水 244 gal；伦敦的每日污水排放总量在 1850 年为 4330 万 gal，1856 年增加到 8080 万 gal[1]。抽水马桶在伦敦日益广泛的应用，使大量生活污水与未经任何处理的居民排泄物排入下水道并直接排入泰晤士河。泰晤士河取代以前各家各户的粪池，变成了一个巨大公共粪池，对泰晤士河水质造成灾难性影响。

4. 缺乏统一管理

1835 年英国市政改革后，地方政权普遍被中产阶级掌握，中央政府权威在地方影响有限，许多法律和条文的执行与否全掌握在地方政府手里，进一步影响泰晤士河污染防治工作。一方面，各地方市政当局本身就是污染大户；另一方面，污染严重的工矿企业通常利用经济特权影响地方政府决策。因此，当时伦敦在河流管理和污水治理等问题上缺乏统一管理，任由地方政府分散管辖，致使泰晤士河治理工作无法开展。

5.1.2　治理历程

19 世纪中后期，英国政府开始着手治理泰晤士河水污染。通过调整机构设置，成立"大都市排污委员会"专门负责水污染治理事宜；通过调查研究积极寻求社会各界意见和建议，不断调整宏观政策；加强市政建设，建立城市排污系统；先后颁布数部法案，推进河流污染治理法制化进程。同时，民众环保意识被逐渐唤起，政府通过各种形式呼吁社会关注河流污染，在一定程度上推动了包括河流污染治理在内的公共卫生事业发展。

1. 立法干预

首先从议会立法开始，英国政府于 19 世纪先后颁布《公共卫生法案》《有害物质去除法》《河流污染防治法》，从政府层面干预地方解决泰晤士河污染问题，着重关注城市公共卫生，涉及垃圾清理、管道改

---

① gal 为非法定单位，1 gal=4.546 09 L。

造、污染处罚等，从法律层面制止泰晤士河水环境进一步恶化[5]。到 20 世纪，《水法》《河流污染防治法》《水资源法》等法律的颁布与不断修订，进一步规范泰晤士河沿岸工厂企业排污行为，提高排污标准与污水处理标准，从污染源上解决泰晤士河黑臭水体污染问题[6]。进入 21 世纪，《英格兰水业法》、《水法》（修订）、《水资源（环境影响评价）（英格兰和威尔士）附属法规》等法律法规的出台，促使泰晤士河的综合治理与管理更加科学合理与规范[6]。

2. 隔离排污

1859 年至 20 世纪中期是泰晤士治理的第一阶段。1895 年，伦敦启动隔离排污系统建设，在泰晤士河建造两套庞大的隔离式排污下水管网，以汇集两岸污水，并在泰晤士河离出海口 25 km 处建造了两个大污水库储存污水。隔离排污系统的建成，一定程度上疏解了泰晤士河伦敦主城区段的污染状况。然而，该处理方式仅仅是将污水转移至河口与海洋，未对污水进行针对性净化处理，没有从根本上解决泰晤士河污染问题。19 世纪末期，英国政府开始在原有排污管网末端修建污水处理厂。截至 1955 年，泰晤士河流域共兴建 190 多个小型污水处理厂[7]，形成"隔离排污，终端处理"规划理念，泰晤士河河流污染问题得到初步缓解。

3. 设施建设

1955～1975 年是泰晤士河治理的第二阶段。有关部门重建和延长了伦敦污水管网，将整个河段的小型污水处理厂合并为 15 个较大规模的污水处理厂，并将两个巨型下水隧道末端的污水处理厂改造成为当时全欧洲处理工艺最先进的污水处理厂，以应对第二次世界大战后的工业污染问题。得益于污水处理标准的提高，英国政府进一步革新技术、完善法制、严格控制，经过不懈努力，在 1955～1980 年间，泰晤士河污染物负荷下降了 90%，河水溶解氧最低水平提高了 10%[8]。

4. 持续发展

从 1975 年至今，泰晤士河治理进入巩固加强阶段。借助技术革新对污水量、污泥密度、溶解氧等多种指标进行全流域监测管控，严格管控沿河工业企业，泰晤士河生态环境得到大幅改善。此外，为提升原有污水处理系统承载力并减少污水溢流事件发生，2014 年伦敦政府再次提出水处理系统改造工程——泰晤士河潮路隧道（Thames Tideway Tunnel）项目。该工程计划于 2024 年完成，旨在升级原有老式污水处理系统，大幅提高泰晤士河流域水生态及水环境[2]。

5. 综合管理

英国水务行业发展有近 200 年历史，从地方分散管理到流域一体化管理，并最终形成适用于该国的管理体系。1963 年《水资源法》颁布后，英国政府成立河流管理局，实施地表水和地下水取用的许可证制度，协调管理水资源利用。1973 年新版《水资源法》颁布后，逐步推动一体化流域管理模式的建立。根据 1989 年《水法》，英国政府将泰晤士河水务管理局变更为泰晤士河水务公司，主要承担供排水职能，并不再承担防洪、排涝、污染控制等职能。英国政府通过构建包括经济监管、环境监管和水质监管在内的专业化监管体系，将经营者与监管者进行分离，促使泰晤士河综合管理更加科学高效[9]。在水务监管体系方面，英国环境事务、农、粮、渔部（DEFRA）主要负责相关涉水政策及法律的制定、实施以及对水务监管机构的管理等。英国政府分别设立负责水环境、水务经济、饮用水水质以及供排水服务 4 个独立监管部门，并逐步建立一整套与私有化相匹配的水务监管体系。监管部门包括水务消费者协会（CCWater）、饮用水检查局（DWI）、水服务办公室（OFWAT）、国家环境署（EA）（图 5-2）。

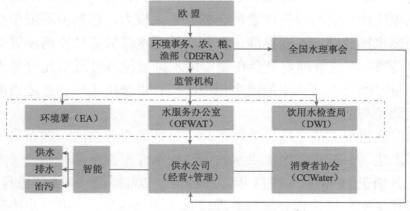

图 5-2　英国水务管理机制体系[9]

6. 市场机制

泰晤士河水务管理局是经济独立且拥有较大自主权的水污染防治机构。该管理局通过引入市场机制，进一步夯实产业化管理，推动排污付费政策并大力发展泰晤士河沿河旅游业与娱乐业，通过多渠道筹措资金，显著提升经济效益。泰晤士河水务管理局的市场化运行，不仅解决了城市河流污染治理资金不足的问题，而且在一定程度上促进了沿岸城市经济社会发展。

5.1.3 政策法规

从 19 世纪中后期开始，不断建立完善的政策法规对泰晤士河水污染治理乃至后续的流域管理发挥了重要作用。1844 年，英国议会通过英国历史上第一部关于城市环境卫生的法案——《公共卫生法案》，该法案将城市公共环境卫生事务置于国家统一监管之下，开创了中央政府干预地方解决城市环境治理问题的先河。1876 年的《河流污染防治法》一直沿用到 1951 年，是一部初步的纲领性法案，是通过立法机构解决污染问题的初次尝试[6]。同时，该法案也是世界上第一部关于河流污染治理的法案，其中明确规定禁止任何人将固体废弃物和垃圾扔进河流；禁止将未经处理的有毒、有害或能造成污染的工业废水排放到河流中等。

随着前述法规的颁布实施，英国泰晤士河污染治理取得阶段性成效，黑臭水体问题得到极大缓解与社会广泛关注。为巩固治理成果，英国政府于 1951 年颁布实施新的《河流污染防治法》。相比 1876 年的版本，该项法律规定河流管理委员会拥有更大权力，包括但不限于给工厂企业的废水排放制定不同标准，企业新的污水排放要征得河流管理委员会许可等[6]。河流管理委员会在制定废水排放标准时既会充分考虑河流实际流量，顾及牵涉其中的诸多相关部门，也会给工厂企业适当的缓冲时间以调整与适应。

第二次世界大战之后，英国汇集了早期的水务立法，颁布第一部综合性《水法》，标志着国家供水政策和取水许可制度的开始。《水法》颁布后分别于 1948 年、1973 年、1989 年、2003 年、2014 年进行修正，逐步细化了水环境治理要求与管理模式（图 5-3）。为进一步协调地方水资源管理与水资源保护，在 1963 年颁布《水资源法》，并分别于 1973 年和 1991 年进行修订，逐步形成从"供水→截污排污→废水处理→河流整治→水质改良→管理体制"一整套完备的河水治理法律体系，真正使水环境治理工作进入法制化轨道。1974 年颁布的《污染控制法》则进一步明确了建立排污许可证制度。除前述法律外，英国政府还颁布不少配套法律法规用于细化城市水环境治理与管理，如 1990 年《环境保护法》、1991 年《地面排水法》、1991 年《水工业法》（1999 年重新修订）、1995 年《环境法》等（图 5-3）。

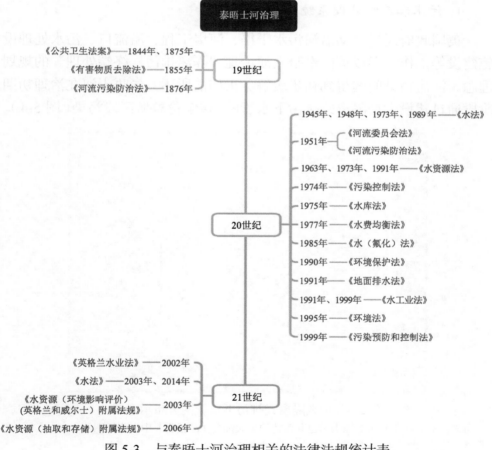

图 5-3　与泰晤士河治理相关的法律法规统计表

进入 21 世纪，英国政府和相关部门先后颁布了一系列附属法规和水资源政策，在巩固水环境治理保护成果基础上进一步细化水资源管理职能，包括 2002 年《英格兰水业法》、2003 年《水资源（环境影响评价）（英格兰和威尔士）附属法规》、2006 年《水资源（抽取和存储）附属法规》等。此外，在新一版《大伦敦规划（2016）》中，英国政府提出建设综合性生态网络，将城市的生物多样性、自然和历史景观、文化、经济、体育、休闲、食品生产进行融合，加强城市韧性，以应对气候变化、水管理以及健康等方面的挑战[9]。

5.1.4 技术方法

1. 污水和废水处理系统

英国政府通过启动沿河污水干渠、河堤工程、溢流口、污水处理设施建设等工作，形成英国泰晤士河治理"隔离排污，终端处理"的规划理念，河流污染问题得到初步缓解。正如前所述，泰晤士河在治理初期阶段通过建设大型隔离式排污下水管网，缓解伦敦城区段污染（图 5-4）。

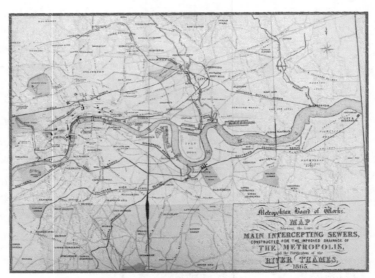

图 5-4 伦敦隔离式排污下水管网分布示意图
（引自大英图书馆巴莱盖特的《大都会作品报告》中一张插图）

在泰晤士河沿岸污水处理合并整合后，英国政府对两个巨型下水隧道末端污水处理厂进行现代化改造，实现对排污管网末端污水的后续处理。泰晤士河流域内原先建立的污水处理厂处理工艺主要为"沉淀+消毒"，只能去除少部分污染物，治理效果并不显著。英国水污染研究实验室针对泰晤士河污染开展了大量研究工作，提出活性污泥法并将其应用到当时新建的污水处理厂中，同时，让尾水流入生态处理系统——氧化塘进一步净化处理，最终出水的生化需氧量（BOD）能够下降到 5~10 mg/L。

随着现代生物污水处理厂的建立，泰晤士河沿岸污水处理厂出水中污染物含量显著降低，这是泰晤士河流水质得以改善的根本原因。随着经济社会与城镇化进程的发展，泰晤士河流域的污水处理需求也不断提高，现运行的污水处理厂超过 480 座，地下污水管总长 45 000 km[10]，平均日处理污水超过 470.5 万 m^3[10]。

2. 芦苇床废水处理系统

芦苇床废水处理系统依托芦苇湿地的污水处理工艺。污水在流经种有芦苇的土壤或沙砾时，通过芦苇根系良好的水、土、气交换能力等生态效应，经过自然净化作用实现对所排污水的水质净化。英国的第一批芦苇床系统于 1985 年 10 月在沃尔登建造，此后又建了 23 个系统，其中最大的湿地系统占地约 1750 m^2，日处理生活污水量可达 224 m^3[11, 12]。

3. 泰晤士河潮路隧道项目工程

随着伦敦人口的倍增与城市混凝土硬化地面的增加，原先老旧的污水管网已无法满足排污需求。同时，大量雨水径流进入合流制排水管网系统中，导致原先老旧排污系统出现超负荷问题。据统计，伦敦污水溢流事件平均每年发生 50~60 起，总排放溢流污水可达 3900 万吨。特别是在 2013~2014 年，因天气与洪水原因导致的溢流污水达到 5500 万吨，引发广泛关注[13]。为解决上述问题，泰晤士战略和泰晤士水务集团提出泰晤士潮路隧道（Thames Tideway Tunnel）项目。

泰晤士潮路隧道项目工程计划建设一个长达 25 km 的超级污水隧道系统，通过截流、存储并最终将污水排出泰晤士河。泰晤士潮路隧道系统主要包括截流井、连接管、跌水竖井、连接隧道和主隧[14]。主隧道起于伦敦西的阿克顿（Acton）的地下 30 m 处，直至伦敦东部阿比米尔斯地下 70 m 处，与 LEE 隧道连接[15]；5.5 km 的额外连接隧道，穿过旺兹沃思（Frogmore 连接隧道）和格林尼治（Greenwich 连接隧道）。此外，

17 个正在兴建的污水处理厂截留竖井及构筑物的截留污水流将接入主隧道，从而将沿途污水流送入主隧道。这些井和隧道的埋藏深度在 35～60 m 之间，建设在伦敦原有地下管线和设施的下方，并穿越多种复杂的地形，利用重力将污水向东排放[14]。

　　40 年时间，先后投入 300 亿英镑，泰晤士河终于重获新生，水质状况良好。到 20 世纪 80 年代后期，泰晤士河鱼类种群逐渐趋于稳定，目前已有 125 种鱼类和 400 多种无脊椎动物在泰晤士河繁衍生息。英国政府通过"鲑鱼回归计划"，分三阶段实施，历时 17 年使鲑鱼重回泰晤士河道，进一步彰显泰晤士河道治理与生态环境恢复成效。

5.2 法国塞纳河

5.2.1 污染成因

　　法国塞纳河全长约 776 km，发源于朗格勒高原（图 5-5）。20 世纪 60 年代，塞纳河面临非常严重的水污染问题，污染成因主要包括农业污染、工业污染、生活污染和雨污溢流 4 个方面。

图 5-5　塞纳河流域及其主要支流[16]

1. 农业污染

塞纳河流域农业用地约占 60%。其中，巴黎上游段主要种植甜菜、小麦等高产农作物，肥料和农药使用量大。过量化肥和农药通过地表渗入地下，再经地下水汇入塞纳河及其支流。据塞纳河管理局公布的一项调查结果，塞纳河及其支流流域内有近 25%地下水采样点中的硝酸盐浓度高于 40 mg/L[17]。

2. 工业污染

随着工业急剧发展，塞纳河沿线曾集中了法国 40%的工业企业。大量未经处理的工业废水直接排入塞纳河，持续数十年之久，水中有害有机物、重金属、氨氮等污染物含量非常高，污染问题积重难返，生态系统也出现紊乱。

3. 生活污染

塞纳河流域人口占法国总人口的 30%，共有 9 座城市，人口稠密。20 世纪 50 年代，流域中型城镇安装了废水收集系统，但收集的污水未经处理就排入河流。虽然遵循"污水排放量不超过河道流量十分之一"的一般性规则，但这种管理有严重局限性：首先没有考虑河道低流量时河流稀释力下降的问题；其次是高估了河流在未经处理的废水堆积时对有机污染的自净能力；最后是没有考虑到有机污染以外的其他水质问题（如重金属）。这种收集排放制度造成了巴黎下游和塞纳河流域内其他城市（如兰斯的 Vesle 河）的水质普遍严重恶化[16]。

4. 雨污溢流

塞纳河流域内大部分地区为合流制排水系统，当暴雨来临时，排水系统中污水流量大于截流流量，部分雨污混合水便会直接排入河流，雨污溢流问题非常严重。据调查，暴雨时 La Briche 和 Clichy 两大污水口排入塞纳河的雨污混合水流量可高达 50 t/s，对塞纳河水体冲击负荷大[18]。

5.2.2 治理历程

针对塞纳河污染治理，法国政府主要在推动行政立法、建立管理机制、采用经济手段和加大节水宣传等四个方面采取措施，取得显著成效。

1. 推动行政立法

通过行政立法指导水资源治理的工作。法国现行《水法》包括水资源权属、水资源经济和财政运作、水资源管理和保护等内容，并坚持四项治理原则：一是综合，考虑综合治理为保护生态系统的长久发展；二是流域，以流域为单元，流域委员会负责本流域的水资源开发管理；三是民主，鼓励用户积极参与水资源各项政策的制定和实施；四是惩罚，依托经济手段来管理，即谁耗水谁缴费，谁污染谁付钱[19]。例如，根据法规规定，在易受硝酸盐污染的地区，农民必须将土壤氮平衡限制在 50 kg N/(hm^2·a)以下，并按照 COMIFER（www.comifer.asso.fr/）建立的临时计算公式严格优化氮和磷的施肥。

2. 设立管理机制

法国划分六大流域，其中就包括塞纳河-诺曼底流域，在流域内设立流域委员会和流域水管理局（图 5-6），管理本流域水资源规划与使用。这一管理机制建立在健全的法制基础上，以法律与行政管理手段为主，经济手段为辅，依法同公众或私立合作对象签订协议，并通过各种方式贯彻实施。

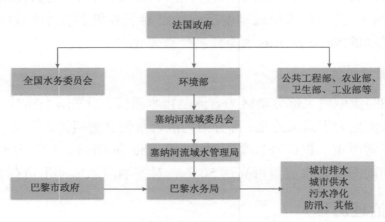

图 5-6 法国水务管理机制体系（改自文献[20]）

1964 年以前，法国河流管理还没有在流域层面开展，主要由地方负责管理较小的非通航河流，中央政府负责管理较大的通航河流与涉水政策。作为法国河流管理的转折点，《水法》增加了流域级别，并于 1968 年建立塞纳-诺曼底河流域水管理局（AFBSN，现为 AESN），负责对污染点源和排水征税，为污水处理厂提供资金，并于 1971 年开始水质监测和评估，至今仍在执行。其他重要的公共流域管理机构也相继创建，如 1969 年的塞纳水库机构（IIBRBS，现为 Seine Grands Lacs），用于蓄水和河情控制，以及 1971 年的巴黎及其郊区污水处理机构（SIAAP）等[16]。

3. 采用经济手段

用水费和排污费由流域水管理局根据统一征收标准收取，地方环保部门则负责监管并处罚未经批准用水和违规排放污水的行为。污水处理行业可以得到流域水管理局的适当资助及补贴。2000 年的《欧盟水框架法令》建议，水的实际成本应当完全由用户承担。塞纳河-诺曼底流域以及法国其他地区，是根据配置和处理的成本对消费者收费，用水户不必为面源污染特别是来自农业的面源污染"买单"。政府分配的财政援助额度大致与水户上缴的税收相当，但在流域不同类型用水户以及不同区域之间，资金会根据"流域一盘棋"原则，稍微有所转移。

4. 加大节水宣传

法国节水宣传力度大，公民的节水意识高。法国政府计量用水已经制度化，绝大多数家庭都安装水表，显著减少用水浪费情况，提高水资源利用率。充分调动民众参与水管理，如民众选出的水代表可以参加相关决策的投票表决，既能体现决策和管理的民主性，又对水资源相关政策法规起到宣传作用。

5.2.3　政策法规

1964 年，法国国民议会通过《水法》与《水域分类、管理和污染控制法》，将全国分成六大流域，并建立"水管理局"，由此奠定法国水管理体制基础。1984 年，《渔业法》恢复鱼道建设。1992 年经过修订后的《水法》颁布强调下放水管理权力，增强水管理局职能，制定"水管理总体规划"，同时规定流域委员会须起草均衡的流域水管理指导方针（图 5-7）。2000 年，欧盟颁布《水框架法令》，确定流域综合水资源管理原则，要求各成员国到 2015 年实现各种水体"状态良好"目标。2006年，颁布《水环境及水生生态系统法》[21]（图 5-7）。在各类政策法规指导下，法国的水管理体制呈现出三个特点：地方责任重大、公私部门相互合作、以流域为单元进行管理。

图 5-7　与塞纳河治理相关的法律法规统计表

5.2.4　技术方法

1. 公共污水处理措施

地方政府通过修建或强化公共污水处理设施以确保污水得到充分处理。法国政府在塞纳河沿岸建立 500 多座污水处理设施，集中处理河流两岸城市生活和工业污水。在 1990～2000 年期间，污水收集率与处理率之间的差距有所缩小，其溶解氧、生化需氧量（生化五项）、化学需氧量和氨气等指标均有所改善。如巴黎下游地区，自 19 世纪 80 年代以来测量的塞纳河溶解氧浓度显示夏季处于长期严重缺氧状态，该状态在 20 世纪 90 年代中期得到恢复[22]。

2. 鱼类生存岛

20 世纪 90 年代末之前，每年夏季，未经处理的塞纳河流域下水道溢流量可达 45～145 mm³，导致河流中氧气耗尽，有时会导致大量鱼类死亡。为减轻这种影响，1996 年，SIAAP 在河流中安装"鱼类生存岛"，将空气直接注入主要溢流点的下游，有效改善溢流发生时，河水中氧气耗尽而导致的生态问题。

3. 地下存储污水

在 2002~2004 年期间，在向污水处理厂排放之前，大型专用设施的污水先在地下暂时储存，减缓流量大时的管道压力，使合流污水溢流大幅减少。2010 年的总存储容量为 0.9 mm³，在 2020 年达到 1.5 mm³，这终结了 19 世纪 70 年代污水管理的结构性缺陷。目前，未经处理的合流污水溢流只占 SIAAP 管理的污水总量 2%[16]。

4. 拆除小型水利构筑物

2016~2021 年间，塞纳河流域水管理局每年拆除约 800 座水坝，或为其配备鱼类通道以促进生物多样性恢复。

经过几十年的综合治理，塞纳河形势明显好转。21 世纪初期，溶解氧浓度已由治理前的每升水最高 3 mg 增加到平均每升水 8 mg，氨氮由治理前的每升水最高 9 mg 减少至平均每升水 2 mg[23]。20 世纪 80 年代由于含磷洗衣粉的过度使用使总磷负荷过高，随着 90 年代污水处理厂除磷能力的提高，排入水体的磷负荷也开始减少[24]。从生物群落角度，塞纳河水生生态系统也有了明显改善，生物种类显著增加。鱼类物种逐渐丰富，除鲈鱼、河鳗等常见种类，还有冬穴鱼、红眼鱼等较为罕见的品种[25]。

5.3　德国埃姆舍河

5.3.1　污染成因

埃姆舍河是莱茵河的分支，位于德国西北部的威斯特法伦州（图 5-8）内，在长达几十年时间里，埃姆舍河一直是鲁尔地区的污水渠，难闻的气味和河面漂浮的垃圾一直困扰着附近居民。其污染问题由来已久，主要原因大致可以分为流域人口过密、煤炭产业迅速发展、管网设施缺乏等。

图 5-8　埃姆舍河流域分布图（改自文献[26]）

埃姆舍河全长约 84 km，流域面积约为 865 km², 流域总人口数高达 220 万，是欧洲人口密度最高的地区之一。随着人口的飞速增长，工业废水和生活污水量也相应增加，超过了流域所能承担的负荷，造成污水溢流，污染埃姆舍河。

19 世纪初，埃姆舍河流域煤炭产业迅速发展，最高年产量可达 100 万吨，巨大的煤炭开采量导致地面下陷，河床遭到严重破坏，出现河流改道、堵塞甚至河水倒流的情况[26]。

因为当地鲁尔山谷的特殊地形，蜂巢一样密集的矿井使得该地区无法修筑传统的地下管道，污水只能流入埃姆舍河及其支流和煤炭开采沉陷区，造成流域内水环境污染、城区道路积水严重、臭气熏天，成为欧洲最脏的河流之一。

5.3.2　治理历程

德国的水环境治理属于典型的"先污染后治理"模式。19 世纪末，德国政府在埃姆舍地区居民强烈抗议下开始了对埃姆舍河的有效治理。当地采矿公司、工业公司和附近社区联合成立埃姆舍河委员会（Emscher-genossenschaft，EMGE），负责埃姆舍河水体维护、防洪、废水处理、雨水和地下水管理等所有事宜。埃姆舍河综合整治及滨水空间发展转型总体经历了 4 个阶段（图 5-9）。

1981 年，埃姆舍河委员会开始规划埃姆舍河的自然生态修复。1988 年，北威州政府与埃姆舍河委员会共同组织建立了埃姆舍公园规划公司（Emscherpark GmBH），并令其与鲁尔区地方局联合会（Association of

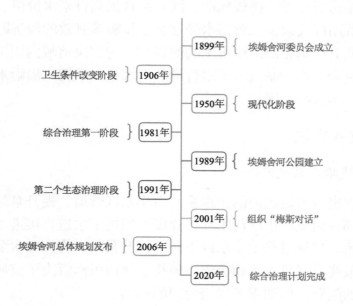

图 5-9　埃姆舍河治理历程（改自文献[26]）

RuhrDistrict Local Authorities, KVR）共同负责修建埃姆舍公园[27]。1989年，世界公园建筑（International Building Exhibition，IBA）开创了将水道修复与城市规划和景观建筑相结合的新型生态修复方式。

20 世纪末，埃姆舍河经过综合治理后收效甚微，开始了生态治理阶段。2006 年，埃姆舍河委员会发布埃姆舍河总体规划，提出了一系列以景观更新和发展重塑为目标导向的"埃姆舍景观公园 2010"（Emscher Landschaft-spark 2010）和"埃姆舍河的未来"等新生态治理项目，旨在打造将流域生态环境与区域历史相结合的新型文化景观，实现埃姆舍河生态重塑以及改善该流域内的居民生活，提升埃姆舍河经济、生态、文化和社会价值[28]。

5.3.3　政策法规

1965 年，德国第二次修订通过的《水平衡管理法》，首次规定"运输对水有害物质要求使用管道设施"。因此，埃姆舍河流域拆除地上排水渠道，开始建立地下污水管网系统。20 世纪 80 年代中期，德国政府出台征收排污费和污水排放标准，同时结合提高自来水价格、收取合理污水排放费用以及减少私营污水处理企业税额等有效的经济财政手段，进一步加强对埃姆舍河沿岸污水的治理[29]。为解决流域内雨洪问题，埃姆舍河委员会严格控制流入下水管道的雨水量，重视入渗雨水可能造成的建筑物、构筑物坍塌。

5.3.4 技术方法

1. 流域排水系统改善

原先埃姆舍河流域内的排水系统由集水区管道、提升泵站和污水输送管道三部分组成。生活污水和工业废水通过下水道直接进入每个集水区的支干流，再通过每个集水区下游的提升泵站，将污废水泵入污水输送干管，最终直接排入埃姆舍河。该排水体制虽然解决了流域内污水和雨水排放的问题，但加重了埃姆舍河的污染。

改善后的埃姆舍河流域排水系统增加了合流制干管和雨污混合水沉淀净化池，并新建雨季污水处理厂。集水区收集的生活污水和工业废水可以通过合流制干管输送到雨污混合水沉淀净化池进行预处理，处理后的污水进入新建的地下隧道系统，分流后进入雨季污水处理厂进行深度处理，最终排入埃姆舍河。在降水量超负荷时，部分地下隧道系统中的雨污混合水经过雨污混合水沉淀净化池净化，再溢流到混合污水的塘-湿地净化系统中实现进一步净化，最终排入埃姆歇河支流[26]。

2. 污水处理厂建造或扩建

埃姆舍河流域共有 48 个主要水体，水网总长度约 335 km。流域内生活污水、工业废水、径流雨水等是埃姆舍河的主要污染源。建造或扩建污水处理厂是改善埃姆舍河流域水环境问题的重要一步。埃姆舍河沿岸共有 4 个集中式污水处理厂，包括埃姆舍河口污水处理厂、多特蒙德-杜森污水处理厂、波特洛普污水处理厂，以及杜伊斯堡-老埃姆舍河口污水处理厂（表 5-1）。此外，在埃姆舍河流域内还有部分处理冷却水的企业，其废水产量较低，通过埃姆舍河河口污水处理厂净化后排入埃姆舍河[30]。

表 5-1　埃姆舍河流域内污水处理厂信息

污水处理厂	人口当量（万人）	人均污水量[L/(d·EW)]	TP去除率	TN去除率	TP排放量（t/a）	TN排放量（t/a）
波特洛普污水处理厂	134	356	89%	69%	76.3	1383.7
多特蒙德-杜森污水处理厂	62.5	151	94%	95%	36.6	201.3
杜伊斯堡-老埃姆舍河口污水处理厂	50	262	92%	90%	18.9	151.1
埃姆舍河口污水处理厂	240	672	84%	71%	169.5	1865.3

3. 地下隧道系统建设

地下隧道系统建设是防止埃姆舍河流域内污水、雨水污染河流的重要措施。雨季时，地下隧道可将超出污水处理厂负荷的雨水存储起来，待雨量减少后再进入合流制干管分配到各个污水处理厂进行处理。埃姆舍河沿岸地下隧道全长约 97 km，由 3.5 万根内径高达 2.8 m 的下水管道拼接而成[31]。地下隧道大体可以分为两部分，第一部分由多特蒙德东南部至多特蒙德-杜森污水处理厂，长度为 23 km，直径为 800～4000 mm，于 2009 年正式投入使用；第二部分由多特蒙德-杜森污水处理厂到埃姆舍河口污水处理厂，长度为 74 km，直径为 1600～2800 mm，于 2017 年开始运输埃姆舍河沿岸污水。

4. 河道生态修复

20 世纪末，埃姆舍河委员会提出拆除水泥河道、拓宽河道断面、增加河道蜿蜒程度以及修建防洪堤坝等生态修复工程，使埃姆舍河恢复成自然河道，降低河水流速，流域周边恢复自然的漫滩还可以促进城市气候和供水循环的进一步改善[32]。与此同时，埃姆舍河委员会对从霍尔茨维克德到莱茵河口这片流域内的每一条河流进行废物清除，并沿河岸种植植被，进行生态空间优化。埃姆舍河流域还建立了生态走廊，将城市人工环境和河道自然生态环境连接在一起，织成一张整体生态网络。"蓝绿色生态网络"中的湿地、生物群落可以为动植物创造适宜的栖息地，有效增加生物多样性[32]。

5. 绿色雨水基础设施建设

为减少排入埃姆舍河的雨水量和径流污染负荷，埃姆舍河委员会与周边城镇联合开启"15/15"项目，即在未来 15 年内计划降低 15%的雨水径流量进入下水道系统。为此，埃姆舍河委员会建立多处污水处理厂、人工湿地、雨水净化厂，采用分散方式进行雨水原位净化，避免雨水直接从地表流入地下管道。此外，埃姆舍河流域还开展多项最佳管理实践（best management practices，BMPs）项目，同时针对性建立多处绿色雨水基础设施，埃姆舍河地区也被授予"城市雨水管理（Urban Storm Water Management，USWM）先驱者"称号[26]。加强城市雨水管理有两点优势，一是减少雨水进入下水道系统，可以降低地下隧道系统负荷，减少雨季污水处理厂运转所消耗的资源；二是就地利用，也有利于减少城市雨洪问题，改善流域内居民的居住体验[33]。

如今，埃姆舍河及其周边的景观生态建设已基本成型，完成从"欧洲最脏下水道"到"蓝色埃姆舍"的转变（图 5-10）。利用河道、河岸和漫滩进行娱乐和环境教育也使埃姆舍河成为同时创造经济、社会与生态效益的河流。治理期间建立的埃姆舍公园也成了一处旅游景点，不同于通常意义上的公园，它的独特之处在于将工业遗址与当地动植物保护相结合，串联起 19 处经过生态修复的工业区。埃姆舍公园既是城市与乡村的绿色开放空间廊道，也承载了该地区厚重的历史文化[34]。

图 5-10　埃姆舍河的现状

（引自 https://www.eglv.de/emscher/）

5.4　美国奥农多加湖

奥农多加湖位于纽约州中部，地理设置如图 5-11 所示。湖泊形态特征汇总见表 5-2。主要流量来源为奥农多加溪、九里小溪和都市污水处理厂（STP），年平均流量分别为 9.5×10^5 m³/d、7.2×10^5 m³/d 和 3.0×10^5 m³/d[35]。

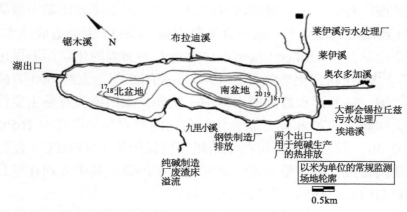

图 5-11　奥农多加湖（改自文献[35]）

表 5-2　奥农多加湖的形态计量学特征

形态特征	数据
流域面积	606 km² （234 sq mile）
湖表面积	11.9 km² （4.6 sq mile）
湖体积	1.36×10^8 m³ （4.82×10^9 cu ft）
平均深度	12.0 m （39 ft）
最大深度	20.3 m （66.6 ft）
湖岸线长度	18.0 m （11.2 mile）

尽管 1973 年美国政府通过了《清洁水法》，并于 1986 年关闭了主要工业污染源，但奥农多加湖仍然是当时美国污染最严重的湖泊之一。为了彻底解决奥农多加湖污染问题，当地政府采取了多项举措（包括一项为期 15 年的多阶段计划），最终于 2017 年，该湖水质达到了纽约州

环境保护部和美国环境保护署要求的标准[36]。

5.4.1 污染成因

随着该地区工业化和城市化发展，奥农多加湖大部分湖岸线被大量开发，生活和工业废水等各类废弃物排放使湖泊生态环境严重退化。

市政污水是奥农多加湖的主要污染源之一。多年来，大都会锡拉丘兹污水处理厂将未经过处理的污水倾倒入湖。污水排放使湖中氨磷浓度升高，导致藻类过度生长。联合合流制溢流（CSO）也会造成湖水污染。

联合化学公司（Allied Chemical）对奥农多加湖的化学污染做出"巨大贡献"[37]。在联合化学公司于 1986 年关闭之前，大约 600 万磅含有氯化物、钠、钙的污水被倾倒入湖中。此外，汞污染一直是主要污染问题之一。1946～1970 年间，联合化学公司向奥农多加湖排放 165 000 磅汞。2002 年，霍尼韦尔公司在纽约州环境保护部（NYDEC）监督下进行的补救调查报告称，整个湖中都发现了汞污染，其中发现在尼日尔河三角洲和湖泊西南部的沉积物中浓度最高[38]。

此外，由于在锡拉丘兹以南约 18 英里处的塔利谷拥有独特的水文地质特征，称为泥浆。这些泥浆导致奥农多加湖过度沉积，产生的沉积物进入奥农多加溪向北流入湖中。沉积物沉淀会降低水质，降低水的透明度并减少水生昆虫、鱼类产卵和植物的栖息地[39]。

5.4.2 治理历程

针对奥农多加湖严重的水污染问题，当地政府积极采取相应治理措施，包括：①禁止使用高磷酸盐洗涤剂；②增加对锡拉库扎市联合下水道系统的维护；③减少重金属及其他污染物负荷；④建设三级污水处理厂[40]。

1. 污水治理

1907 年，当地建立锡拉丘兹污水截流板（Syracuse Interceptor Sewage Board），用于解决奥农多加湖的污水相关问题。自此，开启了近百年的治理历程（图 5-12）。

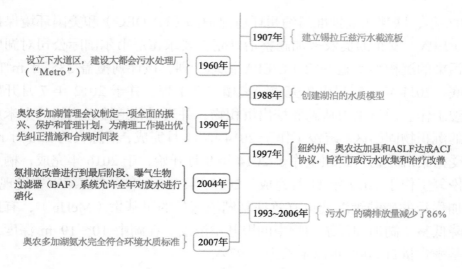

图 5-12　奥农多加河污水治理历程

其中，1999 年 9 月，奥农多加湖管理会议批准并认可了修订后的同意判决（ACJ），并将 ACJ 纳入 1993 年题为奥农多加湖管理计划的行动计划。ACJ 项目内容包括废水处理、收集系统和湖泊和支流监测，并呼吁制定时间表以遵守《清洁水法》；于 2004 年完成减氮目标，允许曝气生物过滤器（BAF）系统全年对废水进行硝化。

ACJ 还促成了环境监测计划（AMP）的创建，以跟踪对废水收集和处理基础设施所做改进的有效性。其中，AMP 旨在确定湖泊的物质来源，评估湖内水质条件，并检查奥农多加湖和塞内卡河之间的相互影响。自 2007 年以来，奥农多加湖水质检测完全符合环境水质标准。1993～2006 年间，污水处理厂的磷排放量减少了 86%[41]。关于居民生活污染，ACJ 要求该县在 2010 年的大雨和雪融化期间，对产生的污染物进行收集处理，并将下水道溢流减少 90%。同时，ACJ 在一些支流和溪流布置撇渣器捕捉漂浮的废物[42]，到 2012 年，下水道溢流将不再在下雨时向湖泊排放细菌和漂浮废物。

2. 化学污染治理

1989 年，纽约州对联合信号公司（Allied-Signal, Inc）提起诉讼，该诉讼要求该公司清理本公司及其前身倾倒在湖中和周围的危险废物。

2007 年，联邦法院批准纽约州环境保护部（NYDEC）和美国环境保护署（EPA）发布的奥农多加湖整治计划，要求霍尼韦尔国际公司对湖底受污染的沉积物实施 NYDEC/EPA 清理计划，该计划覆盖 235 万 m^2 的湖底。2011 年，霍尼韦尔完成隔离墙二期工程。并于 2012 年 7 月开始疏浚工作。通过水力从湖底挖出沉积物，并通过管道输送到纽约卡米卢斯的沉积物固结区。疏浚工作于 2014 年 11 月完成，清除大约 220 万 m^3 的受污染沉积物。封顶工作于 2014 年 8 月开始，于 2016 年完成；栖息地恢复工作于 2017 年 11 月完成。2015 年，EPA 第一个五年审查发现，添加稀释的硝酸钙溶液可有效抑制湖泊深处的甲基汞（MeHg），有助于降低整个湖泊和浮游动物中的甲基汞浓度。在湖中 10～19 m 深度，甲基汞含量自 2006 年以来减少了 97%。

3. 沉积物治理

自 1992 年以来，针对奥农多加湖沉积物污染问题，采取以下补救措施：将地表水从泥浆中分流，在从泥浆区流出的溪流上安装大坝，以及钻井以降低泥浆周围的压力。减压井的安装使沉积物负荷急剧下降，平均每天 30 t 减少到每天 1 t。

5.4.3 政策法规

1972 年的《清洁水法》标志着奥农多加湖污染治理的一个转折点。该项法律规定了最低废水处理要求，要求政府拨款资助市政污水处理厂的建设和升级。1990 年，美国国会成立奥农多加湖管理会议，为奥农多加湖制定全面的振兴、保护和管理计划，为清理工作提出优先纠正措施和合规时间表。

1993 年，奥农多加湖管理会议通过了题为奥农多加湖管理计划的行动计划（表 5-3），并于 1999 年将奥农多加湖修正同意判决（ACJ）纳入行动计划。ACJ 发布实施的同时，促进环境监测计划（AMP）的创建，以确定湖泊的物质来源，评估湖内水质条件，并检查奥农多加湖和塞内卡河之间的相互作用。之后，为了减少沉积物污染，联邦法院于 2007 年批准了奥农多加湖整治计划，要求霍尼韦尔国际公司对湖底受污染的沉积物实施 NYDEC/EPA 清理计划。

表 5-3　奥农多加湖管理相关政策法规

颁布年份	政策法规名称	内容
1972	《清洁水法》	制定联邦水污染标准
1990	奥农多加湖管理会议	为奥农多加湖制定一项全面的振兴、保护和管理计划，为清理工作提出优先纠正措施和合规时间表
1993	行动计划	奥农多加湖管理计划
1997	奥农多加湖修正同意判决（ACJ）	为奥农多加湖制定一项全面的振兴、保护和管理计划，为清理工作提出优先纠正措施和合规时间表
2005	环境监测计划	确定湖泊的物质来源，评估湖内水质条件，并检查奥农多加湖和塞内卡河之间的相互作用
2007	奥农多加湖的整治计划	要求霍尼韦尔国际公司对湖底受污染的沉积物实施 NYDEC/EPA 清理计划

5.4.4　技术方法

1. 六大清理修复技术

在奥农多加湖治理过程中，主要采用如下六种清理修复技术。

底泥疏浚、沉积物固结区域的处置和处理　通过机械对湖底底泥疏浚，将疏浚物运至一个或多个沉积物固结区域处置。之后建造先进的污水处理厂（利用强化一级处理、多层介质过滤、空气吹脱法、pH 值调节、颗粒活性炭去除挥发性有机化合物）疏浚和处理沉积物中的水，使其达到纽约州环境保护部（NYDEC）制定的排污限制后排放。

沉积物中除汞　采取"冲洗土"工艺用水从土壤中回收汞，在分离过程中让黏土颗粒和粉砂颗粒从水中沉淀出来，经过检测分析，如果满足 NYDEC 制定的标准即运返原地。未满足标准的材料再次加以冲洗并进行试验，如仍不能满足标准，用水泥拌和物将其稳定或者运离工地处理[43]。

隔离帽封　在面积约 172 hm^2、水深小于 9.1 m 的湖底，用一层隔离盖层覆盖以限制污染物向上迁移，防止湖中生物受到"不可接受程度"的污染。该盖层第一层为混合层，第二层为化学隔离层，厚度至少为 305 mm。为了保证安全，该隔离层用一半厚度的缓冲层覆盖。必要时，加设抗冲保护层以保护下面的成分不会受到如波浪作用、风和冰蚀的侵蚀。最后该盖层采用至少 305 mm 厚的"适当材料"组成生境层。

薄层帽封　在面积约 62 hm² 、水深大于 9.1 m 的湖底用薄盖层覆盖。薄盖层的厚度和材料种类按治理设计确定。在较深水中，由于污染物浓度较低，侵蚀力较小，适用薄盖层；较浅水域中，沉积物内污染物向上迁移的可能性较大，侵蚀威胁也更大，需要厚隔离盖层。

低温加氧　秋冬季节，水温较低使湖的不同水层混合，湖中溶解氧含量低，会影响湖中生态系统，可通过曝氧机进行冲氧，维持溶解氧水平。

可监测自然恢复　对由支流入湖清洁沉积物自然覆盖的湖底区域进行监测。此外，实施监测和维护各种治理效果的长期计划。

2. CSO 处理

具体措施包括：从 CSO 中除去漂浮物、将合流污水管分为单独的生活污水管和雨水管、增加收集系统蓄水和输水能力、修建地区处理设施以增加雨季蓄水能力并对排放水流进行消毒。

3. 生态修复

将 235 万 m² 的湖底用沙子"覆盖"，并在湖内多个地区建立鱼类栖息地，并减少专食浮游动物鱼类和降低湖中汞含量，以增加浮游生物的数量[43]。

经过一系列生态修复后，奥农多加湖污染状况得到显著改善。其中，浮游植物组成发生重大变化，湖泊重金属浓度显著降低，生物多样性显著提升，水体透明度大幅度提高，湖中含氧量得到恢复，在夏季氧气保持的时间更长。虽然这项工作至今已取得很大进展，但是奥农多加湖的治理工作尚未结束，仍将继续。

5.5　日本霞浦湖

霞浦湖位于东京东北方向 60 km 处，是日本第二大湖（220 km²），平均深度 4 m，担负着为人口稠密集水区（2157 km²，21 个城市，人口约 100 万人）排水的重任，多地工业、农业、养殖业淡水用水也均取于此[44]。流域内水稻田、其他农作物耕地和果园约占流域面积的 51%，自然未开发土地占流域面积的 30%，12%的土地作为城市、工业和住宅用途[45]。在

20 世纪，霞浦湖流域周边城市经济迅速发展，人口快速增长，加重霞浦湖负荷，使其水质逐渐恶化（表 5-4）。1970～2000 年，霞浦湖水生植物的面积减少了 50%，沉水植物（原面积 700 万 m²）几乎完全消失，平均水透明度从 1.5 m 下降到 30 cm[46]。湖内藻类植物和浮游生物肆意生长，死亡鱼类不计其数，河道恶臭与水体富营养化成为霞浦湖主要环境问题。

表 5-4　1996 年霞浦湖各分湖详细水质指标

	《湖泊和沼泽水质保护计划》环境标准	西浦	北浦	利根川
COD（mg/L）	3	10	8.7	8.8
总氮（mg/L）	0.4	1.1	0.71	0.75
总磷（mg/L）	0.03	0.14	0.086	0.09

5.5.1　污染成因

霞浦湖水质污染主要原因包括流域水系复杂，周边排湖管网老旧、出水波动大；流域污染源较多，入河污染负荷大，湖水底泥释放大量污染物等。

点源方面，霞浦湖水系发达支流丰富，污水处理厂、生活污水排放口众多且流域内人口分散程度高，污水处理设施不能有效覆盖，致使一种私人污水处理系统（JOKASOH）在当地被广泛使用。这种设施只能有效处理 BOD 而不能去除氮磷，具有明显弊端[47]。

面源方面，流域沿线开垦的农田施用肥料以及农药是主要面源污染。每当夏季来临降水增多时，湖内污染更加严重。

内源方面，霞浦湖底堆积物多为冲积层和软性底质的砂和黏土，再往下是厚厚的泥炭层[48]，湖内土壤溶解性有机质（DOM）研究结果显示，污水厂处理水最接近霞浦湖的水质[49]。然而，底层湖水中含有大量的水生腐殖质物质（森林溪流和耕地渗滤液）[50]，这种物质受人工影响严重，造成湖水的进一步污染。

5.5.2　治理历程

霞浦湖的污染、生态群落的变化引起了日本全国甚至国际社会的广泛关注，各界人士纷纷献策、政府颁布治理法规、相关治理机构纷纷设立，启动了长达数十年的综合治理。

1. 建立湖泊管理机构和专门项目

1995 年 10 月，召开了第六届霞浦湖保护和管理国际会议，会议主题为"人湖和谐——实现湖泊和水库的可持续利用"，来自 75 个国家的相关研究人员共同讨论交流了研究成果[51]。1995 年，日本确立行动指南《霞浦湖宣言》，把公众对日本湖泊环境问题的关注提升到空前高度。2001 年 4 月，独立管理机构——国立环境研究所生物生态工程学系在霞浦湖畔成立，成为国际和学术信息交流的重要场所[44]。与此同时，"保护木犀科植物""恢复湖滨区"等大规模湖岸恢复措施相继启动。湖泊和沼泽水质保护项目也随之确立，主要包括：启动霞浦湖净化项目、民用下水管道净化方法项目、水华处理措施项目和河流环境改善项目、霞浦湖泊流域地区稻田自净功能改善项目；家畜环境保护指导项目和霞浦和北浦湖净化措施项目[51]。修复工作于 2002 年春季完成。天然种子库的使用也使得许多当地灭绝植物迅速恢复（图 5-13）。

图 5-13　霞浦湖修复前后对比图（上：修复前；下：修复后）[44]

2. 点源、面源、内源污染控制"三位一体"

针对点源、面源污染，日本当局拟定政策方针，完善下水道系统建设，对排放量 20 m³/d 及以上的工厂设施、《湖泊水质保护特别措施法》划定的区域，执行最严格的水质排放标准；进一步推进发展可持续型农业，严格畜牧业废水排放。在湖泊内源控制方面，推广先进养鱼技术，阻断渔业进一步加大内源污染；大力发展疏浚工程，截至 2010 年底，霞浦湖流域完成 800 万 m³ 的疏浚量[52, 53]。综合考虑霞浦湖平均水深小、环境污染压力大、生态自我修复能力差、容易遭受湖底泥二次污染等特点，又大力推行湖泊生态修复及流域生态修复，加强流域综合管理，湖泊治理效果显著[54]。

5.5.3　政策法规

20 世纪 70 年代，日本出台《水质污染防治法》（图 5-14）。但湖泊沿岸人口剧增，农业面源污染控制不得力，这种试图通过各种综合防治措施治理水质污染的法制约束并没有取得预期效果，湖泊水质的根本问题没有得到改变。之后，"环保型农业"——循环型农业在日本政府的倡导下开始盛行。1992 年，这一概念在日本农林水产省发布的"新的食品、农业、农村政策方向"中提出的[55]。虽然初衷并非针对湖泊地区水质保护，但在可持续综合治理的基础理念，以及减少化肥、农药等施用的前提下，这一举动起到了意想不到的效果[56]。

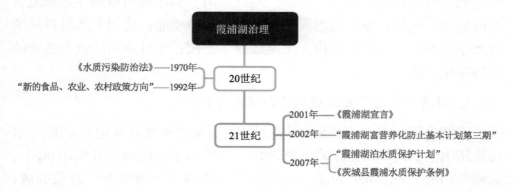

图 5-14　与霞浦湖治理相关的法律法规

2002 年"霞浦湖富营养化防止基本计划第三期"[57]明确指出，2007年霞浦湖水体化学需氧量降至 5 mg/L，日流入霞浦湖氮磷污染负荷要降至 11.1 t 和 0.76 t。为了完成这一目标，主要措施包括：生活与工业排水方面，大力改进下水道和净化槽设施，严格执行排放标准；农业畜牧业面源污染方面，推行施肥插秧一体、多用肥效调节型肥料，严格遵守"家畜废弃物合理利用与管理法"中的相关规定。截至 2007 年，霞浦湖污染物控制目标并没达成[56]。

随后，"霞浦湖泊水质保护计划"[58, 59]应运而生。通过土壤诊断精准施肥，推广施肥插秧机、鼓励生态农户、减少化肥用量和莲藕田径流控制等措施，提出 2010 年要完成的目标，即将 2005 年的化学需氧量 7.6 mg/L、总氮 1.1 mg/L 和总磷 0.1 mg/L 分别降至 7.0 mg/L、0.88 mg/L 和 0.092 mg/L。2007 年 10 月，日本实施《茨城县霞浦水质保护条例》[58]。该条例的最大亮点是对如何削减农业、畜牧产业的负荷做出明确规定，确立农户将家畜粪便发酵后精准施肥，家畜粪便产出处理路径精准记录的基本义务。这一次霞浦湖水质基本得到了保持[56]。

5.5.4　技术方法

在霞浦湖治理过程中，日本将传统技术、新型控制手段并施，效果显著。其中生态修复技术贡献突出，主要包括：湖岸芦苇丛养护，加强入湖河流河口建设，涵养湖内植被（湿地），提高水位巩固沿岸带沉积物，创造植物种萌芽机会[60, 53, 61]。与此同时，同步进行流域生态修复，采取的措施包括：改善湖泊流域地区稻田自净功能；使用天然材料修缮河水净化方案；建设大规模人工湿地及生态园；充分利用河流及池塘的自然净化功能。

1. 利用"现场"处理设施实施污染源控制

入湖生活污水中，氮磷浓度超标是霞浦湖水体富营养化的主因。《水污染防治法》严格规定了霞浦流域地区排放污水需达到总氮≤10 mg/L、总磷≤1 mg/L 的标准。为此，需要脱氮除磷效果比污水处理厂还要高效、方便，甚至说只针对氮磷处理的"现场型"污水处理系统。

先进的现场污水处理系统　采用一种高效联合型私人污水处理系

统[47]，利用湖水中挖出的底泥培养菌种，重点建立微生物载体除氮磷。技术原理可简述为：在一个富含氧气的容器中，利用高密度硝化细菌的生物代谢功能，实现稳定的脱氮过程。这种装置可以设置于湖边，非常便利。

脱磷和资源恢复系统　科研人员研发了一种新型铁离子电离脱磷技术，向现场事先预设好的污水罐中插入两根铁电极，正极 Fe^{3+}（三价铁）通入微弱电流，铁就会与污水中正磷酸离子反应，生成磷酸铁沉淀。沉淀的磷酸铁会残余在淤泥中，将处理后的水排入湖，剩余污泥可用于农业生产。

2. 采用生态工程方法进行湖内控制

外部污染负荷只是湖泊富营养化问题的一部分原因，湖内通过底泥释放产生氮磷的内部负荷亦不可忽视。为此，当地采取有效净化手段，包括削减底泥中有机沉积物，尽可能将底泥洗脱氮磷，过程抑制或限制产毒藻类生长等。

改进传统净化系统　借鉴生物园式净化系统，升级传统的芦苇、香蒲净化法，换做可水培、可食用的水田芹、空心菜等，不仅大幅提升净化效果，而且带动产业发展。与此同时，湖内投放养殖以悬浮物为食的淡水蛤类，这类生物可以在水培植物根部大量繁殖，不仅进一步提升了水的透明度，而且具有较高商业价值。

超声除藻系统　结合生物化学与生物学，研发了超声波除藻系统。通过超声波杀死浮在水面、藏匿在湖内的藻类，然后利用一个方向的水流将其慢慢沉降到湖底，最后在湖内释放分解菌将其完全处理。

超导过滤系统　霞浦湖治理利用了磁力分离技术，第一步是磁化，通过投加磁粉和絮凝剂，磁化无磁性的悬浮颗粒（藻）；第二步是捕获，利用外加电场的强大磁力制作而成的磁性过滤器，将磁化藻捕获。

经过治理后的霞浦湖碧水蓝天（图 5-15）。从水质来看，2010 年化学需氧量、总氮、总磷的监测值分别为 8.7 mg/L、1.3 mg/L 和 0.1 mg/L，水质情况稳定[56]。水生态环境明显改善，沿湖植被绿意盎然，湖中生物种类明显增多。一些植物物种诸如柠檬草、苍耳草、藜芦等，在几乎消失 30 年后重新出现。

图 5-15　碧水蓝天的霞浦湖

（引自 https://www.gettyimages.com.au/detail/photo/lake-kasumigaura-kasumigaura-ibaraki-japan-royalty-free-image/98817479?adppopup=true）

5.6　韩国清溪川

清溪川流经韩国首尔市中心区域，河流总长 10.8 km，总流域面积约为 59.8 km²，流向自西向东，最终汇入汉江，占据着连通城市东西向的重要地理位置[62]。清溪川修复治理工程是世界范围内河道整治案例的典范。

5.6.1　污染成因

清溪川自 1760 年朝鲜王朝时就开始承载疏浚防洪功能。20 世纪 50 年代，清溪川周边人口迅速增加，大量生活污水排放使得清溪川开始遭到污染。20 世纪中期，韩国经济快速增长，粗放式的经济发展导致未经处理的大量生活污水和工业废水排入河道，致使各类有机、无机污染物进入水体，超过水体自净能力，清溪川受到严重污染。20 世纪 50 年代，首尔市政府用长 5.6 km、宽 16 m 的水泥板封盖河道，封闭后的河流水体中溶解氧含量低，各种污染物处于厌氧腐败状态，河道水质恶化，清溪川几乎成为城市的"地下水道"[63]。从 1958 年到 1978 年，未经治理的清溪川再次被混凝土结构和道路覆盖：1967 年至 1976 年间韩国政府在清溪川上修建了高架高速公路[64]，加速河流严重污染。

5.6.2　治理历程

2003 年，汉城（现首尔）市政府开始推进"清溪川复原工程"。整个修复改造工程于 2005 年 10 月竣工，共耗资 3800 亿韩元（约 3.6 亿美元），分为拆除工程、复原工程和景观建设工程三部分[62]。

1. 拆除工程

首尔市政府拆毁覆盖在清溪川上的道路、5.9 km 的大型立交桥和河道上盖等结构[65]。考虑到启动拆除工程可能会进一步恶化拥挤的交通状况，首尔市政府以民意调查和环境影响评价等多种方式开展背景调研，制订相应的交通限制措施，缓解疏导紧张的交通运行状况，同时大力推动城市公共交通的发展，有效避免拆除工程带来的交通影响。

2. 复原工程

在水体修复方面，一是河道疏浚清淤。政府通过河道疏浚清淤，改善了河床脏乱、淤堵等问题，使河道行洪、生态功能得到一定程度恢复。二是全面截污。建立完善的污水处理系统，将污水管道与行洪管线分开，对汇入的各类污水实施截流控污。三是解决水源问题。为保证清溪川常年的水源供应，经过科学评估，决定向清溪川河道提供三种水源：经处理的汉江水、抽取的地下水和收集的雨水以及应急使用的中水。在保持水量方面，清溪川的日均总注水量达 12 万吨，其中 9.8 万吨来自抽取的汉江水，剩余 2.2 万吨来自净化处理的城市地下水，该水量使得河流保持 40 cm 的水深[66]。此外，通过水文模型模拟，最终确定当河道的上下游落差为 15～20 m 时，流速比较适宜。

3. 景观建设工程

清溪川复原工程充分考虑河流生态分布特点、各河段所处社会经济状况和亲水功能需求，在对应河道采取因地制宜的设计理念：西部上游河段处于首尔政治文化中心和金融中心，景观设计上体现现代化；中部河段穿过商品市场东大门地区，设计上突出滨水空间的休闲特性；东部河段为具有商业和居住用途的区域，景观设计以利于亲近自然的生态环境为主[67]。其中景观设计元素有水体、植被、人文景观、桥梁和夜景观，水体设计上采用桥间跌水、喷泉等多种水体表现形式，形成丰富多样的河道景观（图 5-16）。

图 5-16　清溪川复原前（左）和复原后（右）[68]

5.6.3　政策法规

韩国环境保护经历了"先污染后治理"的过程，几十年来，不断完善生态环境保护相关法律制度，加快构筑环保法规体系（图 5-17）。

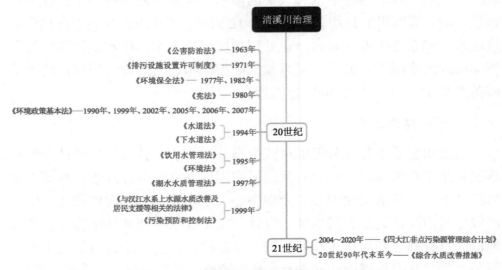

图 5-17　与清溪川治理相关的法律法规

1963 年，韩国制定了最初的环境法——《公害防治法》，以应对工业发展带来的污染问题。1971 年，《公害防治法》在排污标准方面制定相关法规，设立《排污设施设置许可制度》。1977 年，制定《环境保全法》，取代以消极控制公害为目的的《公害防治法》，更积极、综合地应对环境问题[69]。1980 年，韩国在其《宪法》中首次明文规定了环境权，并以此制定一系列环境法规，规定"所有国民享有在健康而舒适的环境中生活的权利，国家和国民应当为环境保全而努力"。

1982 年 7 月，《环境保全法》修订时引入排放附课税制度，首次落实"谁污染谁治理"理念。1990 年，制定《环境政策基本法》，取代 1977 年的《环境保全法》，随后又分别于 1999 年、2002 年、2005 年、2006 年、2007 年对《环境政策基本法》进行多次修订[70]。

20 世纪 90 年代，韩国加大环境保护力度，在改善汉江水质方面制定了《关于汉江水系上水源水质改善及居民支援等的法律》。1994 年，为强化水质保护，修改《水道法》《下水道法》。1995 年，制定《饮用水管理法》，将《食品卫生法》和《公众卫生法》中与饮用水相关的内容进行综合性规定。1997 年，制定《湖水水质管理法》，提出水华防治对策。

非点源污染影响范围广、控制难度大，是污染河流水质的重要原因。2004 年，7 个政府部门共同发起《四大江非点污染源管理综合计划》（2004~2020 年），指定昭阳湖等四大地区为非点污染源管理地区[71]。20 世纪 90 年代末至今，政府与当地居民、社会团体和专业人员进行讨论，完成了 4 条河流的《综合水质改善措施》。

5.6.4　技术方法

"人水和谐"是首尔市生态城市建设的基本原则。清溪川复原工程注重开发河道亲水服务功能，综合多项水质净化技术，结合大量生态设施植入，推动实现人与河流和谐相处。

1. 控源截污

清溪川河道污染源可分为内源污染和外源污染，内源污染一般来自河道底泥，外源污染包括人为排放的生活、工业污水以及合流制污水直排入河[72]。清溪川复兴项目通过河道疏浚清淤，减少了内源污染物向河流释放，并铺设截污管道，通过完善污水处理系统，从源头上减少污染物的直接排放，从而实现对各类污染进行彻底截污[73]。

2. 清水补给

清水补给措施可以降低河道中残留污染物的浓度，同时加强污染物扩散迁移、稀释净化，提高水体富氧能力和自净能力，改善水体水质。清溪川复原工程以汉江地表水、地下水、雨水以及深度净化的污水处理厂出水作为水源补充，充分保障清溪川的水体流量，维持长效稳固的河流生态环境[67]。

3. 生态恢复

为了恢复清溪川自然生态环境，河床采用有利于水体自净的卵石或大粒沙等材料，河道两岸堤岸护坡选用生命力顽强、适合当地气候特征的沉水植物及藤本植物等，利用其发达的根系从水体和底泥中吸收利用氮磷营养盐，同时吸附水中悬浮物质，具有改善水质的作用，实现涵养水源、科普观赏的有机统一[74]。

复原前，清溪川下游地区的动植物仅有98种，很多物种已经绝迹。复原后，生态环境质量得到明显改善，生物物种数量迅速上升为300多种，与此同时，城市绿化设施建设完备，逐步形成新的自然生态系统[75]。

但清溪川复原工程对于河流可持续发展等问题的考虑仍存在不足。首先，清溪川是一条人工排水道，河床底部和两侧都铺设了防渗层，可能会导致河床水体受到阻隔以及妨碍岸边生态交换，此外，河流水面宽度较窄，水深只有30～40 cm，且流速很慢，在夏季高温时仍有可能发生水质恶化现象。其次是维护费用问题，因为清溪川80%的水均由汉江抽取而来，是人工制造的景观，所以需要定期投入维护，开支较高[76]。

5.7 国 际 经 验

各国针对水环境中面临的突出问题，在污染成因分析的基础上，通过建立配套法律法规，控制污染源头；利用针对性环保技术以及生态恢复措施，对不同成因的黑臭水体进行治理。同时，强化全域管理，以技术为支撑实现水环境综合整治目标。最后，整合社会资源，以政府牵头规划，企业负责落实，由协会与社会监督管理，积极开展环保教育与宣传工作，强化民众环保意识，巩固水环境综合整治成果。相关治理经验、技术与管理模式可为我国黑臭水体整治工作提供借鉴。

立法治水　在治理过程中，发达国家通过立法优先方式，予以有效保护，并依此驱动污染治理与环境改善措施的实施。例如，美国在1899年出台《垃圾法》，1948年制定《联邦水污染控制法》[5]，1972年出台《清洁水法》，配套法律政策的出台为水环境治理提供了必要法律依据[77]。日本于1967年出台《公害对策基本法》，并进一步依据大气、水体、土壤等污染的环境条件制定了《环境基本法》[78]；法国于1964年颁布第一部《水法》，并于1992年颁布新《水法》。

技术运用　发达国家在治理过程中主要围绕污水收集管网系统建设、污水处理厂普及以及生态恢复措施三个方面进行。其中，在污水收集网管系统建设方面，对污水来源进行合理分类，设计合理的网管设施，利用膜技术、高速化粪池、渗滤等方式实现对污水的有效处理[79]。在污水处理厂普及方面，通过加大投入，长期建设后已经形成较高的污水处理厂普及率，以满足城市污水处理需求。美国的污水处理厂分布密度约为10 000人/座，瑞典和法国约为5 000人/座；英国和德国则为7 000～8 000人/座[79]。在生态恢复治理措施方面，主要通过水体自身净化以及恢复水体的自然环境来实现生态平衡。

社会资源　调动社会资源实施保护水环境是发达国家广泛应用且备受好评的治理手段。对于严重污染水域，政府会组织企业与机构为受污染河流、湖泊等黑臭水体治理工作募捐专项治理经费。此外，通过调动宗教、明星等社会力量组建民间环保组织，使环保成为社会工作的一部分。例如，在英国泰晤士河等河流治理中，政府调动社会资源，加入水环境改善，取得良好效果[80]；在日本琵琶湖治理中，政府通过联合多所大学及相关科研院所，在湖泊流域非点源污染控制技术方面开展大量试验及示范研究，为湖泊流域非点源污染控制提供了有力支撑[81]。

国民教育　提高公众环保意识，倡导全民参与，实行公众监督是黑臭水体成功治理必不可少的一环。政府通过参观调研、媒体宣传等方式营造全民有责、全民参与的社会氛围，调动公众参与水环境保护的自觉性，具有重要意义。例如，在日本琵琶湖水环境治理过程中，滋贺县于1980 年开始通过环境教育，以"为了清洁的、蓝色的琵琶湖"为主题开始琵琶湖环境保护计划，即"琵琶湖 ABC 运动"[82]。同时，设立专门的琵琶湖环境教育基地，并配备专门的环保教育讲师，提高滋贺县民众的环保观念与公众参与度。

参 考 文 献

[1] Porter D H. The great stink of London: Sir Joseph Bazalgette and the cleansing of the Victorian metropolis[J]. Victorian Studies, 2001, 43(3): 530-531.

[2] Wood J. The Thames Tideway Tunnel: Preventing another Great Stink[J]. Proceedings of the Institution of Civil Engineers Civil Engineering, 2020, 173(1): 14.

[3] 刘鸿志, 卢雪云. 中外河流水污染治理比较[J]. 世界环境, 2001, (4): 27-30.

[4] 王友列. 英国泰晤士河水污染治理及对淮河流域的启示[D]. 合肥: 安徽大学, 2016.

[5] 尹志军. 美国环境法史论[D]. 北京: 中国政法大学, 2005.

[6] Jenny S. Participation and deliberation in environmental law: Exploring a problem-solving approach [J]. Oxford Journal of Legal Studies, 2001, (3): 415-442.

[7] Jenkins S H. The restoration of the Tidal Thames-Wood, LB [J]. Water Research, 1983, 17(5): 600-601.

[8] 宋玲玲,程亮,孙宁.泰晤士河整治经验对国内城市河流综合整治的启示[C]. 深圳: 中国环境科学学会, 2015 .

[9] 刘青. 以伦敦泰晤士河为例的英国水务管理启发[J]. 智能城市, 2021, 7(14): 159-160.

[10] 张健, 丁晓欣, 朱佳. 伦敦水污染治理策略[J]. 环境与发展, 2019, 31(8): 62-63, 65.

[11] Biddlestone G. Engineered reed-bed systems for wastewater treatment[J]. Trends in Biotechnology, 1995, 13(7): 248-252.

[12] Scholz m. Wetland Systems to Control Urban Runoff[M]. Elsevier, 2006.

[13] James P. Management issues and implications at the pre-construction stage of a sewer tunnel build in London, UK[J]. International Journal of Applied Engineering Research, 2017, 12(1): 37-54.

[14] Alder A, Hails S, Vaughan A. Ensuring health, safety and well-being on the UK's Thames Tideway Tunnel programme[J]. Proceedings of the Institution of Civil Engineers-Civil Engineering, 2022, 175(2): 71-78.

[15] Costes E, Jewell P, Michel C, et al. Lee tunnel project: the first step toward a cleaner river Thames[J]. Proceedings of the Institution of Civil Engineers-Civil Engineering, 2018, 171(2): 69-76.

[16] Garnier J, Meybeck M, Ayrault S, et al. Chapter 9—Continental Atlantic Rivers: The Seine Basin [M]//Tockner K, Zarfl C, Robinson C T. Rivers of Europe. Second Edition. Elsevier, 2022: 293-332.

[17] 王少军. 塞纳河-诺曼底流域水环境修复之路[J]. 中国水利, 2007, 581(11): 51-54.

[18] Seidl M, Huang V, Mouchel J M. Toxicity of combined sewer overflows on river phytoplankton: The role of heavy metals[J]. Environmental Pollution, 1998, 101(1): 107-116.

[19] 谢永明. 水环境管理国际经验之比鉴[J]. 绿叶, 2017, (10): 59-64.

[20] 姚勤华, 朱雯霞, 戴轶尘. 法国、英国的水务管理模式[J]. 城市问题, 2006, (8): 79-86.

[21] Le Pichon C, Lestel L, Courson E, et al. Historical changes in the ecological connectivity of the seine river for fish: A focus on physical and chemical barriers since the Mid-19th Century[J]. Water, 2020, 12(5): 1352.

[22] Meybeck M, Lestel L, Carre C, et al. Trajectories of river chemical quality issues over the Longue Durée: the Seine River (1900S-2010) [J]. Environmental Science And Pollution Research, 2018, 25(24): 23468-23484.

[23] Brion N, Billen G, Guezennec L, et al. Distribution of nitrifying activity in the Seine River (France) from Paris to the estuary [J]. Estuaries, 2000, 23(5): 669-682.

[24] 由文辉, 顾笑迎. 国外城市典型河道的治理方式及其启示[J]. 城市公用事业, 2008, (4): 16-19.

[25] 季靖. 浊清塞纳河[J]. 环境, 2018, (6): 71-73.

[26] 尹文超, 卢兴超, 薛晓宁, 等. 德国埃姆歇河流域水生态环境综合治理技术体系及启示[J]. 净水技术, 2020, 39(11): 1-11, 15.

[27] 王敏, 叶沁妍, 汪洁琼, 等. 城市双修导向下滨水空间更新发展与范式转变: 苏州河与埃姆歇河的分析与启示[J]. 中国园林, 2019, 35(11): 24-29.

[28] 王敏, 叶沁妍, 托马斯·赫尔德, 等. 行为主体互动下的水系空间管理与生态服务优化: 基于德国埃姆舍河发展演变的实证研究[J]. 风景园林, 2017, 138(1): 52-59.

[29] 方洪斌, 周翔南. 德国水环境治理与水生态修复的演变历程[C]. 西安: 第九届中国水生态大会议论文集, 2021.

[30] Bjerre H L, Hvitved-Jacobsen T, Teichgraber B, et al. Modeling of aerobic wastewater transformations under sewer conditions in the Emscher River, Germany[J]. Water Environment Research, 1998, 70(6): 1151-1160.

[31] Laser S, Srensen E. Re-imagining river restoration[J]. ResearchGate, 2021, 84: 21-34.

[32] Perini K, Sabbion P. Urban Sustainability and River Restoration: Green and Blue Infrastructure [M]. Hoboken: John Wiley & Sons Ltd, 2017.

[33] Tröltzsch J, Gerner N V, Meergans F, et al. Coordination and cooperation of water management, nature conservation and open space development in the Emscher restoration[R]. Briefing Paper, 2020.

[34] Gerner N V, Nafo I, Winking C, et al. Large-scale river restoration pays off: A case study of ecosystem service valuation for the Emscher restoration generation project[J]. Ecosystem Services, 2018, 30: 327-338.

[35] Effler S W, Sze P, Meyer M A, et al. Response of Onondaga lake to restoration efforts[J]. Journal of the Environmental Engineering Division, 1981, 107(1): 191-210.

[36] Matthews D A, Effler S W. Assessment of long-term trends in the oxygen resources of a recovering urban lake, Onondaga Lake, New York[J]. Lake and Reservoir Management, 2006, 22(1): 19-32.

[37] Brown B L, Ringler N H, Schulz K L. Sediment and water quality limit mayfly survivorship in an

urban lake undergoing remediation[J]. Lake and Reservoir Management, 2015, 31(2): 145-156.

[38] Devan S P, Effler S W. History of phosphorus loading to Onondaga lake[J]. Journal of Environmental Engineering, 1984, 110(1): 93-109.

[39] Auer M T, Storey M L, Effler S W, et al. Zooplankton impacts on chlorophyll and transparency in Onondaga lake, New York, USA[J]. Hydrobiologia, 1990, 200(1): 603-617.

[40] Sze P, Kingsbury J M. Distribution of phytoplankton in a polluted Saline lake, Onondaga lake, New York [J]. Journal of Phycology, 1972, 8(1): 25-37.

[41] J.兰德斯, 马元斑. 美国奥农多加湖的污染治理[J]. 水利水电快报, 2007, (4): 17-21.

[42] Rowell H C. Paleolimnology of Onondaga lake: The history of anthropogenic impacts on water quality[J]. Lake and Reservoir Management, 1996, 12(1): 35-45.

[43] Walker J R W W. Some Analytical Methods Applied to Lake Water Quality Problems[M]. Massachusetts: Harvard University, 1977.

[44] Nakamura K, Tockner K, Amano K. River and wetland restoration: Lessons from Japan[J]. BioScience, 2006, 56(5): 419-429.

[45] Havens K E, Fukushima T, Xie P, et al. Nutrient dynamics and the eutrophication of shallow lakes Kasumigaura (Japan), Donghu (PR China), and Okeechobee (USA)[J]. Environmental Pollution, 2001, 111(2): 263-272.

[46] 张晓红. 日本霞浦湖微囊藻的处理与资源化[J]. 环境导报, 1996, (2): 41.

[47] 涂建峰, 郑丰, 王国栋. 日本霞浦湖水环境修复方法及影响评价[J]. 水利水电快报, 2007, (12): 6-10.

[48] Maeda O. Literature review on cyanobacterial change from *Microcystis* to *Oscillatoria* in Lake Kasumigaura[R]. Ibaraki Prefecture: StudyReport on Development of Methods for Controlling AlgalBloom in Lake Kasumiqaura,1997.

[49] Yong H K, Lee S H, Imai A, et al. Characterization of dissolved organic matter in a shallow eutrophic lake and inflowing waters [J]. Environmental Engineering Research, 2002, 7: 93-101.

[50] Imai A, Fukushima T, Matsushige K, et al. Characterization of dissolved organic matter in effluents from wastewater treatment plants [J]. Water Research, 2002, 36(4): 859-870.

[51] 刘兆孝, 吴国平, 涂建峰. 日本主要湖泊富营养化状况及治理[J]. 水利水电快报, 2007, (11): 5-11.

[52] 茨城県. 霞ヶ浦に係る湖沼水質保全計画: 第 5 期[EB/OL]. [2012-03-31]. http://www. pref.ibaraki.jp/bukyoku/seikan/kantai/lake/files/pdf/5kosyouhozenkeikaku.pdf.

[53] 滋賀県. 琵琶湖に係る湖沼水質保全計画: 第 5 期[EB/OL]. [2012-03-21]. http://www.pref. shiga.jp/public/suishitsu/kekka/files/keikaku.pdf.

[54] 宋菲菲, 胡小贞, 金相灿, 等. 国外不同类型湖泊治理思路分析与启示[J]. 环境工程技术学报, 2013, 3(2): 156-162.

[55] 金京淑. 日本推行农业环境政策的措施及启示[J]. 现代日本经济, 2010, (5): 60-64.

[56] 赵解春, 白文波, 山下市二, 等. 日本湖泊地区水质保护对策与成效[J]. 中国农业科技导报, 2011, 13(6): 126-34.

[57] 茨城県.霞浦富营养化防止基本计划(第 3 期) [EB/OL]. http://www.Pref.ibaraki.jp/bukyoku/ soumu/somu/reikiint/reikihonbun/ao40013771.html ,2002-03.

[58] 茨城県. 茨城県霞ヶ浦水質保全条例.茨城県条例第 16 号[EB/OL]. http://www.Pref.ibaraki.jp/ soumu/sousitu/kankyouhozen/kasumishinkyuu.pdf ,2007-10.

[59] 茨城县环境行政重点対策(第 2 回)~第 5 期の霞ヶ浦に係 る湖沼水質保全計画と茨城県霞ヶ 浦水質保全条例について~、WING21 いばらき［Z］. 2007, 8: 10 -12.

[60] Dunne E J, Coveney M F, Marzolf E R, et al. Efficacy of a large-scale constructed wetland to remove phosphorus and suspended solids from Lake Apopka, Florida [J]. Ecological Engineering, 2012, 42: 90-100.

[61] Coveney M F, Stites D L, Lowe E F, et al. Nutrient removal from eutrophic lake water by wetland filtration [J]. Ecological Engineering, 2002, 19: 141-159.

[62] Chung J-H, Yeon Hwang K, Kyung Bae Y. The loss of road capacity and self-compliance: Lessons from the Cheonggyecheon stream restoration [J]. Transport Policy, 2012, 21: 165-178.

[63] 李允熙. 韩国首尔市清溪川复兴改造工程的经验借鉴[J]. 中国行政管理, 2012, (3): 96-100.

[64] Kim H, Jang C-H. A review on ancient urban stream management for flood mitigation in the capital of the Joseon Dynasty, Korea[J]. Journal of Hydro-environment Research, 2019, 22: 14-18.

[65] Ryu C, Kwon Y. How do Mega Projects alter the city to be more sustainable? spatial changes following the seoul Cheonggyecheon restoration project in South Korea[J]. Sustainability, 2016, 8(11): 1178.

[66] 韦林枚. 碧水蓝天保卫战 守护 "共同的河流" [J]. 广西城镇建设, 2018, (1): 42-43.

[67] 梁耀元, 陈小奎, 李洪远, 等. 韩国城市河流生态恢复的案例与经验[J]. 水资源保护, 2010, 26(6): 93-96.

[68] 李京鲜, 曾玲. 韩国首尔清溪川的恢复和保护[J]. 中国园林, 2007, (7): 30-35.

[69] 徐永俊, 富贵, 石莹, 等. 韩国《环境健康法》及对我国相关立法工作的启示[J]. 环境与健康 杂志, 2016, 33(2): 169-171.

[70] 罗丽, 徐今姬. 韩国《环境政策基本法》研究[J]. 环境科学与技术, 2009, 32(7): 195-200.

[71] 韩承勋. 韩国环境管理体制改革[J]. 世界环境, 2016, (2): 30-32.

[72] 戴天骄, 贾建娜, 张凯磊, 等. 黑臭河道综合治理技术研究及工程应用进展[J]. 水道港口, 2020, 41(2): 218-225.

[73] 刘婷. 城市内河水环境综合整治经验与启示——以韩国清溪川复兴实践为例[J]. 重庆建筑, 2021, 20(8): 27-29.

[74] BAE H. Urban stream restoration in Korea: Design considerations and residents' willingness to pay[J]. Urban Forestry & Urban Greening, 2011, 10(2): 119-126.

[75] 林小峰, 赵婷. 城市发展历史长河的美丽浪花——韩国首尔清溪川景观复原工程[J]. 园林, 2012, (1): 52-57.

[76] 冷红, 袁青. 韩国首尔清溪川复兴改造[J]. 国际城市规划, 2007, (4): 43-47.

[77] 王俊敏. 水环境治理的国际比较及启示[J]. 世界经济与政治论坛, 2016, (6): 161-170.

[78] 高娟, 李贵宝, 华珞, 等. 日本水环境标准及其对我国的启示[J]. 中国水利, 2005, (11): 41-43.

[79] 徐平, 张露. 黑臭治理国际经验及对我国的启示[J]. 环境保护, 2015, 43(13): 30-34.

[80] Hutchins M G, Bowes M J. Balancing water demand needs with protection of river water quality by minimising stream residence time: An example from the Thames, UK[J]. Water Resources Management, 2018, 32(7): 2561-2568.

[81] Kondo Y, Fujisawa E, Ishikawa K, et al. Community capability building for environmental conservation in Lake Biwa (Japan) through an adaptive and abductive approach[J].

Socio-ecological practice research, 2021, 3(2): 167-183.

[82] Kumagai M, Vincent W F, Ishikawa K, et al. Lessons from Lake Biwa and other Asian lakes: Global and local perspectives[J]. Freshwater Management: Global Versus Local Perspectives, 2003: 1-22.

第6章

实践经验与反思

本章初步梳理了我国黑臭水体治理工作推进中，在政策制定、顶层谋划、体系建设、模式拓展、群策群力、系统管控等方面所做的统筹引导与督察落实等工作，总结工程实施、组织管理、长效运维等方面的实践经验，并将其归纳为"用好方""施好策""配好钱""治好污""护好河""管好水"六个方面。同时，从顶层设计、系统认知、经营特征、价值认定四个方面总结存在问题，并从清单化、精细化、资源化、系统化、规模化、智慧化、多元化七个角度对黑臭水体治理工作提出相关建议。

6.1　城市黑臭水体治理经验

6.1.1　用好方

所谓"用好方"，指科学合理的治理方法，从顶层设计、流域统筹到技术驱动实施，以标准规范实施路径，实现黑臭水体有效治理。具体体现在四个方面：一是系统设计谋划，由"就水治水"转向"治污为本、水岸同治"；二是流域统筹实施，以流域为基础单元，强化流域统一规划、统一治理、统一调度、统一管理，统筹实施各项措施；三是构建技术体系，《城市黑臭水体整治工作指南》（2015年9月）为黑臭水体排查与识别、整治方案制订与实施、整治效果评估与考核、长效机制建立与政策保障提供指导依据；四是完善标准制定，各地积极响应中央要求，出台系列适用于当地黑臭水体治理的技术标准和规范，推动黑臭水体治理工作规范化、标准化。

1. 系统设计谋划

城市黑臭水体治理是一项系统性工程，具有复杂程度高、综合治理难度大、时间周期长、整体规模大等特征，需要顶层设计、系统谋划。我国黑臭水体治理工作首先从国家层面全面布局。从中共中央、国务院《关于全面加强生态环境保护　坚决打好污染防治攻坚战的意见》（2018年6月）开始，到2018年开展城市黑臭水体整治环境保护专项行动，国家布局指导各地黑臭治理工作，制定完善黑臭水体治理基本原则（系统治理、有序推进→多元共治、形成合力→标本兼治、重在治本→群众满意、成效可靠），重点强调"系统"和"成效"（成效是根本，是黑臭水体治理攻坚战的根本目的和要求，系统是保障，是保障成效达成的技术思路和手段）。其次，明确黑臭指标和整治整体路线。《城市黑臭水体整治工作指南》（2015年9月）对黑臭水体指标做出规定。根据黑臭程度的不同，将黑臭水体细分为"轻度黑臭"和"重度黑臭"两级。水质检测与分级结果可为黑臭水体整治计划制定和整治效果评估提供重要参考。根据顶层规划设计的原则方向，在系统分析城市黑臭水体水质水量特征及污染物来源的基础上，结合环境条件与控制目标，筛选技术可行、经济合理、效果明显的技术方法，初步确定黑臭水体治理的技术路线，预估所需的工程措施、工程量和实施周期，预测水体整治效果，形成黑臭水体整治方案。

2. 流域统筹实施

流域是一个从源头到河口的天然集水单元，是区域自然-经济-社会持续发展的空间载体，是有机联系、密不可分的统一整体。水是流域内不同地理单元与生态系统之间联系的最重要纽带，水的流动性使得水环境污染和生态破坏常常以流域性形式表现出来，问题症结和表象的空间分布往往并不一致。此前城市黑臭水体治理偏重于落实行政区域责任，以流域为单元进行的总体谋划不足，这种治理模式的作用局限在一定行政范围内，难以顾及全流域的整体性与系统性。

近年来，我国在顶层设计、系统谋划的同时，更注重流域统筹治理，《深入打好城市黑臭水体治理攻坚战实施方案》（2022年4月）明确指出，需要强化流域统筹治理，加强建成区黑臭水体和流域水环境协同治理。统筹协调上下游、左右岸、干支流、城市和乡村的综合治理，对影响城市建成区黑臭水体水质的建成区外上游、支流水体，纳入流域治理工作同步推进。根据河湖干支流、湖泊和水库的水环境、水资源、水生态情况，开展精细化治理，提高治理的系统性、针对性和有效性，完善流域综合治理体系，提升流域综合治理能力和水平。

以深圳市为例，市内流域面积大于 $1 km^2$ 的河流共有 310 条，流域面积大于 $100 km^2$ 的河流有 5 条，有水库 168 座。深圳市按照《深圳市治水提质工作计划（2015—2020 年）》提出的"治水十策"，开展"十大行动"，以流域为单元系统规划治水提质工作。以流域统筹为根基，通过以流域为单元捆绑打包实施 EPC 模式，采用"地方+大企业"模式，实施全流域"大兵团作战"，借助大型企业在人才、技术、资源、社会责任等方面优势，有效破解此前干支流不同步、分段治理、碎片化施工的弊端。

3. 构建技术体系

完善的技术体系是将黑臭水体顶层设计落实到项目实操层面的重要支撑。《城市黑臭水体整治工作指南》（2015 年 9 月）初步构建了黑臭水体整体技术体系，提出城市黑臭水体整治技术的选择，应遵循"适用性、综合性、经济性、长效性和安全性"原则，城市黑臭水体整治应按照"控源截污、内源治理；活水循环、清水补给；水质净化、生态修复"的基本技术路线具体实施，其中控源截污和内源治理是选择其他技术类型的基础与前提；在整体上拟定了"大"技术体系，各地也结合自身情况进行系统梳理，因地制宜制定了适用于本地的"小"技术体系，以求在实践中发挥技术匹配优势。

4. 完善标准制定

黑臭水体治理需要因地制宜，技术标准与规范要与当地特点相匹配。近年来，各地通过制定黑臭水体治理地方或团体标准规范，助推当地黑臭水体治理工作规范化、标准化。例如，《城市黑臭水体整治技术导则》（DB 2101/T 0017—2020），指导城市黑臭水体问题诊断、治理技术选择及实施；《城市黑臭水体遥感监管技术规范》（T/CSES 15—

2020）和《城市黑臭水体遥感监测技术规范》（T/GDAQI 065—2021），对黑臭水体的遥感监测提出明确实施要求；《黑臭水体生态修复治理技术规范》（T/HAEPCI 035—2020）对用于黑臭水体治理的水生态修复技术应用提供指导依据；《湖南省城镇黑臭水体生态修复技术标准》（DBJ43/T 104—2022），针对湖南当地生态环境特点，给出本土化生态修复方针；《黑臭水体监测技术规范》（DB2308/T 110—2022），明确黑臭水体监测的技术要求和数据指标；《城市黑臭水体整治效果评估技术规范》（DB45/T 2557—2022），规定了评估总体要求、初见成效和长制久清评估等技术要求。

6.1.2 施好策

"施好策"，具体是指优化管理机制体制和建立政策法律体系，是保障黑臭水体治理工作顺利推进的重要保障。

1. 优化管理机制体制

河长制 我国在城市黑臭水体治理的过程中，严格落实河长制、湖长制。2016 年 12 月，中共中央办公厅、国务院办公厅印发《关于全面推行河长制的意见》，要求各地区各部门结合实际认真贯彻落实，要明确包括城市建成区内黑臭水体在内的河湖的河长湖长；河长湖长要切实履行责任，按照治理时限要求，加强统筹谋划，调动各方密切配合，协调联动，确保黑臭水体治理到位。

组织管理机制 《深入打好城市黑臭水体治理攻坚战实施方案》（2022 年 4 月）中提出，省级人民政府要将城市黑臭水体治理工作纳入重要议事日程，将治理任务分解到各部门，明确职责分工和时间进度，建立符合当地实际的黑臭水体管理制度。各地按照政策要求，依托河湖长制，建立完善黑臭水体组织管理机制。

督查考核机制 《深入打好城市黑臭水体治理攻坚战实施方案》同时提出，住房和城乡建设部、生态环境部等部门加强统筹协调，出台配套支持政策，会同相关部门指导和督促地方落实城市黑臭水体治理工作要求，并对治理目标和重点任务完成情况进行考核。

问题解决机制 《深入打好城市黑臭水体治理攻坚战实施方案》对

各地搭建问题解决机制也提出要求，包括加强巡河管理，及时发现解决水体漂浮物、沿岸垃圾、污水直排口问题；加快推行排污许可证制度，对固定污染源实施全过程管理和多污染物协同控制；强化运营维护，推进城市排水企业实施"厂—网—河湖"一体化运营管理机制等要求。

2. 建立政策法律体系

构建水污染防治法治体系　我国在实践探索过程中，与时俱进健全污染防治法治体系，为城市黑臭水体治理打下坚实法治基础。自 1984 年 5 月 11 日，第六届全国人民代表大会常务委员会第五次会议通过《中华人民共和国水污染防治法》起，我国逐步建立完善水环境保护、水污染防治法治体系。党的十八大以来，进程不断加快，凸显对生态文明建设、经济社会绿色可持续高质量发展的法治保障。

2015 年 1 月，经第十二届全国人民代表大会常务委员会第八次会议修订的《中华人民共和国环境保护法》正式实施，明确生态文明建设和可持续发展理念，完善环境管理基本制度，强化政府环境保护责任。2016 年 7 月，第十二届全国人民代表大会常务委员会第二十一次会议修订《中华人民共和国水法》，强调水资源合理配置，突出水资源节约和保护，针对水污染问题加强执法监督检查力度，强化法律责任。2017 年 6 月，第十二届全国人民代表大会常务委员会第二十八次会议修正《中华人民共和国水污染防治法》，明确提出县级以上地方人民政府应整治黑臭水体，提高流域环境资源承载能力，为黑臭水体治理提供重要法律保障。

黑臭水体政策保障体系　《水污染防治行动计划》（2015 年 4 月），首次明确城市黑臭水体整治的目标、任务要求和工作分工。《城市黑臭水体整治工作指南》（2015 年 9 月），提出城市黑臭水体判别标准，明确整治时间表、路线图和具体技术要点。《关于全面推行河长制的意见》（2016 年 12 月），明确将黑臭水体治理作为河长制的重要工作内容。《城市黑臭水体治理攻坚战实施方案》（2018 年 9 月），明确要求各地系统总结城市黑臭水体治理工作经验，扎实推进城市黑臭水体治理工作。《城镇污水处理提质增效三年行动方案（2019—2021 年）》，提出"三个基本消除"和"两个提升"，明确各地应因地制宜确定生化需氧量和城市生活污水集中收集率提升的工作目标；首次提出完善河湖水位与市政排口协调制度、工业废水评估管控与排入许可、"小散乱"排污规范管理等要求。《中华人民共和国国民经济和社会发展第十四个五年规划和2035年远景目标纲要》（2021年3月），明确提出完善水污染防治流域协同机制，基本消除劣V类国控断面和城市黑臭水体。《"十四五"城市黑臭水体整治环境保护行动方案》（2022年6月），从总体要求、工作任务、保障措施三个方面明确要求，指导地方生态环境、住房和城乡建设部门持续推进城市黑臭水体整治环境保护行动。

6.1.3　配好钱

近年来，我国逐步探索、实践城市水环境治理多种投融资模式，包括FEPC+O、PPP、EOD等，推动黑臭治理工程项目建设、运营可持续、高质量发展。这其中社会资本的引入和参与发挥重要作用。

1. 拓展投融资模式

此前，各地黑臭水体治理资金大部分由地方财政承担，由于职能部门缺乏专业性和资金支持，黑臭水体治理工作一直存在政府财政压力大、治理效果差等问题。随着生态环境治理投融资模式的不断拓展，一些新模式逐渐发展成熟并替代传统模式，如PPP（如BOT、TOT、BOO等）、EPC+O、FEPC、EOD等。

其中，PPP模式在水环境治理项目中的应用主要是依托流域系统治理，整合流域内各涉水要素资源，将污水处理厂、固废处理设施等可经营性资产与河道、管网等融合打包进行项目实施，解决地方政府资金紧张问题。EPC+O模式强调项目的运营属性，从全生命周期进行项目策划实施，将项目设计、采购、施工和后期运营整合实施；项目融资由业主负责，降低承包商资金风险。FEPC模式由项目实施单位负责融资，在解决政府融资需求同时，保障承包商项目回款及合理收益。EOD模式依靠前期政府投入进行包括片区黑臭水体治理、固废处理处置在内的全面生态环境治理，依托环境改善带动关联产业升级发展，利用产业收益反哺前期治理投入，实现生态环境经济价值内部化。

如南宁那考河流域治理项目是南宁市首个PPP项目，项目采用DBFO（设计-建设-融资-经营）的运作方式，利用社会资本——北京城市排水集团的资金和技术管理优势，与政府出资代表成立项目公司，由项目公司负责项目融资、设计、建设、经营全过程，按照"全线多断面考核、按效付费"理念，建立"水质、水量、防洪"三合一的绩效考核体系。在运营期，南宁市财政局根据项目公司的绩效考核结果拨付流域治理服务费，构建全流域治理服务费与绩效考核结果挂钩机制。深圳茅洲河水环境治理则采用 EPC+O（工程总承包+运营）方式，引进以央企为代表的多家大型企业，对流域治理项目进行统筹打包，实行目标、任务、费用、责任等"一龙治水"式全包干，充分发挥"大兵团包干"优势，实现项目质量、效率大幅提升。

2. 引入社会资本

引入社会资本是推动生态环境治理的重要驱动力，其典型代表为PPP 模式，由地方政府出资代表与社会资本按一定出资比例注册成立项目公司，负责黑臭治理项目的投资、设计、建设和运营全过程，并由政府授权实施机构与项目公司签订 PPP 项目协议，由地方财政支付项目公司流域治理服务费。

上述南宁那考河流域治理项目采用 PPP 模式实施，引入北京城市排水集团作为社会资本进行投资建设，其在投融资方面具有丰富经验和实力，在增加公共服务供给的同时平滑政府支出责任，缓解水环境治理短期资金压力。贵阳南明河治理系统工程采用 PPP 模式实施，通过"特许经营+政府购买服务"组合方式解决资金问题，由中国水环境集团作为社会资本方负责项目投融资、设计、建设和运营，投资效率、建设速度和质量、服务均得到明显提高；贵阳市政府将新建污水、污泥处理等可产生现金流项目的特许经营权授予中国水环境集团，企业通过特许经营权得到收益，缺口部分由政府多渠道筹资作为保障，降低企业投资风险，也减轻政府短期支付压力和债务。

3. 开发生态产品

基于生态环境的改善和提升，促进引导相关联产业快速发展，利用产业发展提升收益反哺前期生态环境治理投入，整体实现生态环境治理经济价值内部化，是黑臭水体治理可借鉴的路径之一。

例如河北蓟运河（蓟州段）水系治理、生态修复、环境提升及产业综合开发 EOD 项目，采用 PPP 模式，由中交疏浚联合中交四航院依托政府付费实施生态综合修复。项目内容包括水系综合治理、矿山修复等，规划一定土地空间进行产业开发，引入观光农业、康养、新能源等环境友好型项目，将产业收益与生态环境治理紧密结合，实现生态环境保护与产业发展的双赢。

6.1.4 治好污

"十三五"以来，国家大力推进城市水环境综合治理，形成一整套"问题诊断、精准施策、全程动态评估"的黑臭治理有效经验，开展基于黑臭成因的全面系统治理，在治理中进行评估，在评估中进行纠偏，确保治理措施精准实施，实现消除黑臭的治理目标。

1. 问题诊断

黑臭在水里，根源在岸上，不同陆域下垫面特征、城市规划下水系格局中产生的黑臭水体原因各异。城市黑臭水体开展治理之前的问题诊断十分重要，是引导治理方向的重要指示。

城市黑臭水体整治过程中面临的问题较为复杂，主要包括：一是排污管网不完善，包括管网混接错接、偷排漏排、末端截流缺失、合流制管道溢流等问题。二是城市快速发展与雨污管网规划脱节，造成管网输送能力落后于城市排放需求，污水收集及处理能力不足导致很多城市污水处理厂超负荷运转，使部分污水和污染物进入水体，尾水污染严重。三是内源污染，未彻底完成雨污分流的污染物、溢流污染以及城市面源污染等进入河道，被河道底泥吸附，当底泥中污染量达到饱和或水体受到扰动时，污染物重新释放到水体中，形成河道内源污染。我国城市水体中普遍存在大量底泥，这成为黑臭水体难治理的重要原因之一[1]。

城市黑臭水体污染治理工作是复杂、长期、科学性强的系统工程。对于一些包含黑臭水体治理的水环境综合治理大型工程项目，常存在项目类型多、工程数量多、项目目标多等问题，但水体黑臭的真正原因并没有全面调查，导致治理方案不系统，工程定量决策不够科学，难以从根本上解决黑臭问题[2]。

　　如列入国家黑臭水体整治重点河道的上海市桃浦河，2018 年 10 月完成黑臭水体整治并通过现场验收。但由于前期问题排查不清导致实施方案不准确，在当地 2019 年 1～7 月开展的 35 次水质监测中，19 次为劣Ⅴ类，2 次达到黑臭标准。2020 年 10 月，桃浦河通过雨污混接综合整治、初期雨水调蓄设施建设，以及构建排水运行调度监管平台，对泵站运行情况的实时监管，实现了排河污染物削减要求，完成了黑臭水体返黑整改[3]。

　　如福州城区水系纵横、河网密布，有内河 156 条，是国内河网密度较大的城市之一。河道两岸小作坊和"小散乱污"企业聚集，污水直排入河，同时由于河网水流流向不定、潮汐往复性等特点，导致污染物在涨潮期间随潮流上溯，造成河道污染反复，极大影响了黑臭水体治理效果。前期"各区各部门分管、分点分河"的治理模式无法进行问题准确排查和诊断，造成治理始终难见成效。2017 年，在中央生态环境保护督察推动下，福州市调整治理思路，通过一体化管理，将全城上千个库、湖、闸、站、河等水系要素一站式统筹调度，最大限度"把水引进来、把水留下来、让水多起来、让水动起来、让水清起来"。目前，基本实现"水清、河畅、岸绿、景美"目标，群众满意度达 90%以上，荣获 2018 年"全国黑臭水体治理示范城市"[4]。

2. 精准施策

　　各地实践表明，城市黑臭水体治理不能简单复制成功经验，需按照"控源截污、内源治理；活水循环、清水补给；水质净化、生态修复"的基本技术路线，因地制宜选择污染治理技术，全面判断污染指标，精准制定治理策略。

　　例如，珠三角、东南沿海地区大多为城市高密度建成区，河网密集且存在感潮河段，这一地区的黑臭河流除面临排水管网不完善导致的污水溢流及内源污染问题外，还常存在水系不通畅和水体交换动力不足的情况。因此应在完善控源截污基础上，充分考虑基于水文水质水动力模型重现的潮汐河流污染物时空迁移转化规律，制定针对性的活水增容精准治理方案，具体实施案例有深圳茅洲河（参见 4.4.1 节）、福州龙津阳岐水系（参见 4.3.1 节）、厦门主排洪渠（参见 4.3.2 节）等。

　　京津冀地区存在区域水资源匮乏、水质污染严重的问题，具有流量不足导致河流水流过程弱化、非常规水源补给显著的特点，以北运河案例为代表（详见 4.5 节）。针对地区典型特征，采取的清淤、垃圾和截污等污染源控制措施行之有效，同时兼顾黑臭水体治理同城市开发和建设的协同推进，坚持综合施策和系统治理，实现河畅、水清、岸绿、景美的目的。

　　地表径流和山泉溪水较为丰富、浅水池塘居多的低山丘陵区域，其黑臭水体往往以黑臭水塘和废弃鱼塘的形式存在。针对这类水资源丰富、自然单元多样化地区的黑臭水体治理，内江市在开展综合整治过程中（详见 4.1.1 节），将黑臭水体治理与"城市双修"理念相结合，将人工湿地净化系统科学合理嵌入池塘原有水文布局，制定基于自然的系统解决方案，形成针对性的黑臭水体治理策略。

　　3. 全程动态评估

　　通过对黑臭水体前期摸底调查，实施过程跟踪、治理效果评估，形成科学客观的监测调查数据库，构建监测评价管理平台，实现全程动态评估，有助于显著提高治理效率，巩固治理效果。

　　黑臭水体治理前期评估　主要是对黑臭水体进行识别以及环境条件调查，通过现场调查、民众意见调查和遥感技术等对黑臭水体进行识别，并对黑臭水体污染状态进行分级和判定，汇总构建黑臭水体信息数据库，形成城市黑臭水体清单。目前确定水体是否黑臭以及各类污染源的方法，以现场调查及采样分析水质状况为主，该类方法能够准确识别黑臭水体。同时也有越来越多的实践将遥感技术应用于黑臭水体识别及环境条件调查中，可实现城市黑臭水体大范围、动态、快速监测，也满足部分缺资料地区、被忽略地区的黑臭水体识别需求。目前，结合地面监测和遥感技术的城市黑臭水体遥感筛查体系，综合考虑以上两类方法的优势，能够较有效、更全面识别黑臭水体[5]。

　　黑臭水体治理过程评估　能够科学判断黑臭水所处阶段，针对性解决问题，明确下一步工作方向。该阶段评估多以构建指标评价体系为主要方式。根据《城市黑臭水体整治工作指南》，基于黑臭水体治理进程，分别以表征水质的溶解氧、透明度、氨氮、氧化还原电位，表征水体功能的流量，表征水生态功能的河道景观、居民评议，构建"水清-水满-水美"三阶段评价体系，通过该指标体系有效预判黑臭水体下一阶段工作内容和治理趋势[6]。

黑臭水体治理后评估　为保证黑臭水体整治效果的长效性和持续性，黑臭水体治理项目验收后的后评估，是确保治理效果的长治久效的重要环节[7]。《城市黑臭水体整治工作指南》中对整治效果评估的程序、方法、内容与技术要求进行了详细阐述，提出采用第三方机构评价法或专家评议法开展评估。如广东省广州市曾采用第三方机构评价法，委托专业机构，通过"全面摸查、制定方案，深入公众、掌握实情，开展预评、促改提效"模式，全面评估广州市 35 条黑臭水体，明确其整治初见成效。

6.1.5　护好河

近年来，我国黑臭水体治理初见成效，并逐渐形成以"上下联动、齐抓共管、群策群力"为主体框架的长效管理体系，共同守护河道长制久清。

1. 中央生态环境保护督察动真碰硬

中央生态环境保护督察工作从 2015 年年底开始试点，到 2018 年完成第一轮督察并对 20 个省（区）开展"回头看"。第二轮督察从 2019 年启动，至 2022 年 6 月督察任务全面完成。这项工作开展以来，各地各部门对生态环境保护思想认识发生根本性变化，工作作风实现重大转变，推动解决百姓身边生态环境信访投诉约 28.5 万件，起到了"百姓点赞、中央肯定、地方支持、解决问题"的效果[8]，城市黑臭水体治理工作也因此迈入崭新阶段。

中央生态环境保护督察工作敢于动真碰硬，以案促改，坚决查处一批破坏生态环境的重大典型案件、解决一批人民群众反映强烈的突出环境问题。7 年多来，督察组已分批公开 262 个典型案例，每次"点名"都引起社会广泛关注。如西安市长安区氵皂河曾因重度黑臭群众反映强烈。2017 年 4 月，第一轮中央环保督察剑指当地"一盖了之，假装整改"行为；2018 年 5 月 30 日，督察"回头看"发现，氵皂河长安段截污管道工程建设敷衍应付，不作为、慢作为问题严重[9]。被中央环保督察"点名批评"后，浥河黑臭水体整治的硬招实招纷纷落地，"四库联调、清水进城、河园同建、以河代库"治理模式被选入中央生态环境保护督察整改成效典型案例。

历经两轮环保督察实践，针对国内突出生态环境问题，我国已探索出一套成熟有效的整改工作流程。2022年1月，中共中央办公厅、国务院办公厅印发《中央生态环境保护督察整改工作办法》（下称《办法》），明确职责分工、工作流程、监管保障以及纪律要求，强调"坚持系统观念、坚持从严治理、坚持精准科学"的监督整改工作原则，进一步推进督察整改工作的规范化、制度化，完善生态环境保护督察整改工作长效机制，形成发现问题、解决问题的督察整改管理闭环[10]。

随着生态环境保护"党政同责、一岗双责"的深入落实，全社会对生态环境保护的重视和对生态文明建设的认同明显增强。各地针对中央生态环境保护督察组反馈的督察意见积极整改，统筹编制相关环保督察报告整改方案并对外公布整改落实情况，严格执行《办法》要求，层层压实责任，强化跟踪问效，全力推进落实工作，将督察发现的地方生态环境问题的"病根"彻底清除。

2. 地方多部门齐抓共管

我国从2018年起全面建立了河湖长制，各地党政机构牵头，以行政区域为管理范围，属地组织领导相应河湖的管理和保护工作，扎实推进水资源保护、水污染防治、水环境治理和水生态修复。近年来，各地在推进黑臭水体治理工作过程中不断开展探索，在河湖长制基础上，因地制宜、多措并举巩固城市黑臭治理成效。

如福州市为让统筹治水机制更加顺畅，专门成立城区水系联排联调中心，整合建设、水利、城管等全市涉水部门管理权限，集成防洪、排涝、调水、除黑臭等功能，构建"多水合一，厂—网—河一体化"管理模式；为提升水系治理法制化、制度化、规范化水平，出台地方性法规《福州市城市内河管理办法》，配套制定印发《福州市城市内河管理办法实施细则》，建立内河管理名录，将内河管理上升到法制层面；在常态化监管方面，领导带队开展集中巡河护河，加强一线监督和研究会商，创新推行"政府河长""企业河长"协同管理的"双河长制";创新建立城区水系提升工作联席会议机制,市纪委监委牵头,多部门联合,每周现场督察,每月召开联席会议通报整治情况;在全省率先组建水系巡查队和"护河团",开展常态巡护,确保河道水质、沿河设施、截污系统运行和环境卫生等得到有效维护和保持[11]。

3. 信息公开全民治水

城市黑臭水体治理与公众切身利益和感受密切相关,社会公众关注度较高,参与城市黑臭水体治理的愿望较为强烈,充分发挥了公众参与和监督作用,对于推动我国城市黑臭水体治理工作具有重要意义。

《水污染防治行动计划》明确提出,从"依法公开环境信息、加强社会监督和构建全民行动格局"三个方面建立公众参与机制。将黑臭整治情况公开公示,在阳光下推进整改工作进行,有利于整改推进权责明晰、规范运行;同时将政府的行政行为、企业的环境行为置于社会公众监督之下,使公众的获得感和幸福感与突出环境问题的整改成效相适配,充分发挥舆论监督作用,更有效推动问题彻底解决。

2016 年,"全国城市黑臭水体整治监管平台"正式开通,并通过"城市水环境公众参与"微信举报平台、12369 环保举报热线等途径受理群众举报信息,将返黑返臭、偷排漏排、沿河垃圾丢弃等反馈情况及时处理。在黑臭水体治理过程中实现以环境质量改善为核心,以公众感受作为标准,对黑臭治理成效以公众满意度作为评价指标之一,客观考核评价和公正问责。

6.1.6 管好水

在黑臭水体治理初见成效基础上,2022 年,住房和城乡建设部等多部门联合发布《深入打好城市黑臭水体治理攻坚战实施方案》,要求下一阶段城市黑臭水体治理应巩固城市黑臭水体治理成效,建立防止返黑返臭的长效机制,同时强调治理过程的系统性、协同性和长效性。"十三五"期间的大量建设和运营实践表明,应用"厂—网—河一体化"综合管理模式,借助智慧化运营管控手段,实现治理效果动态评估与长效管理是卓有成效的工作经验，可在下一阶段治理工作中持续深化，避免重复性问题，优化资源投入，保障治理工作行之有效。

1. 厂—网—河一体化综合管理

以往治理经验表明，要提高城市黑臭水体治理效率，必须坚持系统化思维、综合施策，积极探索实践"厂—网—河一体化"综合治理模式，综合考虑治理范围内供水、污水处理厂、排水管网、河道、截污系统，建立联合调度机制，统一运营，充分优化、提升污水收集和处理效能，实现水质保障、水量均衡、水位预调，显著改善城市水体黑臭情况，提高设施效率，巩固治理效果，防止返黑返臭。其要点主要有以下方面。

统筹管理，构建一体化运营机制　在"厂—网—河一体化"综合治理模式下，应力求全流域、全系统或全区域治理系统建设和运营的管理主体统一。建设阶段，统一的管理主体应统筹建设内容和建设条件，保障各类治水设施配套建设，加快整个治理系统建设完善，避免因各类设施规模能力不匹配而影响治理系统功能的实现；运营阶段，构建以城市水安全、水环境、水资源保障为中心的"厂—网—河一体化"运营管理机制，形成责、权、利统一的排水管理及运营新体系，提高排水系统统筹保障能力和服务水平，提高水安全保障度，提升水环境质量，加大水资源保护力度。

协调运行，提升系统效能　运营企业应立足当地排水特点与实际情况，实施城镇排水系统与截流调蓄系统一体化、精细化运行管理，实行"厂、网、河"等各类排水设施全要素统筹调度、联调联动、协调运行，实现排水系统综合效能最大化，以全面提升排水设施在城市安全运行、防洪排涝、水环境治理等方面的系统化服务保障能力。

要素分解，开展本底情况排查　为向设施建设和管理提供翔实准确的基础资料，有效支撑地方政府修订城市水环境综合规划和管理政策需求，应对流域或区域内现状河道、污水处理设施、排水设施开展全面排查。主要排查内容包括各类水务设施的现状属性、运行、隐患等基本情况，系统掌握设施建设和管理状况，建立健全排水设施基础数据库，并针对目标水体点源、面源与内源污染进行全面详尽的普查与时空排放规律解析，保障治理方案有效性。

　　纳入规划，建设完善排水系统　应统筹落实涉水各项规划，优化治水设施建设布局，提升设施远期处理能力，为实施"厂—网—河一体化"综合治理建设运营长期有效奠定了坚实基础，避免出现已建设设施因规划变动而引起的失效、拆除和反复建设等问题。此外，排水设施建设完善的重点包括管网破损、淤堵、混接错接、断头管等管网缺陷修复治理，污水处理设施能力合理控制，调水管线及调蓄设施合理布局建设等。

　　2. 智慧化运营管控

　　在"厂—网—河一体化"综合治理理念下，城市黑臭水体治理运营业务表现出更加专业、复杂、系统的特征，需要智慧化管控工具的支持。近年来，智慧化运营的发展，顺应城市水环境治理需求，在规划、设计、建设、运营各阶段，通过互联网、物联网、云计算、大数据等新一代信息技术与水务技术深度融合，用精准、快速的分析支持决策，为流域水环境管理提供系统化、精细化与科学化管理工具。

　　绩效为核心，多元主体联合共治　针对目前水环境综合治理中存在的"政府难监管、企业运维绩效难考核、边界不清晰、公众诉求难传导"等问题，建设了城市水环境治理管理一体化平台，有助于实现打通全环节信息通路，建立政府主管单位、运营企业、现场工作人员三位一体联动体系，支持公众互动反馈，形成全流程闭环、动态反馈、快速处理的智慧管理机制。同时，运营中应以绩效达标为核心目标，围绕水环境运维管理具体业务需求，基于绩效考核指标及运维标准体系建立全流程标准化运营管理模式，通过构建全要素数据标准化规范，全面提升水环境运维能力及水平，降低运营成本，保证绩效达标。

　　多元技术融合应用，数据标准化管理与分析评估　城市水环境智慧运维管控平台依托 GIS、BIM 和 AR 等技术，从空间层面构建管控体系，赋能平台多维度展示实时运营状况，实现三维可视化与精细化管理，挖掘多元应用，为水环境运营管理各环节提供技术支持。基于统一分类标准，将流域水环境设施设备资产实现数字化，结合大量基础研究成果构建相应评估规则，再由大量运营数据进行校验修正分析，可有效服务于运营企业数据应用。

　　标准化设计、模块化开发、灵活化配置　智慧运营管控平台应具备可快速复制与推广应用的特性，平台系统采用灵活开发架构，各项可配置功能采用标准化、模块化设计，支持根据用户需求自定义组合，并可随项目发展不断更新迭代，满足项目运营全周期需求。各地区在进行智慧管控平台建设时应合理分配投资，优先选择与运营需求结合度高的功能模块，分期建设，急用先行，部分项目亦可直接通过上级平台购买平台化服务，降低建设门槛，减少后期重复投入。

3. 治理效果动态评估，水质跟踪监测

城市黑臭水体具有数量多、分散、随季节反复变化等特征，对已完成建设项目且验收成果满足要求的水体，应进行水质跟踪监测，监测结果实时上传至政府监管平台并及时向社会公示，接受社会监督。实施要点主要有以下几个方面。

建立立体化、精细化监测体系　应至少建立"排口-河道断面"在线监测系统，动态监测及定量化评估各个排口对水体污染物的贡献率，了解排水规律动态情况，高频次监测黑臭水体中氧化还原电位、溶解氧等指标变化水平，了解黑臭水体变化规律和程度。在此基础上，针对较大规模或存在明显偷排漏排现象的管网区域，基于排水监测一张网思路，建立"污染源—管网—排口—河道"立体化、精细化监测体系，支持长效管理和溯源分析，为水体水质长效保持提供数据依据。

形成监测结果动态评价体系　基于监测网络的构建，应形成"统一规划、统一标准、统一平台"的黑臭水体综合监测及动态评价系统，为污水溢流、工业废水偷排偷倒、工业废水超标排放、雨污混流、黑臭水体源解析、污染事件识别溯源等问题，提供有效的在线预警与调控技术手段，提高城市排水系统管理的运行智能化、数字化和精细化程度，提高科学决策水平，在城市黑臭水体管控上力求达到"用数据说话、用数据决策、用数据管理、用数据创新"要求，支持水体水质的长效监管。

城市黑臭水体遥感监测技术应用　在城市黑臭水体治理中，常规地面监测在动态监测时难以清晰反映污染的整体走势变化情况，通过遥感技术进行目标区域水体的监测，可及时掌握污染物空间分布面积及其变化情况，及时准确提供污染水域位置以及污染趋势，使污染管控更具针对性、准确性，提高工作效率。遥感水质监测技术还可与无线传输、动态数据库技术和物联网技术联合，形成流域尺度的"天、空、地"一体化全方位监控网络体系，从而实现对城市水体水质状况远程实时监控，进而实现与物化常规监测、自动在线监测互补，满足"厂—网—河一体化"综合治理对水体监测的快速性和有效性要求。

6.2　思考与建议

6.2.1　思考

1. 顶层设计如何完善？

地方实践表明，由于前期对黑臭治理项目认知存在片面性，顶层设计的全面性和科学性不足，一些治理项目存在标准不清、依据模糊、系统性不足等问题，造成对后续方案制定、管理机制完善等方面的支撑性不足，治理方案未能因地制宜，管理机制不完善，缺乏返黑返臭风险防范机制，导致黑臭治理效果不佳，水质难以长效达标，存在返黑返臭现象。地方在开展黑臭水体整治前，如果顶层设计未能结合区域实际情况、系统治理理念运用不成熟、没有强化管理机制的重要性，对黑臭水体治理的具体实施造成的影响是巨大的。

2. 系统性认知如何持续提升？

城市黑臭水体治理项目的自然边界是基于流域空间而划分，流域内各地区经济发展水平、环境保护进程和环境治理需求等方面存在显著差异，由于未建立起成熟的流域管理体制，造成在行政区划的分割下各地区合作共治难以统筹推进，跨界面责任界定和矛盾协调面临挑战。而在同一行政区划内，包括住建、水利、环保、市政等在内的涉水管理部门众多、职能分割。即使同一个管理部门，也存在市级、区（县）级的权限分割，流域管理呈现从分段管理到条块化、碎片化管理的情况，上述体制机制问题导致城市黑臭水体治理项目边界难定义、责任边界难清晰等现实挑战，容易导致在运营实践中，系统上每个环节都能找出免责或弱化责任的合理因素，最终无人为总体效果实质性负责的局面。

3. 弱经营性属性如何打破？

城市黑臭水体治理是典型的公共事务，其社会效益、环境效益明显强于经济效益，因此在项目实践中，常因其缺乏使用者付费基础、高度依赖政府付费，而被看作准经营性项目。正是由于项目的弱经营属性，经济效益不够明显，单一政府付费的回款模式非系统性风险较大，往往导致项目投资回收周期长，投资回报率低，项目风险不可控。在此模式下，政府、企业都面临严峻的压力和挑战，需要政府及企业各方充分激发创造性，从城市系统角度出发整合资源，创新模式。

4. 治理项目运营价值如何提升？

目前，大多城市黑臭水体治理项目运营的定价逻辑与绩效考核目标脱节，未能体现系统运营价值。运营往往被限定于"运维"性质，维护对象对应于设备、设施、景观、绿化等，运营服务费的组价模式和定价逻辑也是指向维护动作成本和维护工作量，运营工作便因此成为点状、线状的内容合集而非网络型系统结构。相应地，绩效考核设计结构主要由各子项、分项的工作标准和管理要求构成。如果运营付费规则是基于项目子项拆解处理，那么从运营企业回报机制角度，项目并非朝向运营总体目标为效果付费，而是各子项形式上的组合，运营的价值被限定运行维护范畴，难以体现出系统运营的价值导向。因此即使有绩效付费机制捆绑，也无法保障项目总体目标的持续达成。在运营价值被弱化的背景下，项目实施过程中的"工程收益倾向"不可避免，基于治理目标的系统方案如何在运营期有效落地也缺乏路径支撑。

6.2.2 建议

1. 清单化：对各类污染要素进行清单化管理

实践表明，城市黑臭水体的成因点多面广，存在问题复杂多样，涉及责任部门、单位众多，若对导致水体污染的多种要素管理不当，"胡子眉毛一把抓"，难以形成良好、持续的治理效果。

根据《"十四五"城市黑臭水体整治环境保护行动方案》（环办水体〔2022〕8 号）等政策文件要求，结合国内外典型案例先进经验，针对导致水体污染因素的管理问题，可以建立清单化管理制度。在对河湖水体问题做到"底数清、数字准、情况明"前提下，对排查出的问题分河湖、分区域、分门别类建立问题清单，详细登记问题所在位置、问题类型，迅速制定整改路线图，形成整改清单，详细载明整改单位责任、具体整治措施、整改时限。对于本地区典型问题及解决措施进行总结提炼，形成清单库，有类似问题时可以从清单中因地制宜进行选择，综合施策，系统性解决水体污染问题。

2. 精细化：构建流域全过程精细化治理体系

应避免追求"大而全"，要以环境质量改善为核心，从时间和空间上进行统筹考虑，贯穿整个水体治理工作。时间上，从前期溯源调查、针对性方案制定到排水管理管控等全过程建立精细化治理体系，做到治理全过程"可监测、可评价、可考核、可追责"；要以数据和精细化分析工具为支撑，明确工程实施全过程的治理指标、管理目标及管理对象，将治理目标与各种针对性措施之间建立有效联系。空间上，应划分控制单元，明确影响河湖不同区域的水、陆面单元及其影响贡献率，在各控制单元内采用精细化截污、精细化管控措施确保雨污水各行其道，有效削减入河污染负荷；针对不同水面单元采用精细化生态治理，重塑流域生态，使各控制单元内治理方案既有针对性，又能形成有机整体，强化治理成效。

3. 资源化：拓展污水处理再生利用

经过处理达标的高标准再生水，具有"水量稳定、水质可控、就近可用"等优势，对河道就近进行生态补水，提升水体水动力，增强水环境容量，已经成为其资源化利用的主要途径。对于污水处理厂排放，丰水地区可实施差别化分区提标改造和精准治污，缺水地区特别是水质型缺水地区可优先将达标排放水转化为可利用的水资源就近回补自然水体，推进区域污水资源化循环利用。考虑到再生水水质与受纳水体可能存在水质特征差异，难以达到生态系统指示性指标要求，直接作为补水对受纳水体的生态系统可能造成一定冲击，因此再生水被作为生态补水水源时，在排入受纳水体之前应构建再生水生态缓冲区，进一步消纳、降解和净化污染因子，抵御、缓解和降低对受纳水体的生态系统影响。

4. 系统化：构建全生命周期多层次系统化运营体系

我国城市黑臭水体治理项目存在范围广、资产多、类型复杂等特点，同时项目资产之间关联度强、绩效产出一致、边界不可分割，因此需要从全生命周期角度，融合城市水系统特征，整体构建城市黑臭水体运营体系。

在项目设计-施工-运营各阶段，需注重多专业配合，重视各专业技术整合。强化目标导向，系统分析项目核心问题，统筹梳理与规划系统内具有控源截污、排水防涝、废水处理、水系连通、水质改善、生态修复、景观提升、监测预警等功能的各类设施和设备，对生态系统进行综合设计，精细化施工，协同管理，联合调度，以实现优化设计、强化管理和长效运行。另外，还应统筹考虑建设和运营综合成本，处理好成本与效益关系，优化综合费效比。

5. 规模化：集约管理与精益运营相结合

针对城市黑臭水体治理项目的各项运营挑战，集团化公司可以设立区域化运营组织，即按照一定原则成立、开展多项目运营业务与统筹管理的区域性组织机构，实现区域内资源的统筹、共享与集成，提升运营效率，夯实运营能力，化"规模不经济"为"规模经济"。机制上，区域化运营组织具有独立性，超越个别项目，立足区域整体利益工作。功能上，区域内项目需要实现人力、物资等资源共享，对区域内项目运营业务有效调度管控，实现统筹管理；集中项目优势，形成区域性运营服务能力。

6. 智慧化：推动数字化转型与智慧运营

通过建设平台集约化、业务协同化、决策科学化的城市水系统智慧运营平台，贯彻厂—网—河一体化综合治理理念，对系统内城镇污水处理厂、管网、泵站、闸站、调蓄池、河道等水环境资产进行快速收集和数字化管理，对资产评估分级，为运维计划制定提供支撑；为保证治理效果长效动态评估，通过建立集水质、水文、水环境、水生态等信息于一体的城市水系统综合监测网络，实现实时监测各相关指标，为运营效果评价和运维管理策略制定提供依据；将巡检、养护、维修、检测等运营管理作业标准流程化、数字化，及时统计分析运营"人材机"消耗量等数据；基于水动力、水量、水质多目标耦合调度模型，建设各类调度方案预案，实现运营成本最小化和能效最大化；通过建设覆盖全面、规划统一的数据中心，实时对系统中各类基础数据进行采集、存储和治理，构建涵盖城市黑臭水体治理项目业务全链条的数字孪生体，推动业务流程优化与模式创新，不断催生环保行业新模式、新场景，实现智能生产、精细运营、精准服务、智慧管理，最终实现降本增效的智慧化运营。

7. 多元化：跨界组织资源、创新商业模式

城市黑臭水体治理项目是涉及多专业、多目标的综合性系统工程，需要综合考虑各个业态之间的关联，构建群策群力、共建共享的社会行动体系，形成多部门联合、全社会联动的治理机制，发挥多元治理主体的环境治理优势，并积极尝试商业模式与机制创新，激发市场活力。

地方政府可以通过政策引导，鼓励运营企业将项目存量资产价值最大化，同时延伸经营边界、丰富商业模式以促进项目开源拓展，进而降低政府侧的财政付费或补贴负担。在拓宽使用者付费来源方面，可以从水资源循环利用的角度挖潜中水、再生水用户付费，从工业园区污水处理服务角度直接面向工业企业用户收费。此外，应进一步探讨环境治理受益者付费机制，将直接受益者、间接受益者纳入付费链条中。

参 考 文 献

[1] 马涛, 梁建博. 城市黑臭水体成因及治理办法[J]. 智能建筑与智慧城市, 2020, (12): 109-111.

[2] 黄杰, 邢红霞, 闫涛. 城市黑臭水体污染治理现状及长效保持机制研究[C]. 天津: 中国环境科学学会 2021 年科学技术年会——环境工程技术创新与应用分会场, 2021.

[3] 中华人民共和国生态环境部. 上海市公开第二轮中央生态环境保护督察整改落实情况[EB/OL]. [2021-11-23]. https://www.mee.gov.cn/ywgz/zysthjbhdc/dczg/202111/t20211123_961530.shtml.

[4] 中华人民共和国生态环境部. 督察整改看成效（33）| 治水"差等生"逆袭记[EB/OL]. [2020-01-08]. https://www.mee.gov.cn/ywgz/zysthjbhdc/dczg/202001/t20200108_758178.shtml.

[5] 申茜, 朱利, 曹红业. 城市黑臭水体遥感监测与筛查研究进展[J]. 应用生态学报, 2017, 28(10): 3433-3439.

[6] 周莹, 岳艾儒, 徐宏, 邹俊良. 城市黑臭水体治理指标分析与治理趋势研究[J]. 四川环境, 2020, 39(6): 88-95.

[7] 祝秋恒, 李斌, 刘丹妮, 等. 关于规范黑臭水体治理的全过程管理分析[J]. 环境保护, 2018, 46(17): 20-23.

[8] 新华网. 7 年两轮中央生态环保督察守护祖国绿水青山[EB/OL]. [2022-07-13]. https://baijiahao.baidu.com/s?id=1738230917798862184&wfr=spider&for=pc.

[9] 中华人民共和国生态环境部. 陕西西安市皂河黑臭水体整治一盖了之长安段截污管道建设敷衍应对[EB/OL]. [2018-11-16]. https://www.mee.gov.cn/xxgk2018/xxgk/xxgk15/201811/t20181116_674177.html.

[10] 中华人民共和国生态环境部.中央生态环境保护督察办公室有关负责同志就《中央生态环境保护督察整改工作办法 》答记者问[EB/OL]. [2022-04-18]. https://www.mee.gov.cn/ywdt/zbft/202204/t20220418_974925.shtml.

[11] 福州新闻网. 治出一方水清换来一城美景——福州市积极探索水系综合治理新路[EB/OL]. [2021-09-19]. https://news.fznews.com.cn/node/17340/20210919/614611118c9b0.shtml.

第 7 章

未来挑战与展望

2015 年《城市黑臭水体整治工作指南》、2018 年《城市黑臭水体治理攻坚战实施方案》、2022 年《深入打好城市黑臭水体治理攻坚战实施方案》，标志着我国城市黑臭水体治理先后经历的起步、攻坚和长效保持阶段。《"十四五"城市黑臭水体整治环境保护行动方案》创新工作方式、关注长效机制、强化指导帮扶和加强信息公开，为当前和今后一段时间城市黑臭水体治理工作指明了新方向和新要求。

在城市黑臭水体治理的新阶段，这项复杂的系统工程还存在诸多挑战，需要社会各界的共同关注、研究、探索和解决。比如，在城市主干河道实现了黑臭水体基本消除、"初见成效"后，如何实现长效保持、达到"长制久清"？如何解决好量大面广的小微水体治理问题？在复杂的城市建设与更新进程中，如何协同黑臭水体治理与海绵城市建设两个重大战略行动？如何实现黑臭水体治理技术的标准化、规范化？如何推广技术和走出国门？有些挑战已经有了可行方案，未来需要落实；有些挑战还没有成熟方案，需要探索和实践。

围绕下一阶段的城市水体治理，我们需要在更为宏观、长远的尺度上对黑臭水体治理的手段、意义、目标开展一次全面系统的再认识，研究探索以工程建设和人工干预为主的治理手段，逐步向生态化、自然化演变和过渡；在消除黑臭、实现"久清"后，重建和保障水体生态完整性；为实现人与水环境的和谐统一，结合中国特色挖掘实现水体的人文、历史和社会价值等，同时期待行业有更多力量参与到这一进程中来。

7.1　黑臭水体整治的新挑战

7.1.1　长效保持和长制久清

城市黑臭水体治理是一个长期和复杂的过程，如何长期保持水体治理成果、实现"长制久清"，是当前面临的重要挑战[1]。"长制久清"既依赖整治技术、也需要加强管理，这已在第 3 章中详细论述。此处再从排水管网建设、小微水体治理、河道水系设计等 3 个角度补充一些思考。

城市排水管网不完善和污水处理能力欠缺、效率低下是城市水体黑臭的主要原因。我国排水管网基础设施建设欠账较多，溢流污染往往引发雨季水体黑臭。排水管网溢流污染控制需要持续的科学研究、稳定的资金投入和切实的工程方案。除了加大排水管网建设投入外，还需综合集成雨污混接改造、地下管道修复、管网沉积物清理、低影响开发、雨水原位处理等措施[2]。比如，在开展控源截污时，可以同步建设雨水净化设施以快速去除颗粒污染物、有效控制溢流污染[3]。

城市小微水体（沟渠、暗涵、坑塘等）数量多、分布散、纳污容量低、易发生黑臭[4]，且与市民密切接触。除了开展排口整治、内源治理、补水活水、生态修复等[5]黑臭治理工作外，还需重视滨水空间的亲民设计，比如构建植草沟、雨水花园、生物滞留带等生态缓冲带和亲水设施等。城市小微黑臭水体量大面广、成因各异、管理不善易返黑返臭，因此在长效管理机制方面还需继续探索和实践。

河道与水系优化设计管理是水体治理成果长效保持的关键。城市河道断面结构、水体流态、水深设计等已有较多经验，需系统总结。比如，河道复式断面可以兼顾生态流速和排水防涝，方便增设亲水平台，其水文、水利和水环境参数还需要优化和规范。区域水系管理应实现上下游、左右岸协同治理、支流与干流同步治理，避免上游或支流的污染导致下游或干流出现黑臭反复。此外，可充分利用再生水作为补水水源，提升水体生态流速、实现水系联通互动[3]。

7.1.2　技术体系化和标准化

如第 4 章所述，城市黑臭水体治理工程技术的有效性在大量项目实践中得到验证，国内专业机构已积累了比较丰富的设计、建设和运行经验，基本形成了适合我国国情的黑臭水体治理技术体系，这也是黑臭水体阶段性治理的重要成果。

在开展黑臭水体治理时，应重视技术体系中各技术间的内在联系和先后逻辑。比如，控源截污和内源控制是水体治理的基础和前提，见效快、成效明显，但建设难度大、投资和运行成本较高；生态修复和活水循环能够支持水质长效保持，也可用于应急改善，但生态修复处理效率不高[6]，需要考虑冬季低温和残体腐败、引水调水时间窗口和有效流量等限制条件[7]。因此，黑臭水体治理应因地制宜，根据第 3 章总结的技术体系和解决方案，做好调查分析、设计优化和长效机制。

当前，我国在黑臭水体治理技术方面的规范与标准仍偏少，特别是设计和装备方面的规范和标准欠缺，影响和制约了黑臭水体治理技术的推广应用。以生态修复技术为例，涉及增氧、岸带修复、旁路治理、植物净化等过程，易受季节和温度影响、生物量难控制且需要及时收割、植物生长周期较长、处理效果较慢等[7]。由于缺乏设计和运行的技术规范和标准，生态修复技术在不同项目中的处理效果可能出现显著差别。因此，为了保证治理效果，有必要开展水体治理技术规范化和标准化，在第 3 章所述技术体系基础上，进一步构建技术的标准和规范体系。

技术标准和规范体系的建设有助于技术推广应用。某地某时具有良好效果的处理技术，有可能缺乏适用性评估而被盲目复制到其他区域，易引起浪费[8]。开展黑臭水体成因分析和治理技术适用性评估，并通过技术的标准化和规范化来明确关键参数和适用条件，可以在一定程度上保障治理工程的效果。

7.1.3　与海绵城市建设协同

城市黑臭水体治理和海绵城市建设是当前我国城市建设的两项重大行动。两者最终目标一致，实施过程中又存在互通互联之处，存在较多交叉合作点。通过创新机制和措施，在实践中协同规划与实施，可以发挥两者的协同效应。比如，在黑臭水体治理实现控源截污和内源治理后，可借助海绵城市建设实现溢流污染控制和水资源原位循环利用，达到"一加一大于二"的效果。

首先，主动认识两者治理目标的共通点。城市黑臭水体治理需要改善水动力条件、修复水生态系统、提升水体自然净化能力。海绵城市则通过初期雨水净化、生态护岸隔离、雨水径流峰值消减、水生态构建、景观综合提升等方法，恢复原始水文生态特性。两者"殊途同归"，分别解决了水污染和水资源方面的矛盾，最终恢复水体生态系统，达到"人水和谐"的状态。

其次，研究两者在技术方案上的协同途径。比如，雨季污染负荷入河是城市水体返黑返臭的主要原因，因此黑臭水体治理需要开展溢流污染控制。海绵城市建设可以缓解城市内涝、削减径流污染、提高雨水资源化水平、降低暴雨内涝控制成本等。再比如，黑臭水体治理需要河道全年保持稳定的生态基流，因此需要长期消耗成本进行活水循环或清水补给。海绵城市收集雨水可以就近补充河道生态基流，是一种经济可行的补水方案[9]。因此，两者可在溢流污染控制、水资源原位利用等方面实现协同。

最后，加强总结两者协同的具体案例。以深圳市光明区鹅颈水体治理为例，将雨水径流源头污染控制和"控源截污、内源治理"项目进行协同管理，发挥海绵城市对雨水径流的源头削减、过程控制、末端处理作用，支持水体治理基础设施的"绿""灰"融合[10]。

7.1.4　抓住机会走出国门

从第 5 章介绍的水体综合整治国际案例可以看到，城市黑臭水体治理是城市化发展阶段出现的典型问题，也将随着城市可持续建设和改造而逐步得到解决。近年来，我国充分吸收国外城市黑臭水体治理的成功经验，面对不同流域的特点和城市化阶段的特征，在政策、技术和案例方面均取得长足进步，形成了城市水体治理的中国方案和案例。第 4 章的国内典型案例也展示出，我国水体治理企业已具备为广大发展中国家提供成功经验和基建援助的能力。我国城市水体治理已到了可以立足国内、放眼世界的发展阶段。

走出国门是国内外发展形势的现实要求，也是技术进步和发展的必然阶段。气候变化和生态环境保护是人类命运共同体面临的挑战，生态环境领域是国际合作的重要载体和窗口，其巨大的市场需求将在不同国家、地区间呈现梯级释放的趋势。中国政府"一带一路"倡议等重大战略和亚洲基础设施投资银行等关键措施，为发展中国家的生态环保基建市场提供了基础条件，为我国水体治理技术走出国门提供了广阔舞台。随着我国黑臭水体治理和海绵城市建设的技术逐步成熟和体系化，开拓海外市场成为行业、企业高质量可持续发展的重要路径，这也是世界先进环境企业的成功经验。

在走出国门的过程中，需要继续提升黑臭水体治理技术效果和适应性。黑臭水体治理技术和装备如何走出国门，如何在全球范围内与跨国企业的先进技术装备同台竞争？这些都还需要国内水务企业进一步的探索和实践。我国幅员辽阔、人口众多，市场需求旺盛、区域特征明显，差异化技术能找到生存空间发展和成长，从而形成丰富宽阔的技术谱图。国内水体治理企业的技术成本优势、更新迭代迅速、技术覆盖度广泛、适用于各种不同气候条件等，构成走出国门的核心竞争力。同时，国际化对水体治理企业的组织形式、技术水平和服务质量等提出更高要求，需要国内优秀环境企业直面挑战、提升综合能力，争取大有作为。

7.2 未 来 展 望

7.2.1 实施系统性的生态治理

黑臭水体治理的系统解决方案包含大量的基础设施建设，大规模工程技术措施往往也能取得立竿见影的效果。但是，对水体生态系统的过度干预，有可能引起新的问题和风险，需要引起各方重视，加强评估。以水体岸带修复为例，就先后经历了岸带自然状态、全硬化、半硬化和恢复近自然状态等发展阶段，体现了认识与实践的曲折。又比如河道整治，以前"裁弯取直"利于航运和泄洪，现在近自然修复又强调"营弯造曲"，追求利于水土保持和生物多样性，也体现了矛盾正反面此消彼长的发展过程。

关注黑臭水体的生态系统重建，并不是排斥工程手段，而是要综合利用工程干预在内的多种手段。生态修复必然也包含有限的工程措施，但是这些工程措施是有选择性和原则性的，既能支持生态系统重建，又要减少对现有生态系统的破坏。比如，截污和疏浚等基础性工程必不可少，但工程的实施范围和时间窗口则需综合评估判断。雨水原位处理既可以用永久性构筑物，也可用移动式一体化设备，还可采用人工湿地等生态手段等，具体采取哪种手段需因地制宜。

曲久辉院士认为，水体治理与修复需要"从人工化到生态化"的转变。我们应该"尊重水体的自然属性，利用水生态系统的自组织和自修复能力，减少人为干扰的力度和强度，绝不在水体中实施过度的工程"。这一判断在黑臭水体治理的下一阶段，也具备指导意义。

7.2.2　转变为以恢复水生态健康为中心

目前的城市黑臭水体治理以消除黑臭、改善水体治理为目标，评价标准包括透明度、溶解氧、氧化还原电位和氨氮指标。相对简单和明确的评价标准，有助于黑臭水体治理工作的落地推广，也便于各级政府机构的考核验收。但也要看到，简单的评价标准并不能反映水体的生态质量，也难以全面反映水体的环境质量。消除黑臭和长制久清是水体治理的阶段目标，基于自然和谐的水生态健康才是水体治理的更高追求（参见图 3-7）。在健康的城市水体中，水生植物、水生动物、微生物等组成了水生生态系统，水为生物的生长发育提供了丰富的营养源，而生物为生态系统提供了生命活力，也驱动了物质能量的流动。

从矛盾论的哲学角度看，水体治理在实现基本水质改善目标、消除水体黑臭的主要矛盾之后，必然走向更高一级的需求与现实矛盾，即水体功能是否健康丰富与民众需求向往之间的矛盾。因此，黑臭水体治理需要从目前满足水质指标优先，逐渐转变为以恢复水生态健康为中心，并落实为长期的治理方略。

曲久辉院士认为，转变目前单纯以水质优劣为评价依据的治水理念和治理模式，形成以生态健康改善和可持续保障为目标的治理体系，原有的以污染治理、水质改善为目标的科技体系，不适应生态健康改善目标。因此，开展下一阶段的黑臭水体治理工作的同时，行业需要重新审视和构建以水生态系统健康保障为核心的黑臭水体治理方案、技术和评估考核体系，强化、聚焦以"恢复水生态健康"的目标。

7.2.3　挖掘人文和社会价值

水是人类赖以生存和发展的、不可或缺的重要物质资源。人类有依水而居、滨水生活的生物本能。当讨论城市水体治理的终极目标时，需要考虑到人类生物本能的需求，即对水的渴望、喜爱与亲近感。如果我们将人的本能需求与水体环境属性的和谐一致作为目标，那么就需要拓展水体的人文、历史和社会的功能，将生态环境效益与经济、人文、历史和社会效益真正统一起来。中华民族拥有悠久的文化传统，水更是文化的核心要素，很多城市河道本身就是当地历史文化人文要素的重要载体。因此，我国在城市水体治理方面，也应该能够开拓人文历史交叉新领域的研究，推动形成多元价值兼顾统一的、中国特色的水体治理方案。

目前城市黑臭水体治理还主要关注水体质量指标，部分地区已开始重建水体生态系统，但距离上述多元价值的和谐统一还有较远距离。第5 章所述泰晤士河、塞纳河、霞浦湖、清溪川等国际上成功的水体治理工程，在某种程度上考虑了人文与社会效益，兼顾实现了多元价值，其设计理念和成功经验值得学习借鉴。我国的水体治理系统解决方案也要求兼顾生态环境、社会民生效益，并构建了相对简单可行的评估指标体系（参见图 3-10）。这些国内外成果为开展水体多元价值和谐统一的研究和实践提供了良好的起点。

为了实现人类本能与水体环境的和谐统一，在目前的初级阶段，需要围绕水体的物理空间，挖掘和提炼历史与文化要素，研究和传承人文与自然精神，推动和普及娱乐、教育与健身活动等。在城市水体治理过程中，可以加强滨水空间的恢复和打造。比如，对处于商业发达地段的河岸，可以设置滨水商业空间，通过提供安静的休闲消费环境，来满足市民暂时远离城市喧嚣的需求。对流经居住区和工作区的河段，可以设置滨水运动空间，为居民创造更多的亲水机会，吸引更多的人驻足、游览，也可让骑行和步行者有机会暂时远离喧嚣，享受潺潺流水带来的惬意。对流经城市边缘的水体，宜保留其原始的生态环境，适当地增加人工湿地、滩涂等，以丰富城市生态，为市民提供远足、健身和接触自然的机会。

城市水体的人文、历史和社会功能建设，需要与水体治理和修复统一起来，而不是彼此割裂、零散破碎。通过顶层设计和系统规划，每座城市都可以打造拥有当地鲜明特色的水生态城市名片[11]。而这张名片也将必然带来经济社会综合效益的提升，并在城市环境投入的可持续性方面取得均衡。

7.2.4 推动企业和公众等多主体参与

宜居环境是政府提供的公共产品，政府投入对黑臭水体治理十分关键。传统的公建模式（地方政府及下属国企所主导的投资建设模式）对黑臭水体治理取得阶段性成果发挥了基础性作用。政府和社会资本合作（PPP）模式作为一种创新型融资和治理模式，通过私人部门和政府合作发挥集成优势以提供优质产品和服务，对城市黑臭水体治理也体现出了较强的适用性。PPP 模式可以弥补公建模式的不足，激活社会资本参与地方基建。社会资本参与 PPP 模式后，为了提升效率和规避风险，不但积极寻找先进技术，也会更谨慎地通过实践来验证效果，再逐步推广应用。如 6.1.3 节总结，PPP 是水体治理与修复的一种新的模式[12]。

城市建设是为公众老百姓服务的，城市的发展和更新不能脱离群众的日常生活需求。黑臭水体治理的初期发动群众拍照举报，充分利用公众参与的力量，高效地推动水环境治理措施的实施和长效保持。随着城市居民环保和健康意识的快速增强，在黑臭水体治理的下一个阶段，需要继续探索和改进公众参与的方式，真正做到城市水体"为民所用、维民所止"。

7.3 结　语

以黑臭水体治理为基础和起点，实现"水生态健康、水经济活跃的协调发展"，在强调城市水环境优美宜人的同时，也提升滨水地块价值、支持城市经济发展、满足居民的精神和文化需求，从而实现环境、经济与社会效益的统一，推动城市与城市群可持续、高质量发展。

城市水体等环境治理的长远方向，应该是走向"人与水环境、水生态的和谐统一"。这不仅要求水环境、水生态各相关行业对习近平总书记"人与自然和谐共生"生态思想的深刻理解和不懈践行，还需要积极作为、探索研究，创造出对水资源、水环境、水生态、水文化、水文明丰富而新颖的认识和实践。

当前，我国城市黑臭水体治理已取得阶段性成果，水清岸绿的美景正逐步复现在城市中，回到百姓身边。展望未来，以"长制久清""可渔可游"为目标，还需要各界进一步解放思想、协调合作、勇于进取、脚踏实地，规划、落实、完成好下一阶段的水体治理的新战略、新任务。

参 考 文 献

[1] 胡洪营, 孙艳, 席劲瑛, 等. 城市黑臭水体治理与水质长效改善保持技术分析[J]. 环境保护, 2015, 43(13): 24-26.

[2] 徐祖信, 徐晋, 金伟, 等. 我国城市黑臭水体治理面临的挑战与机遇[J]. 给水排水, 2019, 55(3): 1-5.

[3] 孙永利, 郑兴灿. 科学推进城市黑臭水体整治工作的几点建议[J]. 给水排水, 2020, 56(1): 1-3.

[4] 陈勇, 杨坤宁, 王伟. 城市小微黑臭水体治理思路与技术措施[J]. 给水排水, 2021, 57(S2): 210-214.

[5] 陈家伟, 赵振业, 吴属连, 等. 国内外小微黑臭水体治理技术现状综述[J]. 广东化工, 2021, 48(1): 80-81.

[6] 滕玲. 如何战胜"黑臭水体"？访清华大学环境学院教授胡洪营[J]. 地球, 2016, (4): 64-66.

[7] 刘晓玲, 徐瑶瑶, 宋晨, 等. 城市黑臭水体治理技术及措施分析[J]. 环境工程学报, 2019, 13(3): 519-529.

[8] 郑新强, 张俊锋. 分析城市黑臭水体治理技术及其发展趋势[J]. 地球, 2019, (7): 90-91.

[9] 李蕊言. 海绵城市建设协同城市黑臭水体治理应用研究[J]. 环境与发展, 2019, 31(5): 225-227.

[10] 黄俊杰. 与黑臭水体治理协同的海绵城市建设案例实践[J]. 中国给水排水, 2020, 36(4): 13-17.

[11] 王文娟, 朱隆斌, 李加强. 城市黑臭水体治理的整体性方法[J]. 城市建筑, 2020, 17(28): 192-195.

[12] 薛涛. 城市黑臭水体治理与 PPP 的双重探索[J]. 中华环境, 2016, (10): 29-31.